"陆地生态系统修复与固碳技术"教材体系

安黎哲 总主编

RURAL HUMAN SETTLEMENTS ECOLOGICAL ENVIRONMENT
乡村人居生态环境

张云路 李 雄 成玉宁 ◎ 主编

中国林业出版社
China Forestry Publishing House

内 容 简 介

《乡村人居生态环境》全面探讨了乡村人居生态环境的营造，全书共分为10个章节。第1章绪论，对乡村人居生态环境核心概念、构成要素及其营造意义进行了简要的介绍；第2章主要介绍了乡村人居生态环境营造的国际经验和中国地方特色；第3章全面分析了我国新时代乡村人居环境营造的形势和条件；第4~9章分别从乡村空间规划、乡村生态保护与修复、乡村植物景观营造、乡村公共空间建设、乡村庭院环境设计与营建、乡村建筑营建6个方面介绍了不同类型的乡村人居生态环境的发展历史、面临的主要问题、原则和目标以及实施步骤；第10章将理论与实践结合，通过典型乡村的教学实践案例指导师生开展乡村人居生态环境规划设计和营造的实战型训练。

本教材以独特的视角和系统的剖析，不仅为风景园林、园林、城乡规划等相关专业学生提供了丰富的知识资源，也为从事乡村规划与建设的专业人士提供了有力的实践指导。通过学习，读者将对乡村人居生态环境的营造有一个全面而深入的了解，为实际工作提供有力支持。

图书在版编目（CIP）数据

乡村人居生态环境 / 张云路，李雄，成玉宁主编.
北京：中国林业出版社，2025.2. --（"陆地生态系统修复与固碳技术"教材体系）. -- ISBN 978-7-5219-2922-5

Ⅰ. X21

中国国家版本馆CIP数据核字第20241CA897号

策划编辑：康红梅
责任编辑：康红梅
责任校对：苏　梅
封面设计：北京反卷艺术设计有限公司

出版发行　中国林业出版社
　　　　　（100009，北京市西城区刘海胡同7号，电话 010-83223120，83143551）
电子邮箱　jiaocaipublic@163.com
网　　址　https://www.cfph.net
印　　刷　北京中科印刷有限公司
版　　次　2025年2月第1版
印　　次　2025年2月第1次印刷
开　　本　787mm×1092mm　1/16
印　　张　17.25
字　　数　420千字
定　　价　69.00元

数字资源

《乡村人居生态环境》编写人员

主　　编　张云路（北京林业大学）
　　　　　　李　雄（北京林业大学）
　　　　　　成玉宁（东南大学）

副 主 编　钱　云（北京林业大学）
　　　　　　张清海（南京农业大学）
　　　　　　张　琳（同济大学）
　　　　　　段　威（北京林业大学）
　　　　　　苏同向（南京林业大学）

参编人员　马　嘉（北京林业大学）
　　　　　　葛韵宇（北京林业大学）
　　　　　　孙松林（西南大学）
　　　　　　辛泊雨（中国城市规划设计研究院）
　　　　　　闫　琳（北京清华同衡规划设计研究院有限公司）
　　　　　　刘小钊（江苏省规划设计集团有限公司）
　　　　　　龚苏宁（上海工艺美术职业学院）

主　　审　汪　芳（北京大学）
　　　　　　朱　玲（天津大学）

序 1

党的二十大擘画了以中国式现代化全面推进中华民族伟大复兴的宏伟蓝图。全面建设社会主义现代化国家，最艰巨最繁重的任务仍然在农村。实施乡村振兴战略是关系全面建设社会主义现代化国家的全局性、历史性任务，是新时代"三农"工作的总抓手，是以中国式现代化全面推进中华民族伟大复兴的重大战略举措，具有重大现实意义和深远历史意义。

美丽的乡村人居生态环境为我们展示了乡村这片土地的独特魅力和价值。乡村人居生态环境不仅是村民生活质量的关键保障，更是乡村振兴战略中不可或缺的一环，对于推动乡村可持续发展具有重要意义。党的二十大报告明确提出了"建设宜居宜业和美乡村"，这是全面推进乡村振兴战略的目标任务，也指明了人居生态环境对于农村发展的重要意义。环境就是民生、青山就是美丽、蓝天也是幸福，良好的乡村人居生态环境就是最普惠的民生福祉。面对新的形势和新的需求，《乡村人居生态环境》教材的编写和出版就显得尤为重要。这将为我国乡村人居环境人才培养提供坚实保障，有力支撑国家乡村振兴战略的高质量实施。

本教材顺应了时代发展需求，贴合我国乡村实际，整体上有如下特点：

一是紧扣新时代国家乡村振兴战略，搭建完整的乡村人居生态环境教学体系。本教材积极响应国家乡村振兴战略和乡村人居环境建设需求，提倡在乡村建设中注重生态保护和文化传承，构建以审美修养和人文素养培养为核心，以创新能力培养为重点，以中华优秀传统乡村文化教育和乡村人居生态环境规划设计为主要内容的乡村人居生态环境教学体系。

二是重视多知识融合，搭建"多学科联动，多技术协同"的教材内容体系。本教材的内容涉及风景园林、城乡规划、乡土建筑、植物景观、园林工程、人文地理、社会学等多学科领域，在编写过程中整合多学科的专业知识，形成适应于我国乡村实际发展的乡村人居生态环境理论知识要点。

三是注重理论联系实践，搭建任务驱动、情感引导的学生培养体系。本教材以学生为本位，注重学生的兴趣、需求和能力，强调以理论指导实践应用作为教材组织的出发点。通过知识导入、理论学习和教学实践的充分融合，让学生掌握完整的乡村人居生态环境的应用路径，从而科学合理培养学生的乡村人居生态环境总体规划，并提升乡村人居环境空间设计的实践能力。

总之，《乡村人居生态环境》展示了乡村人居生态环境教学的新探索，有望为多专业读者的学习和实践提供良好的帮助，为人居环境学科和行业发展提供更多的思路，在国家乡村振兴和乡村人居生态环境优化中做出积极贡献。

章俊华

2024年10月，北京

序 2

  乡村是人类生长的摇篮、宁静的港湾。中华文明历来强调天人合一、尊重自然。"天地与我并生，而万物与我为一""夫稼，为之者人也，生之者地也，养之者天也"，《诗经》中有很多描写农事及乡村景色的篇章，《易经》中也多处提及"田"。早期描写田园风光的语言为田园山水画的产生打下了审美基础，减少了物质性，增加了精神理想性，乡村蕴含着诗情画意的田园情趣，自然宁静的栖居境域，映射出人们对农业的热爱和尊重，对美好生活的向往和国家富强的期许。

  建设宜居宜业和美乡村，关乎亿万村民福祉。如何避免村庄规划同质化、特色不足，乡村风貌、田园风光特质缺失等问题，走符合我国乡村实际之路，遵循乡村自身发展规律，注重乡土味，传承乡村风貌，留得住青山绿水，记得住乡愁就成为时代命题。

  张云路教授等主编的《乡村人居生态环境》旨在提供新时代乡村人居生态环境的理论、方法和实施路径。教材编写团队长期致力于新时代乡村人居生态环境领域教学、科研和实践。多年来深度参与乡村生态文明建设并致力于融合多学科提出乡村人居生态环境的科学指引，取得了突出成效。在长期实践探索中创新性提出了"课程学习—实证调查—研究分析—实践应用"的风景园林支撑乡村振兴产学研协同培养方式，并持续多年走入一线、深入基层开展乡村人居生态环境规划设计，掌握了大量第一手资料，为教材的撰写、案例式教学奠定了坚实基础。

  教材结构清晰、层层递进，对我国当前乡村人居生态环境问题的剖析，有利于学习者认识乡村人居生态环境优化理论研究与实践探索的紧迫性，实践案例具有较强的启发性。各章小结、思考题和推荐阅读书目利于学习者测试学习成效和延展学研边界。

  本人学业不精，难免言不尽意，请读者相信开卷必有益。

高 翅

甲辰年冬月于武汉狮子山，华中农业大学

前言

  乡村地区作为人类定居生活的初始地，承载着人类文明的起源和发展。然而，随着城市化进程的加速，乡村面临人口流失、传统生活方式消失以及生态环境退化等诸多问题。在此背景下，如何合理规划与营建乡村人居环境，以实现其生态环境保护与文化传承的双重目标，成为当前亟待解决的课题。本教材的编写正是基于这样的时代需求，希望为相关专业的学生及从业者提供一本系统的理论学习与实践指导书籍。

  本教材强调在乡村人居生态环境规划与营建中，应充分考虑自然生态的可持续性与当地社会文化的延续性。每一个乡村都有其独特的生态条件和文化背景，规划营建工作应尊重这些特性，避免一刀切的做法。本教材不仅提供专业知识与技能的学习，更希望能培养读者对乡村生态环境的敏锐性和责任感，以及创新与实践相结合的能力。

  本教材主要面向高等院校风景园林、园林、城乡规划、环境设计等专业的在校学生，通过本教材的学习，直接运用到今后的乡村人居生态环境的规划与营建实践中。同时，这本教材也希望能为广大乡村建设者、管理者及所有关心乡村发展的人士提供参考与指导，以便更好地推动乡村的可持续发展。教材紧扣国家乡村振兴战略，以提升乡村人居环境质量为目标，教材内容不仅包含理论知识，还结合案例教学，强调科学性、实用性和可操作性。

  本教材由张云路教授、李雄教授和成玉宁教授担任主编。本教材内容具体编写分工如下：第1章由葛韵宇和辛泊雨编写，第2章由张云路编写，第3章由马嘉编写，第4章由钱云和闫琳编写，第5章由张琳和龚苏宁编写，第6章由苏同向编写，第7章由孙松林编写，第8章由张清海和刘小钊编写，第9章由段威编写，第10章由张云路、钱云、张清海和张琳共同编写。统稿工作由张云路、李雄和成玉宁共同完成。北京林业大学博士研究生徐荣芳，硕士研究生张超宇、陈语轲、赵欣瑶、黄岳栩协助完成了资料整理与插图绘制。教材编写中还得到北京清华同衡规划设计研究院有限公司孙瑞、荣钰和冯丹玥，江苏省规划设计集团有限公司丁静、钟超和章烨的帮助和指导，在此一并致以衷心的感谢。教材引用了大量的数据、资料和图片，在参考文献中尽可能详尽地列出了这些资料的来源，但可能仍会有疏漏之处，敬请谅解。

最后，我们衷心希望本教材能为读者的学习与工作带来帮助，也欢迎各位读者提出宝贵意见和建议，以便我们在未来的工作中不断改进和完善。

张云路

2024年6月

目　录

序 1
序 2
前 言

第 1 章　绪　论 / 1

1.1　核心概念解析 ………………………………………………………… 2
  1.1.1　乡村 ……………………………………………………………… 2
  1.1.2　人居环境 ………………………………………………………… 2
  1.1.3　乡村人居生态环境 ……………………………………………… 3
1.2　乡村人居生态环境构成要素 ………………………………………… 4
  1.2.1　自然要素 ………………………………………………………… 4
  1.2.2　人工要素 ………………………………………………………… 5
  1.2.3　文化要素 ………………………………………………………… 7
1.3　新时代乡村人居生态环境营造意义 ………………………………… 8
  1.3.1　中国式农业农村现代化发展的重要特征 ……………………… 8
  1.3.2　乡村振兴的重要内容 …………………………………………… 8
  1.3.3　粮食安全、生态平衡与区域可持续发展的重要要求 ………… 9
  1.3.4　乡村居民美好生活的重要保障 ………………………………… 9
  1.3.5　乡土文化传承和乡风文明培育的重要载体 …………………… 9
1.4　本教材主要内容与学习方法 ………………………………………… 10
  1.4.1　注重理论与实践的结合 ………………………………………… 10
  1.4.2　注重多学科知识的综合运用 …………………………………… 10
  1.4.3　强化文化认同感和责任感 ……………………………………… 11
  小　结 …………………………………………………………………… 11

思考题 ……………………………………………………………………… 11
　　　推荐阅读书目 …………………………………………………………… 11

第2章　乡村人居生态环境营造国际经验和中国特色 / 12

2.1　中国传统 …………………………………………………………… 13
　　2.1.1　中国传统乡村人居环境营造思想 ………………………… 13
　　2.1.2　中国传统乡村人居生态环境营造典型案例 ……………… 18
2.2　国际经验 …………………………………………………………… 26
　　2.2.1　美国乡村人居生态环境营造的做法与启示 ……………… 26
　　2.2.2　德国乡村人居生态环境营造的做法与启示 ……………… 31
　　2.2.3　日本乡村人居生态环境营造的做法与启示 ……………… 36
小　结 ……………………………………………………………………… 40
思考题 ……………………………………………………………………… 40
推荐阅读书目 ……………………………………………………………… 40

第3章　我国新时代乡村人居环境营造形势和理论 / 41

3.1　新时代国家发展战略与相关政策理念 …………………………… 42
　　3.1.1　全面推进乡村振兴 …………………………………………… 42
　　3.1.2　山水林田湖草沙 ……………………………………………… 42
　　3.1.3　人与自然和谐共生 …………………………………………… 43
　　3.1.4　新型城镇化与城乡融合 ……………………………………… 43
　　3.1.5　国土空间规划体系构建 ……………………………………… 44
3.2　乡村功能相关理论 ………………………………………………… 45
　　3.2.1　生态系统服务 ………………………………………………… 45
　　3.2.2　景观生态学 …………………………………………………… 46
　　3.2.3　生物多样性 …………………………………………………… 47
　　3.2.4　景观评价 ……………………………………………………… 47
3.3　乡村空间相关理论 ………………………………………………… 48
　　3.3.1　形态学 ………………………………………………………… 48
　　3.3.2　景观美学 ……………………………………………………… 49
　　3.3.3　乡村地理学 …………………………………………………… 50
3.4　乡村文化相关理论 ………………………………………………… 51
　　3.4.1　乡土文化 ……………………………………………………… 51

3.4.2　文化景观 ·· 51
小　结 ··· 52
思考题 ··· 52
推荐阅读书目 ··· 53

第4章　乡村空间规划 / 54

4.1　概述 ·· 54
　　4.1.1　我国乡村空间规划发展历程 ··· 54
　　4.1.2　我国乡村空间规划存在的问题与不足 ····································· 58
4.2　新时代乡村空间规划要求、目标与原则 ··· 60
　　4.2.1　新时代乡村空间规划的要求 ··· 60
　　4.2.2　新时代乡村空间规划的目标 ··· 61
　　4.2.3　新时代乡村空间规划的原则 ··· 62
4.3　新时代乡村空间规划主要内容及方法 ·· 63
　　4.3.1　规划调查与研究 ·· 63
　　4.3.2　规划内容编制 ·· 69
　　4.3.3　规划实施与监测评估 ·· 72
4.4　新时代乡村空间规划实践案例——河南省青谷堆村 ····················· 75
　　4.4.1　区位特征及机遇挑战 ·· 75
　　4.4.2　规划定位及关键策略 ·· 77
　　4.4.3　经验总结及借鉴意义 ·· 80
4.5　乡村空间规划发展趋势 ·· 81
　　4.5.1　全面推进乡村振兴的新要求 ··· 81
　　4.5.2　新变化、新挑战与尚待解决的新问题 ···································· 82
小　结 ··· 83
思考题 ··· 83
推荐阅读书目 ··· 83

第5章　乡村生态保护与修复 / 84

5.1　概述 ·· 85
　　5.1.1　乡村生态相关概念 ·· 85
　　5.1.2　乡村生态保护与修复的主要内容 ··· 89
5.2　乡村生态保护与修复面临的主要问题、原则和目标 ····················· 93

  5.2.1 乡村生态保护与修复面临的主要问题 ………………………… 93
  5.2.2 乡村生态保护与修复原则 ……………………………………… 95
  5.2.3 乡村生态保护与修复目标 ……………………………………… 96
 5.3 乡村生态保护与修复实施步骤 ………………………………………… 97
  5.3.1 可行性分析阶段 ………………………………………………… 98
  5.3.2 调研和评估阶段 ………………………………………………… 98
  5.3.3 制订方案阶段 …………………………………………………… 99
  5.3.4 方案审批和实施阶段 …………………………………………… 101
  5.3.5 监测与成效评估阶段 …………………………………………… 102
 5.4 乡村生态保护案例 ……………………………………………………… 104
  5.4.1 案例5-1 浙江传统村落生态保护 ………………………… 104
  5.4.2 案例5-2 浙江宁波北仑双杳村 …………………………… 106
 5.5 乡村生态修复案例——武汉胜利村污水处理 ………………………… 116
  5.5.1 案例概况 ………………………………………………………… 116
  5.5.2 技术原理 ………………………………………………………… 117
  5.5.3 工艺流程 ………………………………………………………… 117
  5.5.4 生态修复技术要点 ……………………………………………… 118
 5.6 乡村生态保护与修复的发展展望 ……………………………………… 121
  5.6.1 强化乡村生命共同体意识 ……………………………………… 121
  5.6.2 构建乡村生态修复标准体系 …………………………………… 121
  5.6.3 注重总体协调性与区域差异性的关系 ………………………… 121
  5.6.4 实现政府主导与市场化 ………………………………………… 121
小　结 ……………………………………………………………………………… 122
思考题 ……………………………………………………………………………… 122
推荐阅读书目 ……………………………………………………………………… 122

第6章　乡村植物景观营造　/　123

 6.1 概述 ……………………………………………………………………… 124
  6.1.1 相关概念 ………………………………………………………… 124
  6.1.2 乡村植物景观营造的工作对象 ………………………………… 124
 6.2 存在的问题、营造原则与目标 ………………………………………… 126
  6.2.1 乡村植物景观营造存在的问题 ………………………………… 126
  6.2.2 乡村植物景观营造原则 ………………………………………… 127
  6.2.3 乡村植物景观营造目标 ………………………………………… 127
 6.3 方法策略与实施步骤 …………………………………………………… 128

  6.3.1 乡村植物景观营造方法策略 128
  6.3.2 乡村植物景观营造实施步骤 139
 6.4 乡村植物景观营造实践案例——江苏省南京市黄龙岘 141
  6.4.1 黄龙岘村背景简介 141
  6.4.2 黄龙岘乡村植物景观优化提升 142
 6.5 乡村植物景观营造的未来展望 145
  6.5.1 生态友好与多样性的乡村植物景观 145
  6.5.2 重视乡村植物景观的地域文化特色 145
  6.5.3 数字技术在乡村植物景观营造实践中应用 145
小　结 146
思考题 146
推荐阅读书目 146

第7章　乡村公共空间建设 / 147

 7.1 概述 148
  7.1.1 乡村公共空间定义 148
  7.1.2 乡村公共空间功能价值 148
 7.2 乡村公共空间面临的现实挑战 149
  7.2.1 族群关系与社交活动的变化导致乡村公共空间的"空心化" 149
  7.2.2 乡村公共空间难以满足新时代公众需求 150
  7.2.3 建设与使用者的脱离导致公共空间符号化、模式化 150
 7.3 乡村公共空间营造原则与要点 151
  7.3.1 乡村公共空间营造原则 151
  7.3.2 乡村公共空间营造要点 152
  7.3.3 乡村公共空间管理与维护 154
 7.4 乡村公共空间建设实践案例 155
  7.4.1 保护利用式——西藏山南市格桑村 155
  7.4.2 更新改造式——重庆市柏林村 157
  7.4.3 传承创新式——四川崇州市竹艺村 158
  7.4.4 引入发展式——浙江杭州市外桐坞村 159
 7.5 发展展望 160
  7.5.1 构建数字化与虚拟现实公共空间 160
  7.5.2 多元主体共建、共治、共享公共空间 161
小　结 162
思考题 162
推荐阅读书目 162

第8章 乡村庭院环境设计与营建 / 163

- 8.1 概述 ······163
  - 8.1.1 概念 ······163
  - 8.1.2 分类与特征 ······164
- 8.2 乡村庭院环境营造面临的问题与解决路径 ······169
  - 8.2.1 面临问题 ······169
  - 8.2.2 问题解决路径 ······170
- 8.3 乡村庭院环境营造原则 ······172
  - 8.3.1 地域性原则 ······172
  - 8.3.2 乡土性原则 ······172
  - 8.3.3 经济性原则 ······173
  - 8.3.4 功能性原则 ······173
  - 8.3.5 美观性原则 ······173
- 8.4 方法策略与实施步骤 ······174
  - 8.4.1 设计内容与方法 ······174
  - 8.4.2 营造机制与方法 ······178
  - 8.4.3 管理养护要点 ······181
- 8.5 乡村庭院环境缔造实践 ······182
  - 8.5.1 案例8-1 江苏溧阳市竹箦镇陆笪村 ······182
  - 8.5.2 案例8-2 江苏江阴市南闸街道陶湾村 ······183
- 8.6 乡村庭院环境建造趋势与展望 ······184
- 小 结 ······186
- 思考题 ······187
- 推荐阅读书目 ······187

第9章 乡村建筑营建 / 188

- 9.1 概述 ······188
  - 9.1.1 中国乡村建筑内涵 ······188
  - 9.1.2 中国乡村建筑的发展历史 ······189
  - 9.1.3 中国乡村建筑的现代化发展 ······190
- 9.2 中国乡村建筑营建原则 ······194
  - 9.2.1 坚固、实用和美观基本原则 ······194
  - 9.2.2 自组织和他组织相结合原则 ······195
  - 9.2.3 地方化与全球化相结合原则 ······195

  9.2.4 低能耗与高效能相结合原则 ·············196
  9.2.5 经济性与舒适性相结合原则 ·············197
 9.3 乡村建筑营建方法与实施步骤 ·············198
  9.3.1 调查研究阶段 ·············198
  9.3.2 设计编制阶段 ·············199
  9.3.3 施工建造管理阶段 ·············201
  9.3.4 运营实施阶段 ·············205
  9.3.5 使用后评估阶段 ·············208
 9.4 乡村建筑营建实践案例 ·············210
  9.4.1 浙江余村"花海竹廊"设计 ·············210
  9.4.2 天津蓟州区环秀湖湿地科普馆建筑设计 ·············212
 9.5 中国乡村建筑营建未来展望 ·············213
 小　结 ·············215
 思考题 ·············215
 推荐阅读书目 ·············215

第10章　乡村人居生态环境规划设计教学实践案例　/　216

 10.1 辽宁本溪连山关乡村振兴工作营 ·············217
  10.1.1 相关背景 ·············217
  10.1.2 实践教学成果 ·············220
  10.1.3 探索乡村人居生态环境"校地共育"机制 ·············225
 10.2 北京市黄山店乡村儿童公园的参与式案例教学实践 ·············225
  10.2.1 相关背景 ·············225
  10.2.2 实践教学成果 ·············228
  10.2.3 总结与讨论：探索乡村公共空间活化机制 ·············230
 10.3 苏州吴中区临湖乡村振兴规划实践 ·············231
  10.3.1 相关背景 ·············231
  10.3.2 实践教学成果 ·············234
  10.3.3 总结 ·············238
 10.4 浙江湖州荻港村乡村振兴工作营 ·············239
  10.4.1 相关背景 ·············239
  10.4.2 实践教学成果 ·············245
  10.4.3 总结 ·············249

参考文献　·············251

第1章 绪论

本章提要

乡村人居生态环境是实现乡村振兴战略的关键区域，乡村人居生态环境的提升对于乡村经济、环境、社会协调发展以及区域协调发展具有重要意义。本章介绍了乡村及乡村人居生态环境的核心概念，系统梳理了乡村人居生态环境的构成要素，并阐述了新时代乡村人居生态环境营造对于中国式农业农村现代化发展、乡村振兴战略落实、粮食安全、生态平衡与区域可持续发展、保障乡村居民美好生活，以及传承乡土文化和培育乡风文明的重要意义。

学习目标

1. 学习了解乡村及乡村人居生态环境的核心概念；
2. 系统认知乡村人居生态环境的构成要素；
3. 深刻理解新时代乡村人居生态环境营造的意义。

党的十九大报告提出："实施乡村振兴战略，农业农村农民问题是关系国计民生的根本性问题，必须始终把解决好'三农'问题作为全党工作的重中之重。"中共中央、国务院连续发布中央一号文件，总体部署关于新发展阶段优先发展农业农村、全面推进乡村振兴相关工作。乡村人居生态环境是贯彻落实乡村振兴战略的重要空间，正确认识乡村人居生态环境，准确研判经济社会发展趋势和乡村人居环境演变发展态势，切实抓住历史机遇，是提升乡村人居生态环境的重要目标。

1.1 核心概念解析

1.1.1 乡村

根据《中华人民共和国乡村振兴促进法》的相关规定,乡村是指城市建成区以外,相对独立,具有自然、社会、经济特征和生产、生活、生态、文化等多重功能的地域综合体,包括乡镇和村庄等,又称非城市化地区。乡村主要从事农业生产,人口分布较城镇相对分散,与城镇互促互进、共生共存,共同构成人类活动的主要空间(《乡村振兴战略规划(2018—2022年)》)。

根据乡村是否具有行政含义,可分为自然村和行政村。自然村是村落实体,行政村是行政实体。自然村是以家族、户族、氏族或其他原因自然形成的居民聚居的村落,一般情况下它只有一个姓氏,是同一个祖宗的子孙后代,有相同的血缘关系,受地理条件、生活方式等因素的影响。行政村是依据《中华人民共和国村民委员会组织法》设立的村民委员会进行村民自治的管理范围,是中国基层群众性自治单位。一个大自然村可设几个行政村,一个行政村也可以包含几个小自然村。

乡村兴则国家兴,乡村衰则国家衰。乡村是解决我国人民日益增长的美好生活需要和不平衡不充分的发展之间矛盾的关键区域,也是全面建成小康社会和全面建设社会主义现代化强国的重点难点区域。聚焦乡村,坚决贯彻落实乡村振兴是解决新时代我国社会主要矛盾、实现"两个一百年"奋斗目标和中华民族伟大复兴中国梦的必然要求(《乡村振兴战略规划(2018—2022年)》)。

1.1.2 人居环境

"人居环境"是"人类聚居环境"一词的简称,以满足"人类居住"需要为目的,泛指人类集聚或居住的生存环境,是与人类生存活动密切相关的地表空间,是人类工作劳动、生活居住、休息游乐和社会交往的空间场所,特别是指建筑、城市、风景园林等人为建成的环境。人居环境是人类在大自然中赖以生存的基础,也是人类与自然之间发生联系和作用的中介,是人类利用和改造自然的主要空间。

对"人类聚居环境"的专业性研究统称为"人居环境科学",是探索研究人类因生存活动需求而构筑空间、场所、领域的学问,包括乡村、集镇、城市等在内,以人为中心的人类聚居活动与以生存环境为中心的生物圈,它着重研究人与环境之间的相互关系,强调把人类聚居作为一个整体,从政治、社会、文化、技术等各个方面,全面地、系统地、综合地加以研究,其目的是要了解、掌握人类聚居发生、发展的客观规律,从而更好地建设符合人类理想的聚居环境(李钰,2012)。

人居环境包括自然系统、人类系统、社会系统、居住系统、支撑系统共五大系统。其中,自然系统包括整体自然环境和生态环境,包括气候、水、土地、植物、动物、地理、地形、资源等,是聚居产生并发挥其功能的基础,也是人类安身立命之所;人类系统主要指作为个体的聚居者，也是人居环境的生存主体和改造者；社会系统涉及由人群组成的社会团体相互交往的体系，主要指公共管理、社会关系、人口趋势、文化特征、社会分化、经济发展、健康和福利等；居住系统包含一定居住物质环境及艺术特征，指住宅、社区设施、城市中心等；支撑系统是指服务于聚落、为人类活动提供支持，并将聚落联为整体的所有人工和自然的联系系统、技术支持及保障系统，以及经济、法律、教育和行政体系等，如自来水、能源和污水处理等公共服务设施系统，公路、航空、铁路等交通系统，以及通信系统、计算机信息系统和物质环境规划等（吴良镛，2006）。

1.1.3 乡村人居生态环境

乡村人居生态环境是人居环境在乡村区域的延伸，既包括气候条件、自然资源、区位特征的生态环境和不同经济发展水平创造的宏观经济环境，也包括住宅、基础设施等硬环境，以及信息交流等软环境，具体包含3个层次内容：①乡村聚落的单体建筑特征、宅院结构、聚落结构和聚落的宏观特征；②涉及聚落外部空间生态环境与大地景观环境特征；③涉及聚落与外部景观环境之间的连通体系与物质、能量、信息的关联体系。乡村人居生态环境是在综合大地景观和乡村人居环境理论的基础上，对乡村区域进行的综合规划设计（王云才和刘滨谊，2003），形成以人为核心的乡村人居生态环境的认知、判断、评价、规划、设计、预测与反馈的景观价值体系。乡村人居生态环境可以反映出乡村的地理空间、生活状况和社会之间的关系，是一个相互依存和相互影响的有机整体，应保证人文与自然相协调，生产与生活相结合，物质享受与精神满足相统一（代蕊莲，2022）。乡村人居生态环境的提升对于乡村经济、环境、社会协调发展以及区域协调发展具有重要意义。

乡村人居生态环境质量具有明显的空间集聚性和区域差异性特征。导致乡村人居环境质量差异的因素主要包括自然地理条件、社会经济条件以及人文环境的差异。自然地理条件（包括水文、地形、气温等）直接影响乡村聚落的布局、规模、密度和增长方向，对乡村人居生态环境整体质量提升起主导作用。社会经济条件是影响乡村人居生态环境建设投入的重要因素。在政府财政收入较高地区，可用于乡村人居环境整治的资金投入较多，乡村人居生态环境质量较好。在经济欠发达地区由于政府财政收入低，更多依靠政府转移支付提供公共服务，因而乡村人居环境整治的难度大且成效慢。其中，村干部和乡村精英对提高村庄决策效率、有效配置集体经济资源具有重要作用。人文环境是无形的社会资产，反映了村庄社会网络和社会资源的丰富程度，对增强村民的集体认同感和环境治理合作的能力，从而改善社区内部环境质量具有重要作用。

乡村人居生态环境是实现"两个一百年"目标的重要载体，关注乡村人居生态环境是践行以人民为中心思想的内在要求。通过乡村人居生态环境提升不断提高人民群众生活质量和健康水平，有利于持续增强农村群众的获得感、幸福感。作为实施乡村振兴战略的组成部分，以及建设生态宜居美丽乡村的重要内容，大力改善乡村人居生态环境，补齐乡村建设短板，切实解决农村发展不平衡不充分问题，多举措改变农村脏乱差现象，多渠道打通"绿水青山"向"金山银山"的转化路径，多形式构建人与自然和谐共生的乡村发展新格局（《中央农办、农业农村部、国家发展改革委关于深入学习浙江"千村示范、万村整治"工程经验扎实推进农村人居环境整治工作的报告》（2018-11-20发布））。

1.2　乡村人居生态环境构成要素

乡村人居生态环境的构成要素，主要包括自然要素、人工要素和文化要素。其中，自然要素涉及山、水、林、田、湖、草、沙大自然生态系统，以及乡村内部的植物景观，为乡村提供了健康的生态环境、多样的生物物种和适宜的风景园林小气候。人工要素包括长期积淀形成的乡村聚落、乡土建筑、乡村公共空间，以及乡村庭院等，是村民赖以生存的物质基础，具有重要的社会价值。文化要素是乡村人居生态环境的精神内核，不仅包含着传统审美和文化意趣，也反映了千百年来乡村传承的独特精神风貌（张琳和马椿栋，2019）。

1.2.1　自然要素

乡村人居生态环境中的自然要素是乡村生存和发展的基本条件，既包括村庄外围的山、水、林、田、湖、草、沙共同构成的大自然生态系统，也包括村庄内部植物景观。

1.2.1.1　山、水、林、田、湖、草、沙大自然生态系统

乡村人居生态环境是我国生态文明建设的主战场，其中重要的组成部分就是山、水、林、田、湖、草、沙共同构成的生命共同体和整体生态系统。习近平总书记指出："生态是统一的自然系统，是相互依存、紧密联系的有机链条。人的命脉在田，田的命脉在水，水的命脉在山，山的命脉在土，土的命脉在林和草，这个生命共同体是人类生存发展的物质基础。"（《习近平生态文明思想学习纲要》）维护大自然生态系统可以有效提升区域生态环境承载能力，积累生态资本，保持优良的发展潜质和充足的发展后劲，着眼于"山水林田湖草+乡村"的生态大格局，贯彻落实"绿水青山就是金山银山"理念，努力走出以生态优先、绿色发展为导向的高质量乡村风貌保护提升之路。

乡村人居生态环境保护工作逐步从"保护环境"转向为"生命共同体"系统保护。其中，山包括山地和丘陵；水包含河流及湖泊等，按流域面积和水域面积大小不同，可分为河流廊道和湖泊水库湿地，其中河流廊道依据流域面积又可划分为干流、主要支流和其他支流；林包括有林地、灌木林地、其他林地；田泛指田园，包括水田、水

浇地、旱地、果园、茶园和其他园地；草包括天然牧草地、人工牧草地和其他草地；沙包括沙地、荒漠等。乡村人居生态环境营造的重点应立足各生态系统自身条件，遵循"宜耕则耕、宜林则林、宜草则草、宜湿则湿、宜荒则荒、宜沙则沙"的原则，提升山川涵养互补生态功能，恢复河塘行蓄能力，加快高标准农田建设，实施河湖专项防治，防止草场退化，强化防风固沙和水土保持工作，增强可持续发展后劲。

1.2.1.2 村庄内部植物景观

村庄内部植物景观主要包括公共绿化空间、庭院绿化，以及宅旁、村旁、路旁、水旁"四旁"绿化空间等。提出品质提升与景观美化要求与建议，对于引导建设生态化和打造接地气的乡村人居生态环境具有重要意义。

公共绿化空间指乡村居民日常交往的场所，包括寺庙、祠堂、小卖部、文化广场、农家书屋等区域的绿化空间，承载乡村居民社会交互、文化传承、日常休闲、增强社区凝聚力和公民参与等功能。庭院绿化是乡村建筑附属庭院空间，是营造舒适宜人的居家气息，为村民日常生活提供休闲游憩的重要室外空间。"四旁"绿化具有绿化城乡、净化空气、保护环境卫生及护路、护堤等作用，同时生产木材和经济果品。其中，宅旁绿地是村民家门口的花园绿地，与村民的日常生活关系密切，提供村民日常户外休息、活动、社交、观赏的良好场所；水旁绿化是影响乡村生态建设的重要生态元素，应具有调节气候、涵养水源、保护水土、节约土地资源，防止圩堤垦耕，避免水土流失等多种生态功能；村旁绿化是指乡村居民从事生产经营活动和生活的村屯旁的绿化空间，对于美化村容、整洁街道、雅静庭院，创造舒适优美的生产和生活环境，构建防护体系，发挥总体效益起到关键作用（尹群智 等，2003）；乡村路旁绿化主要是指乡村道路及道路两侧的绿化，是绿色通道工程建设的一部分，可以实现生态效益、经济效益和社会效益的有机统一，也是兼顾美化环境、增加村民收入、振兴乡村经济的重要空间。

1.2.2 人工要素

1.2.2.1 乡村聚落

乡村聚落又称乡村居民点，指乡村居民的居住场所。按照聚落的发育过程和所处阶段，乡村聚落包括单家独户、村落（村庄）和集镇（陈勇，2005）。乡村聚落是农村居民与周围自然、经济、社会和文化环境互相作用的现象与过程，是我国人口的主要聚居形式，也是涉及社会、经济、资源和环境等诸要素的复杂系统（金其铭，1988）。乡村聚落的区位分布受自然、历史、经济及社会等多种因素的影响。乡村聚落的大小及其等级次序分布，是乡村聚落结构的主要特征（郭晓东 等，2010），乡村聚落类型与分类实质上反映了乡村聚落景观结构的地域分布规律和特征（范少言和陈宗兴，1995）。

伴随中国人地关系的巨大变化，乡村聚落作为社会经济发展的空间载体正在面临剧烈分化与重组。乡村聚落空间优化不仅有利于提高土地利用的集约化程度，同时可为乡村产业的发展、人居环境的提升、公共服务设施的完善等社会经济重构创造必要条件。通过梳理不同地域乡村聚落空间演化的特征与规律，归纳由自然地理、社会经济、政策制度等多重因素构成的聚落空间演变机制，阐述聚落空间优化的路径与研究视角，探讨未来聚落空间演变与优化研究的关注重点，是指导我国乡村人居生态环境优化和乡村振兴实践的重要前提（屠爽爽 等，2019）。

1.2.2.2　乡土建筑

乡土建筑是指位于广大农村及乡镇地区，具有非城市性，是非职业化的建筑者采用当地传统材料，通过非正式途径传承的乡土建筑建造技术和技艺及审美观在其乡土环境和乡土文化背景下建造的建筑类型，是对地方条件重复式的反映，也是现实生活中长期持续使用下来的构筑物及其生存环境的反馈（刘瑛楠和王岩，2011）。因此，乡土建筑不仅包括建筑及构筑单体，也是与其周边乡土环境息息相关的一个整体系统，包含着礼制建筑、祭祀建筑、居住建筑、文教建筑、交通建筑、生产建筑、商业建筑、公益建筑等子系统（陈志华，2008），包括乡土的住宅、寺庙、祠堂、书院、戏台、酒楼、商铺、作坊、牌坊、小桥等。乡土建筑本质上是乡土性在其岁月流逝中乡土精神和本土文化的外在显现。

乡土建筑是我国珍贵的文化遗产，国际古迹遗址理事会第12届大会通过的《关于乡土建筑遗产的宪章》（又称《墨西哥宪章》）中指出，乡土建筑遗产"在世界范围内遭受着经济、文化和建筑同一化力量的威胁。如何抵制这些威胁是社区、政府、规划师、建筑师、保护工作者以及多学科专家团体必须熟悉的基本问题"，并且"由于文化和全球社会经济转型的同一化，面对忽视、内部失衡和解体等严重问题，全世界的乡土建设都非常脆弱"（单霁翔，2008）。保护、传承和发展乡土建筑对于营造和谐舒适、风貌独特的乡村人居环境至关重要。

1.2.2.3　乡村公共空间

乡村公共空间是结合我国乡村本土特性与西方"公共领域"概念的定义，是村民日常生活交往的重要场所，具体包括对所有人开放，村民能够自由进出，并开展公共活动的物质空间载体，如大树、洗衣码头、祠堂等开敞空间，同时也包含"公共领域"的一些非空间"媒介"，如公共舆论（报纸等）、社团（宗教等）、活动组织（红白喜事等），涉及村民日常的经济、政治、文化与生活的诸多方面，对于村民的生活和乡村的和谐稳定发展具有重要的意义（王东 等，2013）。

乡村公共空间兼具多样性、复合性和适应性，是提升乡村人居生态环境的关键空间，与村民的幸福感直接相关。通过美化乡村公共空间，可为村民公共生活、户外交流的集中场所和日常社会生活提供更优美舒适的环境，并激活公共空间活力。乡村公共空间的塑造对于反映区域特色，塑造富有乡土气息的生态空间，延续地域文脉，帮助村民增强归属感和获得感具有重要价值。

1.2.2.4 乡村庭院

乡村庭院是与乡土建筑紧密相连的室外绿色空间，具有将自然要素引入人工建筑环境中的重要作用，可以满足人们从封闭的建筑中走出来进行休憩、交流、观赏等多方面的需求，与村民的生产、生活等日常活动息息相关。因为其服务对象是建筑的使用者，所以具有内向性特征，是乡村居民接触自然的首要环境空间。

乡村庭院景观营造状况直接关乎乡村人居环境的改善、居民幸福感的提升以及美丽乡村建设目标是否达成，直接承载乡村居民日常活动需求。同时，乡村庭院也具有一定调节乡村小气候、改善乡村生态环境和村容村貌等功能。乡村庭院环境要求功能健全、景观优美、文化丰富，并具有可持续发展的特性，需要更加注重村民的交流、纳凉、聚餐、文体等日常休闲娱乐活动的需求。营造美丽的乡村庭院对于贯彻落实乡村振兴，塑造乡村整体风貌以及促进旅游发展等都有着举足轻重的作用，有助于展现浓郁的地方风情，传承地方历史文化，提升乡村整体风貌，发展乡村旅游，乃至打造乡村的旅游品牌（倪云，2014）。

1.2.3 文化要素

文化要素是基于乡村自然要素和人工要素，围绕乡村居住活动而形成的人文特征，既包括依托于物质载体呈现的文化要素，如乡土建筑风格、村庄风貌、乡土景观、历史遗迹、农耕器具等，也包括通过非物质方式呈现，如方言、地方民俗、戏曲、服装和饮食特点、历史人文、民间传说、精神文明、生态文明、民风民俗、民间艺术、传统手工艺、村落营造理念等。中共中央、国务院《关于学习运用"千村示范、万村整治"工程经验有力有效推进乡村全面振兴的意见》提出："繁荣发展乡村文化。推动农耕文明和现代文明要素有机结合，书写中华民族现代文明的乡村篇。"说明文化要素的传承和发扬也是乡村人居环境营造的重要内容。

乡村人居生态环境的文化要素是传统文化生民的家园，是乡民在农业生产与生活实践中逐步形成并发展起来的道德情感、社会心理、风俗习惯、是非标准、行为方式、理想追求等，表现为民俗民风、物质生活与行动章法等，以言传身教、潜移默化的方式影响人们，反映了乡民的处事原则、人生理想以及对社会的认知模式等，是乡民生活的主要组成部分，也是乡民赖以生存的精神依托和意义所在。可以说乡村文化要素既是传播制度、传统的知识系统，也是承载乡村传统生产、生活方式的物质与精神财富，在中国历史发展的进程中占据了重要的地位，既担负着继承与传播中华传统文化的任务，又维系着乡村、宗族、社会经济与文化道德等诸多方面发展（卢渊 等，2016）。

乡村人居生态环境营建不仅要加强乡村优秀传统文化保护传承和创新发展，同时也需要强化农业文化遗产、农村非物质文化遗产挖掘整理和保护利用，贯彻落实实施乡村文物保护工程，开展传统村落集中连片保护利用示范，加强文化要素的"创造性转化、创新性发展"。以文化要素的呈现为抓手，突出鲜明地域特色，充分反映某一地区百姓的日常生产活动方式以及生活习惯，见证和发扬乡村人居生态环境在特定区域内历史、人文、生产劳动力、意识形态特征，也是乡村振兴的工作重点之一（杨贵庆，2019）。

1.3 新时代乡村人居生态环境营造意义

1.3.1 中国式农业农村现代化发展的重要特征

加快推进农业农村现代化是党在现代化建设新阶段，对"三农"工作作出的重大决策部署，也是做好新时代"三农"工作的核心目标，具有鲜明的时代特征和重大的实践意义。习近平总书记在十九届中共中央政治局第八次集体学习时指出："没有农业农村现代化就没有整个国家现代化。中国现代化离不开农业农村现代化。"面向未来，在中国式现代化征程上，实施乡村振兴发展战略，聚焦乡村人居生态环境营造，坚持走中国式农业农村现代化道路，是建设农业强国的必由之路。

乡村人居生态环境建设从"美丽乡村"建设逐渐过渡到"宜居宜业和美乡村"，立足乡村独有的环境资源禀赋优势，应秉承人与自然和谐共生的现代化发展理念，充分发挥乡村农产品供给、生态涵养、文化传承、就业增收、社会稳定等多种功能，为居民提供更多就近就地就业创业机会，形成新时代乡风文明新风尚，实现中国式农业农村现代化发展，营造安定有序的乡村社会环境，实现城乡良性互动、各美其美、美美与共。

1.3.2 乡村振兴的重要内容

乡村人居环境营建是乡村振兴的重要内容。乡村要发展，环境是底色。乡村振兴战略内容要求坚持城乡发展一体化，坚持人与自然和谐共存，坚持因地制宜、循序渐进。改善乡村人居生态环境、建设生态宜居美丽乡村是实施乡村振兴战略的一项重要任务，也是实现坚持人与自然和谐共生，走乡村绿色发展之路的重要内容（《"十四五"乡村绿化美化行动方案》）。

2018年中共中央、国务院印发了《乡村振兴战略规划（2018—2022年）》，提出了产业兴旺、生态宜居、乡风文明、治理有效、生活富裕的总要求，并设专门篇章要求建设生态宜居的美丽乡村。乡村是生态涵养的主体区，生态是乡村最大的发展优势。乡村振兴，利用人居生态环境，打造生态宜居是关键。以乡村振兴战略落实为契机，统筹山水林田湖草沙大自然系统治理，全面开展乡村人居生态环境营建，加快推行乡村绿色发展方式，有利于构建人与自然和谐共生的乡村发展新格局，实现百姓富、生态美的统一。

1.3.3 粮食安全、生态平衡与区域可持续发展的重要要求

乡村人居生态环境提升是保障粮食安全、生态平衡和区域可持续发展的关键内容。农业是人类文明发展的基石，而农业可持续发展则是实现粮食安全、实现农村经济繁荣以及保护生态环境的重要途径。面对气候变化、资源短缺和环境污染等全球性挑战，寻求可持续发展的农业模式已成为全球共识。在满足当前和未来农产品需求的前提下，以保护和改善乡村人居生态环境为核心，在追求农产品产量和经济效益的同时，注重保护自然资源、生态环境和农民权益，实现农业的长期可持续发展。

乡村人居生态环境提升对于改善农田基底、乡村小气候，以及乡村生态环境具有重要作用，可以有效保障农产品产量和质量，提高农产品的耐旱、抗病虫害等特性，有效应对气候变化和自然灾害对农业生产的挑战。农业活动对生态环境有一定的影响，如土壤侵蚀、水土流失、化肥农药过量使用等，营造良好的乡村人居生态环境是促进生态系统的保护和恢复，维护生态平衡，保障生物多样性和生态系统的稳定性，助力可持续发展的重要要求。

1.3.4 乡村居民美好生活的重要保障

全面扎实推进乡村人居生态环境整治，是实施美丽中国和乡村振兴战略的一项重要任务，也是人民群众的共同要求。改革开放以来，乡村经济得到快速发展，广大农民收入逐渐提高，优化人居环境成为进一步提升乡村居民生活质量的关键。秉承以人民为中心的重要发展理念，国务院办公厅印发了《农村人居环境整治提升五年行动方案（2021—2025年）》，对"十四五"时期改善农村人居环境、建设生态宜居美丽乡村作出全面部署。

改善乡村人居生态环境可以基本扭转乡村长期以来存在的脏乱差局面，乡村人居环境基本实现干净整洁有序，乡村居民群众环境卫生观念发生可喜变化、生活质量普遍提高，为全面建成小康社会提供了有力支撑。当前，我国乡村人居生态环境存在总体质量水平不高、区域发展不平衡、基本生活设施不完善、管护机制不健全等问题，为增强农民的获得感和幸福感，仍需不断提升乡村人居生态环境，保障乡村居民美好生活。

1.3.5 乡土文化传承和乡风文明培育的重要载体

乡村人居生态环境不仅包含生态和人工等物质要素，文化要素也是其重要组成部分。因此，乡村人居生态环境也是传承乡土文化和培育文明乡风的重要载体。乡土文化和乡风具有突出的地域差异和特点，中华民族五千多年历史孕育了丰富的乡土文化，文化元素相互交织形构了朴素的乡村价值观和认知体系，进而构建了乡村社会的行为规范。重塑乡土文化，建设乡村精神家园，对于乡村社会的持续稳定发展具有重要意义。"万民乡风，且暮利之"，乡风是维系乡愁的重要纽带，是传承文明的重要载体。

重视乡村文明传承和创新，更要厚植文化力量。

乡村人居生态环境是重塑乡土文化，涵养乡风文明，延续和发展历史遗留的珍贵精神财富的关键空间。乡村人居生态环境营建不仅可为乡村发展提供精神动力和智力支持，有效地满足乡村居民对美好生活精神层面的需要，同时，可提升乡村居民的主人翁意识和社会责任意识，进一步增强乡村居民的文化自信和文化认同，推动乡村移风易俗，建设风清气正的乡村社会，厚植乡村文明根脉，让乡村居民守得住"根"，留得住"乡愁"，看得见"远方"。

1.4 本教材主要内容与学习方法

本教材聚焦乡村人居生态环境的营建，共分为绪论、乡村人居生态环境营造国际经验和中国特色、我国新时代乡村人居环境营造形势和条件、乡村空间规划、乡村生态保护与修复、乡村植物景观营造、乡村公共空间建设、乡村庭院环境设计与营建、乡村建筑营建以及乡村人居生态环境规划设计教学实践案例10章。章节内容划分秉承我国乡村人居环境基本特色，突出国家相关政策要求，从理论研究到实践，深入浅出地反映新时代乡村人居环境建设特征。

"乡村人居生态环境"是风景园林、园林和城乡规划等专业的一门专业课，是规划设计基础理论的延伸和实践技能的拓展，教学环境包括课堂教学、课程设计、实践教学等方面内容，在学习过程中，需要注意以下几个方面。

1.4.1 注重理论与实践的结合

乡村人居生态环境是一个复杂的巨系统，我国乡村人居生态环境建设取得了长足进展，内涵也不断丰富。课程遵循"规范理论体系"和"经验能力呈现"两种范式，课程学习既需要掌握乡村人居生态环境的相关理论，更需要关注实践案例，加强分析问题和解决问题的能力，学习如何将理论研究与设计实践融会贯通。做到"因地制宜、精准施策"，立足我国乡村特点和实际情况，开展乡村人居生态环境建设。

1.4.2 注重多学科知识的综合运用

乡村人居生态环境是一门涉及广泛的学科，不仅要学习人居环境学、园林美学、园林艺术、园林制图、园林规划设计、园林建筑设计、生态学、气象学、植物学等有关方面的课程，还要根据乡村特点，学习社会科学、经济学等相关知识。因此，掌握乡村人居生态环境需要多元、融合、综合的科学思维，应从多维度、多视角、多方面诠释和剖析乡村人居生态环境问题，需要将导致乡村人居生态环境的众多问题相互联系、耦合互动地予以解决，探索多学科融合、整合、整体发展的路径。

1.4.3　强化文化认同感和责任感

乡村人居生态环境营建是贯彻落实乡村振兴战略的重要载体。在学习本门课程的时候，应切实理解与乡村振兴相关的国家重大战略需求，同时也应深度了解相关国家法律法规系统，树立文化自信和对于社会主义思想价值体系的信仰，成为国家社会的栋梁之材。

小　结

本章介绍了乡村人居生态环境的相关概念和基础理论，系统总结了乡村人居生态环境的构成要素，包括自然要素、人工要素和文化要素三大类型，从中国式农业农村现代化、乡村振兴、粮食安全、生态平衡与区域可持续发展、保障乡村居民美好生活，以及传承乡土文化和培育乡风文明等方面阐述了新时代乡村人居生态环境营造的意义，并简要介绍了本教材的主要内容与学习方法。

思考题

1. 乡村人居生态环境的构成要素包括哪些？
2. 结合相关政策，概述新时代乡村人居生态环境营造的意义。

推荐阅读书目

乡村景观生态资源升级保护与合理开发. 范洲衡，邓华，陈海林. 中国林业出版社，2020.
乡村景观在风景园林中的意义. 张晋石. 中国建筑工业出版社，2017.

第2章
乡村人居生态环境营造国际经验和中国特色

本章提要

乡村人居生态环境是乡村区域内农户生产生活所需物质和非物质的有机结合体，是一个动态的复杂巨系统。本章一方面阐述中国传统乡村人居环境营造思想，并选取典型乡村人居环境营造案例。分析其营建智慧，对我国目前乡村人居环境营建具有一定启示与意义；另一方面通过系统总结美国、德国、日本乡村人居环境建设的成功经验，对中国乡村人居环境整体提升有重要借鉴意义。在此基础上，针对国内实际情况，提出乡村人居生态环境建设的具体措施。总结探索适合中国国情的建设路径，以改善乡村人居环境，建设美丽乡村，共筑美丽中国。

学习目标

1. 掌握我国传统乡村人居环境营造思想；
2. 思考我国传统乡村人居生态环境典型案例对当今乡村建设的启示意义；
3. 学习了解国外乡村人居生态环境的建设模式；
4. 科学分析我国乡村营造的客观发展规律与建设需求；
5. 分析对比我国与其他各国乡村建设的异同；
6. 总结提出具有中国特色的人居生态环境优化发展路径。

自乡村振兴战略提出以来，全国各地都开展了乡村人居生态环境优化的行动。他山之石可以攻玉。在历史长河中国内传统乡村人居环境营建思想结合了我国地域特色、人文特征与华夏文明积淀了独特的乡村环境营建智慧与生态理念。不仅需要我们学习并借鉴古人的营建智慧，同时一些国外乡村人居生态环境营造的方法和经验可以对我国正在进行中的乡村建设提供借鉴，并且结合我国国情，发展具有中国特色的、可持续发展的美丽乡村建设模式。

2.1 中国传统

2.1.1 中国传统乡村人居环境营造思想

《阳宅十书》开篇写道"人之居处宜以大地山河为主",我国关于"人居"的概念自古就有。在漫长的农耕文明社会发展进程中,乡村人居环境逐渐演化成承载聚落内人们生产、生活的生态空间,是在特定自然环境中按照特有的经济基础、文化观念和生活方式改造形成的具有鲜明时代、文化与空间特色的聚落环境,不但凝聚着古代规划设计的精华,还隐藏着本土一系列的文化品格。

中国传统乡村人居环境营造不似城市营造那样有着固定不变、规整划一的规划模式,也没有流传诸如《周礼·考工记·匠人·营国》那样的营造城市的经典。但是,如古徽州《翀麓齐氏族谱》记载:"吾里山林水绕……而要害尤在村中之一川。相传古坑族祖渊公精堪舆之学,教吾里开此训,而科第始盛……"(陈紫兰,1997)。这样不少保留下来的古村落及其宗谱文献中记述的情况表明,中国古代聚族而居的村落大都有着系统的规划思想。不同于中国古代城市"方九里,旁三门,经涂九轨""左祖右社""前朝后市"之制,中国古代村落遵循所谓"君子营建宫室,宗庙为先""水口之山,欲高而大""凡山村大屋要河港盘旋"等思想,与中国古典园林的造园艺术和规划思想相似,不讲究古代城市那样的规整划一,而是追求整体上的和谐与统一(刘沛林,1998)。从成书于明代的造园巨著《园冶》中,我们也能通过诸如"园基不拘方向,地势自有高低,得景随形,或傍山林,欲通河沼。……相地合宜,构园得体"之类的叙述,窥见传统乡村人居环境强调因地制宜、整体构图的思维方式和营造思想。

2.1.1.1 中国传统乡村人居环境营造思想的演替

人居环境营造的历史可追溯到石器时期的原始聚落,这些聚落往往与优越的地理位置有密切的关系,或靠近水源,或是农耕区中心,或地形有利于防御,或不受洪水威胁(金其铭,1982)。随着政治形势、生产技术、自然环境以及思想观念的改变,聚落也不断兴衰消长。通过将各时期人居环境营造思想特征归类划分,本书将人居环境营造思想演替历程分为3个时期:早期村落时期(新石器时期—春秋)、中古村落时期(春秋—隋唐)、近古村落时期(宋—清)。

(1)早期村落时期(新石器时期—春秋)

在人居环境发展早期,相比思想文化等主观因素,自然环境等客观因素对聚落的形成、位置、规模、形式、结构特点和职能,无疑有着更加重大的影响,特别是乡村聚落,可以说是人类适应自然环境的产物,而大凡人工造物总有一定的秩序,人居环境的营建也不例外。

以西安半坡遗址为例。距今五六千年前的西安半坡遗址的聚落便出现了简单的分区规划（图2-1），整个聚落由3个性质不同的分区组成，即居住区、墓葬区、陶窑区。此外，聚落中央有一座较大的氏族公共大房子，周围46个小房屋均以此房为中心呈放射状布局。在居住区四周存在具有防御性的壕沟，将聚落与周围环境做出一定的隔离。聚落规划表现出的界域性和中心性特征也成为后来我国人居环境营造的最初模式"匝居"。

"经始灵台，经之营之，不日成之"，成书于商周的《诗·大雅·灵台》这样描述"营造"，这里的"经"，是策划、管控；而"营"，原意即是"匝居"，围而造之的意思，因此，古代聚落即以"匝居"的围合方式，形成血缘和地缘的乡村聚落和城邑聚落（常青，2019）。这些华夏聚落以宗庙祠堂为宗法等级和空间秩序的中心，以山川河流或城垣壕堑为防卫体系和空间领域的边界，保持和发展着"匝居"的营造方式。

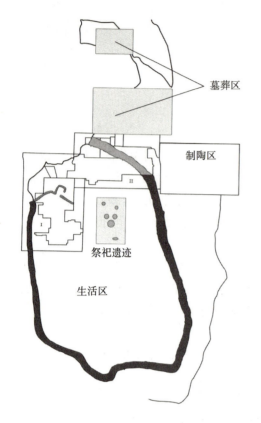

图 2-1　半坡文明遗址示意图（引自 https://bpmuseum.com）

（2）中古村落时期（春秋—隋唐）

春秋战国时期，百家争鸣。以"人法地，地法天，天法道，道法自然""天地与我并生，万物与我为一"代表的"天道观"趋于完善，其蕴含的"天人合一"思想，使村庄的选址、布局更多地与自然山水相结合，通过观察周边的地理要素来经营聚落空间。

以河北开阳堡为例。秦汉时期的开阳堡建于台地之上，不仅借助地利在自然中获取保障，还按照"九宫八卦"的理念塑造开阳堡，街道、建筑则按八卦之义定位，布局规整、庄严大气，有"灵龟探水"之势。在村落内部空间营造上，多利用周边自然资源塑造人居空间，如引溪水成水塘，营建村落公共园林；建筑、围墙往往采用黏土、石材等材料，皆体现了亲近自然、顺应自然的人居思想。

到了魏晋南北朝以及隋唐时期，社会经济逐渐繁荣，文化昌盛，思想开放，士大夫阶层追求自然环境美，游历名山大川成为社会上层普遍风尚。中国传统文化中的诗情画意逐渐相融，"山水"成了社会各阶层共同的追求。人居环境也开始逐步脱离集中封闭的围墙聚落形式（鲁西奇，2013）。正如唐朝王维辞官隐居到蓝田县辋川，相地造园，园内山风溪流、堂前小桥亭台，都依照他所绘的画图布局筑建，如诗如画的园景，正表达出他那诗作与画作的风格（图2-2）。

图 2-2 《辋川十景图》局部（明·仇英）

（3）近古村落时期（宋—清）

两宋以来，程朱理学成为思想的主流，其倡导的"敬宗收族"，形成以祠堂、族田①为核心的聚居制度（常青，2019）。另外，人居环境的营建逐渐转为在日趋缩小的精致世界中实现从总体到细节的自我完善，对于意境和堪舆的追求，使得村落在与自然地景融为一体的有机生长中，保留了纯朴与浓厚的地方性，可谓千姿百态、谱系纷呈。

以黟县宏村为例。始建于南宋时期，经历千年打磨的宏村，是近古村落时期乡村人居环境最为典型的代表。"山为牛头树为角，桥为四蹄屋为身"，在外部空间营造上，以雷岗山为牛头，村口的两株古树为牛角，凿湖做牛肚，引泉为牛胃，挖水圳②引流水，九曲十八弯蜿蜒牛肠，塑造出青牛山前溪边悠闲静卧的"牛形村落"（图2-3）。到了村落的内部空间则是条条古巷纵横，依山造屋，傍水结村，白墙黑瓦，砖木石雕，书画楹联，千姿百态。"青山隐隐水迢迢"，诗情画意完美融入乡村内外人居环境营造，远观如写意潇洒，静看似工笔细腻。

图 2-3 皖南黟县宏村平面图

---

① 族田：旧中国宗族所共有的土地。
② 水圳：人工修建的用来灌溉农田的水利体系，也兼有泄洪的功能。

总体而言，乡村人居环境发展到清代已经形成了以原始哲学为根基，儒家思想为主脉，道家、佛家思想为补充的复合传统人居哲学体系。

2.1.1.2 中国传统乡村人居环境营造思想的构成

中国传统人居环境营造思想由多方面的功利要求、文化理念和历史背景组成，大致有如下3个方面。

（1）世界观

①敬畏自然　古代中国的世界观即天道观，以"天""道"为宇宙运行的根本，即所谓的"主宰之天"。人们认为"天"是自然的存在，这种存在是对宇宙及其运行规律最彻底的抽象。在中国文化中，理解了"天"，就是理解了自然宇宙、社会和人的基础。同样，尊重自然规律也成为乡村人居环境建设的底层逻辑。

②和谐统一　子曰："天何言哉？四时行焉，百物生焉，天何言哉？"随着对"天"这一宇宙现象的渐进感知与亲近，人们的主体意识开始觉醒，开始意识到人在这个宇宙中是主动的，是可以发挥能动性的，因此将人与天、地并立为"三才"。《易经》说："三才，天地人之道。"董仲舒曰："天、地、人，万物之本也，天生之，地养之，人成之……三者相为手足，合以成体，不可一无也。"这种追求"天、地、人"和谐统一的思想也成为日后乡村人居环境建设不变的主题。

③天人合一　传统乡村人居环境的营建基于"天人合一"的传统世界观。农业社会的中国人认为"天人合一"即"天人相类"，其中"天"是大宇宙，"人"是小宇宙，"天地宇宙一人之身"（《淮南子·本经训》）中的一人之身，即宇宙之身。"天"的系统应当存在于其派生的"人"身上。由此传统聚落作为人居住的小环境被诠释为沟通人与自然环境（或神）的载体，其建构活动必然约定俗成，按传统的模式和精神进行。

（2）自然观

①顺应自然　由于长期处于农业社会之中，没有较强的开荒能力，传统乡村人居环境营造使用的是简单的人力和自然之力，大幅度地保留自然地貌环境，依靠湿地、河流、山川、草原形成如今种类丰富、形式多样的乡村人居环境。

②适应自然　传统乡村人居环境的营造核心是追求在所处自然环境中更舒适的生活以及更高效的生产，因此，适应自然环境也成为乡村人居环境营造的重要考虑因素。如桂林龙脊梯田，在陡峭的山地上塑造阶层梯田台地消除高差，提高土地生产效率。南方的干阑建筑，利用建筑的架空、悬挑、错落实现对南方湿热山区的适应。

③利用自然　一方水土养一方人，独特的自然条件造就具有不同地域特征的人居环境，因地制宜、就地取材，充分利用自然条件因素是营造乡村人居环境的重要策略。如因各地的土质不同，陕西在土山中开凿出了窑洞，闽南地区则以黄土为材搭建房屋。

（3）文化观

①哲学观念　乡村文化景观是传统人居哲学思想的主要载体，是哲学思想在空间上的具体呈现（张雪莲，2014）。在思想体系上，中国乡村传统人居哲学思想起源于原始哲学，儒家思想为主流，道家思想的兴衰更替及佛家思想的适应融入，丰富了乡村

传统人居哲学内容,推动了乡村的多样化发展(图2-4)。故可将乡村传统人居哲学体系归纳为:在思想体系上,以原始哲学为根基,儒家思想为主脉,道家、佛家思想为补充的复合传统人居哲学体系。在思想时间演变上,早期村落索取自然、就地谋生乡村"内向化"发展;中古村落尊重自然、天人合一,乡村"多样化"发展;近古村落超于自然、境生象外,乡村"艺术化"发展。

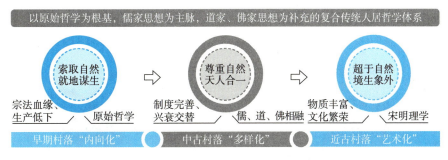

图 2-4　乡村传统人居哲学发展脉络

②堪舆观念　作为一种思想观念,堪舆对中国古代村落的选址和布局,产生深刻而普遍的影响,是左右中国传统人居环境格局最为显著的力量。诚然,由于历史局限性,堪舆蒙上了一层神秘的面纱,但其也寄托了村民趋吉避凶、追求安详稳定的心理需求,同样也体现了传统乡村人居环境营造对于自然环境的尊重。

③宗族观念　宗族制度,是中国古代社会的重要特征之一。"君子营建宫室,宗庙为先,诚以祖宗发源之地,支派皆源于兹"从原始半坡聚落开始,整个村落的布局便以宗祠为起点,由内向外、自下而上自然生长。如皖南西递村,以规模最大的总祠(敬爱堂)为全村中心,下分各支系,各据一片领地(图2-5)。每个支系都有一个支祠作为副中心,整个村落分区明显,充分体现宗族血脉的凝聚力(刘沛林,1998)。

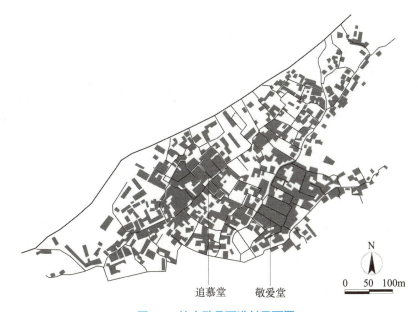

图 2-5　皖南黟县西递村平面图

④**诗画意境** 中国传统人居环境为耕读文化的产生与发展提供现实的空间。传统的理想村落以田园山水、青山绿水为背景，与自然环境融为一体，表面朴实无华，内在却形态各异、耐人寻味，"绘水绘其声，绘花绘其馨""未画之前，不定一格。既画之后，不留一格"，乡村人居环境的营造往往强调某种精神的体现、情感的表达，意境的完美是中国传统农耕文化追求的最高境界（金涛，2002）。"山深人不觉，全村同在画中居"，在一些古村落中，普遍盛行的"八景""十景"，实际是一幅幅村落山水画的点景，"王江晓月""壶山倒影""龙冈夕照"……构成一幅幅田园牧歌式的山水画（图2-6）。

图 2-6 桃花源记节选（明·仇英）

2.1.2 中国传统乡村人居生态环境营造典型案例

中国，这片幅员辽阔的土地，孕育了丰富多彩的地域文化和鲜明特色的乡村人居生态环境。在不同的地理环境、自然条件和历史文化条件下，共同塑造了各具特色、蕴含深厚民族文化的乡村景观。这些乡村景观不仅展现了我国乡村人居生态环境的多样性，也彰显了各地区在人居环境营建上的独特成就和生态智慧。因此，从乡村人居环境营建角度出发，结合山水林田湖草沙等生态环境以及独特的地域文化背景，列举5个具有代表性和典型性的案例，分别是结合山水环境形成的皖南古村落、具有完整农耕系统的红河哈尼梯田、利用平原形成的川西林盘、依托黄土高原而建的陕北原窑洞以及少数民族文化影响下的黔东南苗侗少数民族乡村聚落，深入探讨中国传统乡村人居生态环境营造的精髓。它们所在地区的历史演变、地理环境、民族文化等因素，共同影响了乡村人居环境的形成和发展，高度体现了我国乡村人居生态环境的特点和价值，也为现代乡村生态环境建设提供了宝贵的经验和启示。

在当前全球面临生态环境保护和可持续发展的挑战时，这些传统经验显得尤为宝贵。它们共同展现了人类与自然和谐共存的智慧和成果，不仅代表了各自地区的生态智慧和文化特色，也共同构成了我国乡村人居生态环境的丰富多彩和独特魅力。我们应当珍视并传承这份来自古代的智慧，共同探索人类与自然和谐共存的未来。通过学习和应用这些经典案例，更好地理解和推动乡村人居生态环境的可持续发展，为建设美丽宜居的乡村贡献智慧和力量。

2.1.2.1 皖南山水传统型古村落

（1）村落选址

皖南地区多为丘陵带，山峦起伏，其村落选址大多以天然山水为依托，因地制宜，整体布局上呈坐北朝南，背山面水、负阴抱阳，随坡就势，选址一般位于山谷内相对开阔的阳坡或山南面的缓坡上（汪双武，2005），符合精通堪舆说的先祖之意。徽州人对理想人居环境的追求深深根植于堪舆思想中，皖南古村落选址中体现出来的和谐人居环境观，在徽州的堪舆文化中得到了充分的展现。因此，中国古代地理学对理想的村落外部环境与营建统一体现为：村落东西辅以护山为青龙、白虎，前有沼池为朱雀，背倚丘陵为玄武。山、水环绕中心的龙穴位置就是村落的最佳选址之处。龙穴讲究八方来朝，穴中堂局开阔，明堂宽大。龙穴中的明堂要求能够藏风聚气，即使四周没有向龙穴中心汇聚的势态，也应该有水口关拦，重重结锁，地势应平坦方正。此外，徽州人对水体的选择也极为重视，古代自然地理学中认为水象征着财富，以蜿蜒曲折者最能留住财气。结合山、水两方面的考量，皖南地区形成了"枕山、环水、面屏"的古村落选址模式，通俗地说就是前有案山作对景，后面有来龙山作倚靠，水口处常有两山夹峙，溪水环抱村庄，这种布局容易形成封闭的居住环境空间，使村落冬天可以躲避寒风的侵扰，夏天又能吸收水面吹过的凉风，同时满足村民对于安稳、静谧居住环境的心理需求。

徽州居民在长期以来与自然环境求生存的斗争中，为营造理想的人居空间环境，将"天人合一"的思想观念充分贯穿在古村落的选址和布局始终，力求达到一种与大自然和谐共生的生存生态环境。因此，与周围自然环境高度协调统一、融为一体，成为皖南古村落选址的主要特点之一。

（2）布局特征

皖南古村落在布局上选择平整而宽敞的明堂处建造村庄。因此，村落最终大多依山傍水且建筑群落密集，巷道纵横交错，整体形态布局非常有特点。自然选择和人文选择的双重选择结果，使得徽州的古村落和自然环境背景浑然一体的同时，也考虑了村民生产、生活上的便利，以及满足村民精神上的需求。民居建筑、水口、道路、池塘、水渠等生活设施的设置，为村民提供了生活所需的同时，也尽量满足与自然的协调统一。

（3）建筑风格

皖南山水村落的建筑风格是徽派建筑艺术的代表之一，具有独特的艺术魅力和历史价值。徽派建筑以砖、木、石作为主要材料，注重雕刻和装饰，形成独特的建筑风格。徽派建筑大多采用黑、白、灰3种颜色，简洁大方，而又不失精致。建筑屋顶多采用马头墙和飞檐翘角的形式，美观且实用。马头墙作为徽派建筑中的独特元素，建造时往往高于屋顶，目的在于防止火势蔓延，同时防止盗匪侵扰，深刻反映了古人对防火防风的实际需求。此外，徽派建筑还注重与周围环境的协调统一，如房屋的高度、大小和朝向等都经过精心设计，使得整个村落的建筑风格统一而又不失变化（图2-7）。

图 2-7　安徽宏村

皖南山水村落作为徽州人追求理想山水人居环境的缩影，通过自然地理学、建筑艺术和园林设计等手段，创造了和谐共生的理想人居环境，其营建模式蕴含了中国传统人地和谐共生智慧，具有重要历史价值。

2.1.2.2　红河哈尼梯田型

（1）历史概况

哈尼梯田是哈尼族、彝族等民族的先民历经千年的辛勤劳作而创造出的山地稻作灌溉文明奇迹。在长期人地关系中，哈尼梯田在传统聚落形态、梯田稻作生产、用水管理模式、景观格局等方面，形成了一套人与自然和谐共处的独特生态智慧，具有多重价值。2013年，云南红河哈尼梯田文化景观以其独特的森林、水系、梯田、村寨的"四素同构"，被列入联合国教科文组织《世界遗产名录》，成为全人类共同珍惜和保护的世界文化遗产。

哈尼梯田至今逾1300年历史，规模宏大，分布于云南南部红河水系南岸红河哈尼族彝族自治州（简称红河州）的元阳、红河、金平、绿春等县区。其中，以世界遗产申报地元阳县为代表。红河哈尼梯田位于云南省红河州元阳县哀牢山南部，其核心区面积为16 603hm^2，缓冲区面积为29 501hm^2，包括了最具代表性的集中连片分布的水稻梯田及其所依存的水源林、灌溉系统、民族村寨。

（2）营建过程

哈尼族居民在耕地营建过程中根据哀牢山的地理环境、农耕条件以及农田的灌溉、管理等方面创造并不断完善了完整的梯田耕种方式以及管理制度，体现了哈尼族独特的传统生态文化。哈尼族在开垦梯田时，通常在初春时期选择气温和湿度相对较高、便于种植水稻的缓坡位置，选好位置后便在周边寻找灌溉水源，开渠引水。水利管理方面，哈尼族居民利用元阳山高水高的自然地理优势，在山坡上为每一层梯田挖出水渠，引水入田。水源从上而下灌溉，最上面的一层田灌溉满之后直接流入比第一层梯田低一层的梯田，依次而下直到流入江河。哈尼梯田文化景观是以哈尼族为主的各族人民因地制宜，利用"一山分四季，十里不同天""山有多高，水有多高"的特殊地缘优势共同开创的农耕文明，体现了当地世居民族在人居环境选择、生态环境保护、社会结构建构、水资源支配利用、生产方式管理等方面的独创经验（图2-8）。

（3）布局特征

在聚落营建上，哈尼族趋利避害、因势利导。选择冬暖夏凉、气候适中的山腰地带建寨，而将村寨之下炎热湿润的山坡开垦为梯田，利于稻谷生长和农业生产。由此，红河哈尼族的聚落系统形成了以森林、村寨和梯田以核心要素，以水系为串联的"森林—村寨—梯田—水系"的四素同构的立体景观格局。哈尼族村寨在选址上以背风向阳、茂密的森林、充足的水源、适宜开垦的梯田为基本条件，蕴含哈尼人适宜生存和心理安全的本能需求，是哈尼人长期适应自然环境的最终选择和智慧积累。红河哈尼族村寨的传统建筑为"蘑菇房"，因其四坡草顶、脊短坡陡，状如蘑菇而得名。蘑菇房由泥土、稻草等乡土材料建成，冬暖夏凉，经久耐用，极其适合当地的自然环境特征，是哈尼人特有的"绿色建筑"（高凯 等，2014）。

红河哈尼梯田文化景观的突出价值在于红河哈尼梯田是独特社会经济宗教体系的反映，该体系尊重自然、重视个人与社区的相互关系，保证了红河哈尼族在恶劣的自然环境下通过精密复杂的农业体系成功耕作。它既是反映自然资源智慧利用和人与自然和谐相处的杰出典范，在我国及亚洲地区具有独特代表性，也是人与自然相互作用过程中生态智慧的集中体现和人对特殊自然环境回应理念的范例。

图2-8 云南红河哈尼梯田景观

2.1.2.3　川西林盘型乡村聚落

在四川省成都平原上，星罗棋布地分布着一种独特的乡村景观——林盘。林盘因竹木繁茂、小巧如盘而得名，又因广泛分布于川西平原及周边地区，故又称川西林盘（孙大江 等，2019）。它们是川西平原典型的聚落形态和和谐的人居环境模式，集生产、生活、生态与景观为一体，构成了一个复合型的乡村人居模式。成都是川西平原的腹地，也是林盘的集聚之地。其中，郫都区的林盘保存最为完好，共有859个10亩[①]以上的林盘，在2019年，"四川郫都林盘农耕文化系统"被列入第五批中国重要农业文化遗产名录。

（1）历史演变

林盘的历史形成和演化历程悠久且丰富。它的产生与发展经历了四五千年前的宝墩文明时期，蜀民们因种植粟而开始协作生产，逐渐衍生出成都平原最早的土著聚居形式。为了抵御野兽侵害和水患，他们选择在林木茂盛的地区建立聚居点，形成了宅居、林地、农田三者共生的早期林盘聚落雏形。汉唐时期，随着文人入蜀，林盘的生活和文化内涵得到了极大的丰富，完善了川西平原的人居环境景象及社会结构。这些入蜀的文人和移民在原有的自然资源和传统林盘基础上，以族群为单元，修路建宅、整田理水并从事耕作生产，加速了林盘空间格局的形成并完成了生活体系的构建。他们在依靠林盘维持生计的同时，还对林盘进行了适当的整修，以提升生活的意趣。这其中最具代表性的有杜甫草堂、新都桂湖、新繁东湖以及崇州罨画池。

（2）聚落分布

林盘作为川西农村的一种人居绿化聚落，在空间分布上呈现规模小而分散、与绿化竹木紧密结合的特征。林盘内所聚居的农户数量普遍不多，以几户或十几户为主，也有不少单门独户的林盘。其空间格局松散而自由，农家院落分散而独立，掩映于竹林与树木之中，院落之间既保持着一定的距离又有一定的联系（图2-9）。

图2-9　川西林盘

---

① 1亩≈666.7m²。

（3）布局特征

川西林盘在结构布局上独具特色。通常内层为农家宅院，外层为竹林、树木，林盘内外有溪流环绕，宅院屋舍之间竹林果木交映，并辟有菜地果园等。建筑多采用川西民居典型的轻木结构建筑，既适应了四川盆地多雨湿润的气候，又在地震频发的四川地区显示出良好的抗震性能。果园与菜地是林盘经济生产的核心，人们根据不同的土壤条件和水分状况栽种适宜的农作物，实行轮作和间作，充分优化土地资源。果树、蔬菜、粮食等作物互相搭配，形成了一个多元化的生态系统。林盘中的水系布局尤为精妙，除了灌溉用水，林盘中往往设有水塘或小溪，用于养鱼和提供生活用水资源。这种水体的存在，不仅为林盘增添了几分灵动和雅致，还起到了调节局部气候、维持生态平衡的作用。

川西林盘作为成都平原上独特的传统聚落模式，是自然与人文交织的杰作。蜀民充分利用川西平原得天独厚的自然条件，优越的地理地貌、肥沃的土壤、精巧的水利、温润的气候和丰饶的物产为该区域的农业生产和人类聚居创造了良好的条件，形成了独特的生态智慧和文化内涵，成为平原地区乡村人居生态环境营造的杰出代表。

2.1.2.4 陕北黄土高原窑洞型乡村聚落

（1）环境选址

在中国西北黄土高原的陕北地区，自古以来就形成了一种独特而古老的传统窑洞型乡村聚落。它们见证了黄土高原上人们的居住智慧与自然环境的和谐共生。作为中国传统乡村人居生态环境营造的典型代表，陕北窑洞凝聚了深厚的地域文化和生态智慧。受自然环境影响，陕北地区地处不同的地貌类型，传统窑洞聚落在选址营建时形成了独特的"自适应"选址布局模式。大致可分为4种，第一种是选址布局在黄土塬地带，占据整个黄土塬面，从而实现趋利避害、保障人居安全；第二种是选址在向阳、土质坚硬的黄土梁、峁地带；第三种多位于山脚下开阔临水地段，顺流发展；第四种多选址布局在交通便捷的道路两侧，有利于商贸来往。

（2）空间布局

陕北窑洞聚落在空间形态上综合反映了黄土高原人居营建的布局特征。独特的地理环境使陕北窑洞聚落在空间布局上呈现出不同的空间形式。①在黄土沟壑区的窑洞聚落通常会沿沟谷地带进行布局，聚落空间形态整体呈树枝状，布局较为紧凑。窑洞建筑顺应黄土高原山腰等高线而建，在大沟坡或弧圆形崖口位置形成"U"字形或折线形的多层级垂直分布的窑洞院落群。②在相对宽阔且平坦的黄土塬上，窑洞聚落多呈组团状分布，各处窑院间保持一定的距离，既能保证聚居点之间紧密联系，又能为各自生产生活提供足够空间，因而形成一个或多个形态特征鲜明的多边形组团状聚落空间，如子洲县张寨村。③在地形高差较大的大沟坡或弧圆形崖口位置，聚落空间形态则会较为分散。如佳县木头峪村。

（3）建筑营建

陕北窑洞民居独特的建筑风格和特点使其成为中国乡村建筑的代表。陕北地区沟壑纵横的黄土地貌及生态环境塑造了独特的窑洞民居，构成黄土高原特有的居住文化形态。时至今日，窑洞仍然是陕北地区部分农村居住的主要建筑类型，其建筑营建蕴含丰富的地方性知识。窑洞民居通常采用黄土和木材为主要材料，结合了自然地形和人工开挖，具有良好的保温和隔热性能。其独特的半地下式结构不仅可以适应严寒的冬季气候，还与陕北地区特有的土地利用方式相契合。

陕北地区传统窑洞聚落按其营建类型主要分为靠崖式和独立式两种窑洞类型（图2-10）。靠崖式窑洞主要分布在土质密实的黄土地段，在天然土壁上向内开挖拱券式洞穴；而在一些没有天然沟崖土壁利用的地段，地方村民往往会在平地上用土坯、砖石垒砌，然后覆土成窑，最终形成独立式窑洞（王永帅，2023）。

图2-10 陕北窑洞（引自 http://www.yanan.gov.cn）

总之，陕北窑洞是中国传统乡村人居生态环境营造的典范。它不仅展现了黄土高原上人们的生活智慧，更蕴含了深刻的生态哲学——顺应自然、利用自然、保护自然。在当今全球面临环境挑战的背景下，陕北窑洞为人们提供了一种古老而有效的生态居住方式，其价值和启示值得我们深入思考和借鉴。

2.1.2.5 黔东南苗侗少数民族乡村聚落

（1）地域环境与少数民族文化

黔东南地处贵州东南部，境内沟壑纵横、群山绵延，自古有"九山半水半分田"的说法。黔东南以清水江、舞阳河和都柳江流域为主，民间流传清水江养育了苗家人，而都柳江则养育了侗家人。由于黔东南地形复杂，自然环境多样，形成了山水围合的自然条件，同时气候温和、雨量充沛的气候条件为该地区创造了丰富的森林资源，因此，得天独厚的自然环境为苗侗民族理想聚落环境提供了必备条件。

黔东南地区少数民族人口占总人口约80%，其中苗族约占43%，侗族占30%。作为主要民族，居住在黔东南地区的苗族、侗族人民，经过长期的生产生活，共同创造了独具特色的地方文化，形成了特有的生产方式与生活习惯，并至今保留着特有的民风民俗。其中，苗族聚落依空间分布"一山一岭一村落"的特点，形成了大分散、小集中的聚落格局。侗族聚落沿都柳江建村立寨，在地势较为低洼平坦的区域形成了分散布局的空间格局。

结合黔东南自然环境与苗侗民族历史因素的双重影响，黔东南地区的民族聚落在各方面具有深刻的自然地理特性和少数民族文化烙印，展现出鲜明的地域空间特征（赵永琪，2022）。不同的民族在黔东南地区这片土地上孕育出了悠久的民族历史与多元的文化，形成了黔东南地区独特的村落形态、民居形式、村落文化等，共同发展促进了黔东南苗侗民族文化聚落的形成。

（2）聚落选址

由于苗侗两族生活习性不同，选址侧重点也不同，由于历史的动荡不安使苗族人有极高的防卫意识，因此苗族多居住于高山地带，利用群山环抱的态势增强聚落自身的防御能力，所以苗族聚落往往布局灵活，因地制宜。而侗族则喜欢居住于水畔，聚落四周群山环绕，建于低洼处，形成天然屏障。

贵州省三都县小脑村作为苗族聚居村寨，有着典型的苗族建筑风格和历史文化底蕴。小脑村坐落于连绵高山深谷之中，背依小脑山，民居随山就势，村寨房屋错落有致、相连成片，与田园交织，与青山辉映，组成了一幅"入村不见山、进山不见寨"的山野村居图，形成了"天人合一"优美、宜人、质朴的人居环境，是苗族文化聚落的集中代表。村落整体风貌原始古朴、民族特色突出，既有小桥流水，又有山川雄伟之势。其中苗族建筑风格独特，在竖向上依据山形依次叠落布置，布局自由又有强烈的秩序感。小脑村全为木瓦斜顶干阑式吊脚木楼结构民居，主要特点是木楼外围四周全是栏杆走廊，四通八达，便于休息观景、巡逻防盗。干阑式建筑一般为3层，底层多用来堆放农具和圈养家畜；第二层是人的居住空间；第三层多作为仓库用来储存粮食和生活用品（图2-11）。

黄岗侗寨始建于宋代，至今已有800多年历史，是典型的侗族聚落代表。侗族作为我国南方具有古老历史文化的少数民族之一，认同的理想居住环境模式是依山傍水、田木环绕、人在其中，这种"天人合一"观念已经融入侗家人的生

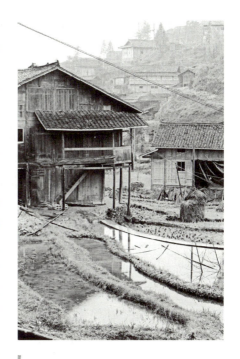

图2-11　黔东南小脑村

图 2-12　黔东南黄岗侗寨

命意识和生存实践中,也构成了黄岗侗寨村落布局的典型特征。侗寨在选址布局上呈现依山而建、溪流纵横、和谐自然的总体特征。由于侗族所处的西南一带是少数民族密集的聚居区,因此各民族在封闭和艰苦的环境条件下形成了与自然和谐相处的基本法则。侗族聚落在选址上,充分考虑环境气候、地形条件、水文条件、生产生活需求等因素,蕴含着深厚而朴素的生态智慧(图2-12)。首先,在选址上追求背靠山,面朝水,左右群山环绕。背山有利于村寨在冬季抵御寒风,山体的植被可以涵养水源,保持水土,减少自然灾害发生。面水有利于村寨夏季迎接凉风,面朝开阔可使村寨日常获得良好的光照,同时又为生产生活用水提供条件。其次,侗民注重对村寨边界山林的营建与维护,不仅提高了聚落生态环境,同时也是侗民心中的绿带屏障,守护村寨的象征。这些深刻展露了侗族先民独特的生态智慧与人居环境观念。

(3) 营建特征

黔东南苗侗民族文化聚落在营建过程中因地制宜,紧凑布局,产生了"借天不借地,天平地不平"的朴素经验,开拓地上空间,减少地形改造。综合运用台、吊、坡、爬、靠、跨、退、让等营造手法,创造出"吊脚楼"这一经典山地建筑类型(辛儒鸿,2019)。黔东南苗侗民族文化聚落无论是聚居环境的选择,还是民族建筑的营建,都蕴含着天人和谐、山地和合的地方性生活经验和生态营建智慧,反映了少数民族聚落在营建过程中对周围环境的生态适应性以及尊重自然的乡村人居环境营建思想,这种智慧至今仍值得传承和遵从。

2.2　国际经验

2.2.1　美国乡村人居生态环境营造的做法与启示

2.2.1.1　发展历程

①初始阶段(17世纪初到20世纪30年代)　美国以农业立国,以家庭农场为发展核心,而后确立高效农业生产理念,生产力提高,城市地区逐渐取代乡村。这个阶段

美国乡村景观主要体现为早期的殖民地景观,如盎格鲁—美利坚人的聚落,乡村景观逐渐获取了一些政治要素特征,具体体现在城堡、庄园、公路等形式(陈义勇 等,2013)。

②加速阶段(20世纪30~60年代) 此时美国正在经历经济大萧条,乡村地区开始多样化探索,农业机械化程度大幅度提高,机械化农业景观多表现为矩形式田野交错分布的状态。

③法制化阶段(20世纪70~80年代) 美国城乡结构失衡,开启了农村政策制度化时代,政府赋予农业部门更多管理农村发展的职能,拓展多种农业生产用地,如果园、种植园、牧场等。

④完善阶段(20世纪90年代至今) 强调乡村环境品质,挖掘乡村的地方文化特色,乡村旅游业比重上升。此时的乡村景观兼具先前乡村景观的机动性和稳定性,两者平衡,呈现乡村景观多样性和景观暂时性(图2-13)。

图 2-13 美国现代乡村景观实景图(周啸提供)

2.2.1.2 建设理念——精明增长理念

20世纪90年代,精明增长理念在美国被提出,用以解决日益严重的城市蔓延及其带来的一系列环境与社会问题。理念最初是为解决城市问题,近年来,精明增长理念开始运用到美国乡村地区的规划及建设中,以保留乡村传统人居生态环境并促进乡村繁荣共生。

对于精明增长的概念,不同的组织对其有不同的理解。环境保护局认为精明增长是一种服务于经济、社区和环境的发展模式,注重平衡发展和保护的关系;农田保护者认为精明增长是通过对现有城镇的再开发保护城市边缘带的农田;国家县级政府协会(NACo)认为精明增长是一种服务于城市、郊区和农村的增长方式,在保护环境和提高居民的生活质量的前提下鼓励地方经济增长。总的来说,精明增长是一种在提高土地利用效率的基础上控制城市扩张、保护生态环境、服务于经济发展、促进城乡协调发展和人们生活质量提高的发展模式。

美国在相关报告中提出乡村"精明增长"行动框架包括3个目标:①支持乡村景观。创造一个有经济活力的农业生产环境,以此保护农地与自然用地;②恢复已有场所的繁荣。对村镇中心、主干道以及建成的基础设施的再利用；③创造美好的新场所。通过建设充满活力的邻里社区留住居民，尤其是年轻人。在每个目标下包括多项具体实践措施，与乡村人居生态环境营造相关的举措包括乡村社区规模控制、注重对传统乡村景观的保护和特色场所感的营造、强调公众参与等，以此促进乡村景观生态建设（杨红 等，2013）。

2.2.1.3 具体做法

（1）通过开展乡村基础设施建设计划提升乡村环境

美国农村主要以家庭农场为核心，这一特色使得美国农村基础设施建设得以完善，对于推动美国乡村经济的繁荣与发展具有重要的意义。优化乡村交通体系，不仅能够促进乡村经济的蓬勃增长，确保居民的日常通勤便捷高效，还对维护美国乡村的人居生态环境发挥着不可或缺的作用。

美国农村基础设施建设计划是一个旨在提升农村地区基础设施水平、推动乡村经济发展的重要举措，该计划涵盖了多个方面，包括交通、能源、供水、污水处理、学校、医院等基础设施的建设和改善。在加强乡村基础设施建设的同时筑牢乡村人居生态环境的基底，强化乡村基础设施建设是实施农村人居环境整体提升的重要任务与重要内容，关系到人居环境的质量与农村居民的获得感、幸福感。美国乡村人居环境基础设施建设，通过创新工作方式方法，从农村住民的需要以及村庄的实际情况出发，极大地改善了乡村农业生产条件，为居民的生产生活提供保障，促进了美国乡村人居环境的提升。

（2）重视乡村生态环境法律体系的完善

美国为了确保农村农业的稳健与有序发展，相继出台了一系列法律，这些法律不仅为农村农业提供了坚实的法制保障，还为农村经济的持续增长和农民的福祉奠定了坚实的基础。在推动农村农业发展的同时，美国还特别注重乡村人居生态环境的保护。这些法律不仅规范了农业生产活动，还明确了土地利用和农业资源的合理开发原则，以避免过度开发和滥用资源。同时，法律还规定了农业废弃物的处理和利用方式，以及农业用水的管理与保护，旨在实现农业与生态环境的和谐共生。

美国政府在制定这些法律时，特别强调了生态环境保护的重要性，并将其作为农村农业发展的重要原则之一。这些法律要求农业生产者在追求经济效益的同时，必须充分考虑生态环境的保护和恢复，确保农业生产与生态环境的协调发展。此外，美国政府还通过加强执法力度和提供政策激励，鼓励农业生产者积极采取环保措施，提高农业生产的环境友好性。例如，政府为采用环保技术的农业生产者提供资金支持和税收减免，以推动绿色农业的发展。可以说，美国在推动农村农业发展的同时，十分注重生态环境的保护，这不仅体现了美国政府对可持续发展的深刻认识，也为其他国家提供了有益的借鉴和启示。

（3）制定规范化管理措施贯彻政府意志

美国乡村人居环境建设是一个综合性、系统性的工程，它受到政府、银行、法律、生态环境以及发展规划等多重力量的制约与规范。在这个过程中，政府发挥着主导和监管的作用；银行则通过提供贷款和融资服务，进行风险管控；法律则为乡村建设提供了明确的规范和指导；美国乡村人居环境建设始终坚持可持续发展的原则，注重生态保护和生态平衡。

同时，发展规划也为乡村建设提供了明确的方向和目标。①乡村人居环境建设必须坚守生态保护的底线，确保所有建设活动均在生态环境可承受范围内进行，以维护乡村的生态平衡与可持续发展。②乡村居民点的建设必须遵循居住区规划的要求，严格依照既定规划实施，如道路宽度、道路等级等细节均需符合规划标准。③乡村居民点的建设还需受到分区规划的控制，包括每英亩①土地上的建筑单元数目、建筑面积以及建筑后退等参数，以确保乡村建设的合理布局与有序发展。④乡村居民点的建筑风格和布局特征也受政府的控制，政府与银行紧密合作，仅向符合规定要求的住宅形式提供贷款担保。这种合作模式不仅体现了政府的规划意图，也为农民提供了资金支持，更确保了乡村建筑风格的一致性与和谐性，实现了多方共赢的良好局面。规范化的管理使村民行为受到约束，人居环境建设亦更好地体现政府意志（冯红英，2016）。

（4）注重民本思想并鼓励乡村公众参与

在美国乡村建设规划中，注重民本思想是其特色。具体表现在以下4个方面：①充分考虑居民的需求；②对乡村进行绿化；③尊重村民的生活习俗；④突出乡村固有的鲜明特色。在美国，公众参与乡村规划已经成为一种普遍现象。建筑师、景观规划设计师与当地居民紧密合作，通过反复讨论形成初步方案，并在村民集会上向政府部门和其他居民汇报，以获取反馈并进一步完善设计方案。这种互动机制不仅确保了规划方案的科学性和实用性，也提高了规划过程的透明度和民主性。

同时，美国重视农民在保护生态环境中的作用。美国农业部门为乡村居民提供技术支持与培训，帮助他们提升环保意识和技能；大力推进环境教育，让环保理念深入人心；并通过立法手段支持相关举措的实施。此外，各农学院在举办讲座时，也注重普及环保知识，进一步增强村民的环保意识，共同守护乡村人居生态环境。

（5）案例——纳帕模式

纳帕位于美国加利福尼亚州中部纳帕河畔、旧金山湾区以北的纳帕谷地区。虽名为山谷，实为一较为平坦的丘陵地带，长48km，最宽处约8km。东西两侧多为山脉与荒地。纳帕属于地中海气候区，夏季气温宜人且降水量稀少，冬季温和多雨，雨热不同期。种植业是纳帕的主导产业，其中葡萄产值占农业总产值的99%，制造业也以生产葡萄酒为主导。整体发展特色葡萄酒产业，并以此为中心发展乡村旅游业，以特色小镇，带动其他产业发展。

纳帕模式是"以特色产业为基础，推进文旅融合，打造典型乡镇景观"的乡村人居生态环境营造特色模式，内容包括以自然为基础发展特色乡土景观、以优势农业为起点构建小镇文旅品牌、以特色产业为串线打造小镇观光游线。

纳帕以葡萄为主要种植物，镇内的绝大多数农田开辟为种植园，土地规整，采用

---

① 1英亩≈4046.86m²。

高端机械化技术,果藤列植,结合地区所在的丘陵地貌,形成别具一格的田野景观。小镇以葡萄酒文化为核心,产业上建立"葡萄酒+"产业链,借助拍卖会、博览会等活动引发话题,通过文旅融合的手段将葡萄酒品鉴与观光、餐饮、疗养等其他服务融为一体,创造了附加值更高的综合发展模式。纳帕在城镇之中形成独有特色,成功建立了对持有各种需求的游客都能产生吸引力的农业型特色小镇。结合乡村景观,依托特色种植开发趣味性体验项目,打造观光科普+体验型+生产销售型+度假村的主题游线,实现小镇产业社区文化旅游"四位一体"发展态势。

2.2.1.4 美国乡村人居生态环境营造的启示

(1)重视基础设施建设,完善乡村人居环境

过去那种以牺牲环境和质量为代价,追求速度和数量的增长模式,如今已被时代所淘汰,高质量发展成为现代乡村发展坚定不移的主旋律。乡村土地作为生活、生产和生态的交会点,其功能的充分发挥离不开完善的基础设施建设。乡村基础设施建设不仅是实现土地功能的关键载体,更是推动乡村高质量发展的有力支撑。中国乡村发展既承载着巨大的经济功能,也承载着社会、文化、政治、生态等多项功能,基础设施完善尤为重要。在规划与建设过程中,需注重基础设施与公共服务设施的结构性平衡,优先满足村民的迫切需求。这包括解决生产、生态、生活和发展性基础设施的问题,以及提升医疗卫生、社区服务、邮政电信等服务设施的用地效率。

同时,还应注重乡村功能分区的合理布局。将生活、生产、生态等要素按照各自属性特点进行分区集中,不仅能提高空间利用效率,还能集约利用基础设施和土地资源。这种布局方式有助于发挥规模经济与集聚效应,推动乡村经济的集约化、高效化发展。总之,高质量发展是乡村建设的必由之路,而完善的基础设施建设则是实现这一目标的重要手段。优化乡村功能布局,提升基础设施和公共服务设施水平,是我国乡村实现更加宜居、宜业、宜游的生活环境的重要保障。

(2)重视政府公众参与,促进乡村多元共建

由于不同地域在经济水平、产业基础、文化民俗和生态环境等方面存在显著差异,因此,不能简单地对不同地区的村庄建设采取"一刀切"的制度规则。针对这一问题,政府需要加大参与和指导的力度,出台相应的法律法规,确保乡村人居生态环境的营造工作能够顺利开展。为实现这一目标,需要借助专业人才的力量,制订差异化的方案,以助力乡村环境的规范化管理。同时,通过举办技能培训、开展讲座和组织主题活动等多种形式,提高乡村居民对人居生态环境保护的意识和积极性,鼓励他们参与乡村多元共建。

具体实践中,可以从以下几个方面着手:①完善沟通协商机制,优化政府的审批管理效率,为村民提供更多参与意见交流的渠道;②建立共同管理制度,将优化生态与人居环境、推动乡村有效治理、培育乡风文明等内容纳入村规民约,确保村民的决策权、参与权和监督权得到保障;③鼓励管理部门与村庄之间、村庄与村庄之间的交流与协作,促进信息的整合和共识的形成。通过这些措施,不仅可以更好地保护乡村的人居生态环境，还能促进乡村的可持续发展，实现乡村经济、社会和环境的和谐共生。

（3）加强生态保护意识，推动乡村持续繁荣

为了深化乡村生态保护的主体意识，应积极鼓励乡村地区在邻近自然生态资源的保护工作中主动担当，肩负起应有的责任。同时，政府层面需加强政策引导，通过公共宣传等手段，提升乡村居民的环保意识，使他们深刻认识到自身在生态环境保护中的重要作用。这样，乡村不仅能成为旅游服务的热门承接地，还能作为生态环境保护的实际受益者，实现乡村振兴与生态保护的良性互动。

通过这种有机结合，不仅可以推动乡村在经济、社会和文化等多个方面的建设取得稳步进展，还能确保乡村的生态环境得到持续有效的保护。最终，乡村将实现持续繁荣，为居民创造更加宜居、宜业、宜游的美好生活环境。

（4）明确农民主体地位，引导农民参与建设

"尊重当地农户，以当地农户为主体"是美国农村发展所坚持的重要原则之一。在美国农村发展中，始终明确农民的主体地位，农业法案充分保障农民的主要受益者身份。我国乡村振兴战略的主体也是农民，因此要充分发挥农民群众在乡村人居环境整治提升及推动农村现代化过程中的作用。构建农村人居生态环境村民自治机制，积极引导组织村民自主参与，搭建政府与农民的组织载体，实施农村人居环境网格化管理模式、共同推动乡村人居环境整治与改善进程。广泛开展农村环保教育和技术培训，引导农民生态保护思想的重视，激发农民参与的内生动力。

2.2.2 德国乡村人居生态环境营造的做法与启示

2.2.2.1 发展历程

乡村重振运动在德国有着数百年的历史，德国通过长久持续的乡村重振运动来使其农村建设具备源源活力以及不断地推动现代化进程（邢来顺，2018）。

①萌芽期建设阶段（16世纪中期） 德国乡村发展时期的"土地重划"运动旨在解决当时乡村发展面临的生产和居住两大困境。通过整合清理耕地，使农民能够连片耕种田地，并就近安家，从而提高耕种效率。

②探索期建设阶段（19世纪上半期） 德国乡村发展受到了浪漫主义思潮的影响。人们开始向往美丽古朴的乡村，这进一步推动了乡村美化运动。在这一时期，乡村的景观、特色建筑以及乡村生活都得到了重视和改善。

③转型期建设阶段（19世纪中期至20世纪上半期） 德国快速发展为工业化国家，城镇人口超过农村人口，成为国家主体居民。为了遏制乡村的边缘化趋势，重现乡村生机，捍卫乡村传统，乡村重振运动再次展开。1886—1919年，德国面对工业化和城市化对乡村景观的破坏，发起以保护乡村自然景观为中心的"家乡保护"运动。德国人经历了两次世界大战带来的深刻政治、经济和社会危机，但他们对乡村的关切并没有淡化。魏玛共和国时期，为了解决第一次世界大战后的经济困难，乡村重

振集中于移民垦殖和定居点建设。第二次世界大战结束后，在美英法三国占领区之上建立起来的联邦德国，延续乡村重振传统，试图通过在乡村投入具体项目建设，激活乡村生机。

④**现代化建设阶段（20世纪70~80年代）** 1965年德国推出新的"乡村发展计划"，1976年又将"乡村重振"和"促进乡村发展"明文列入法规，提出制定村镇整体规划，改善乡村生活和环境，开始按照各乡村的特色进行合理规划和建设。

⑤**生态化建设阶段（20世纪90年代至今）** 德国乡村环保意识不断增强，乡村景观逐渐恢复，其生态价值、经济价值、文化价值、旅游价值不断凸显。同时德国强调城乡协调发展，形成了真正意义上的"城乡一体化"。

2.2.2.2 建设理念——生态优先理念

德国乡村的生态环境取得了显著成效，每年有众多游客前来体验纯天然的自然景观，享受清新的空气和绿水青山。德国美丽乡村景观背后是政府常年对生态优先发展理念的把控，形成了显著的乡村景观特征。

自1982年起，德国政府便将环境保护列为重要政治议程，作为环境建设领域的优先要务，积极践行生态优先的核心理念。德国的"生态优先"乡村生态环境建设理念是一种强调在乡村发展过程中，将生态环境保护置于首要位置的指导思想。特别是法律上关于生态占补平衡措施的近乎苛刻的规定，更是将德国生态优先的理念体现得淋漓尽致。这一理念体现了德国对可持续发展和人与自然和谐共生的深刻认识，对于推动乡村可持续发展、提升乡村居民生活质量具有重要意义。对于德国乡村景观建设生态优先发展理念的剖析主要包括三方面：

①**乡村的生态可持续性发展良好** 大力发展农业成为德国乡村的新趋势，通过采取建立国家森林公园、农业自然保护区等举措来维持农业生态系统的多样性和可持续性。德国始终将生态优先作为农村发展原则，通过多年的土地整治，德国已经成为生态农业发展最快的国家之一（刘英杰，2004）。生态优先的理念提升了城市发展效率，将人文底蕴完好地保留了下来，也为德国乡村产业谋求了可持续的经济发展。

②**乡村居民的环保理念深入人心** 德国在培训村民的环保意识上下了很大的功夫，不仅要求农民掌握一定的生产技能和专业知识，还致力于培养家庭经营者、农业技术人员、农艺师、高级农业技术人员和管理人员。沃尔克马斯豪森（Volkmarshausen）村的绿化丰富，更像一个小规模的园艺世博园（韩丽君 等，2015）。生态环保的理念让乡村的公共绿地绿化、闲置地绿化、村庄外围绿化都良好，村民定时维护，形成良性循环。

③**德国乡村工业化与生态化高度结合** 德国是世界少有的"乡村发展不以城市为标杆，但同样美好"的国家，这种等值化的发展理念激发了乡村的发展活力。所有乡村纳入市政水、电、气、暖供应系统，医疗卫生、中小学教育等补贴同城市标准，强调充分民主。德国的乡村与城市在相同的发展战略下，形成了良好的人口缓冲和产业分布，展现出生态与工业完美结合的景象。

2.2.2.3 具体做法

（1）基于严格的法律法规进行"法典化"乡村土地整备

乡村人居生态环境的营造与乡村土地的规划整备紧密相连，是乡村发展中不可分割的一环。在德国，乡村建设的核心正是聚焦于土地结构的改革，具体体现在土地管理和土地整理两大方面。德国作为一个法治国家，其土地整理工作有着严格的法律法规作为支撑。其中，《空间规划法》和《土地整理法》等法律文件，明确了土地整理的目标、职责和方法，为乡村土地的合理利用提供了法律保障。

不仅如此，德国各地的乡村还根据自身地域特色，制定了相应的法律及实施措施，确保土地整理工作能够因地制宜，更好地服务于当地乡村的发展。通过这些乡村土地整备措施，德国的乡村土地资源得到了高效利用，不仅提高了土地的使用效率和价值，还有效地推动了农业生产的发展，促进了乡村人居生态环境的营造。德国的乡村土地规划整备工作为乡村的可持续发展奠定了坚实基础，也为其他国家的乡村建设提供了有益的借鉴和启示。

（2）实现空间协同效应的德国"整合性"乡村更新规划

乡村地区的居民点在物质形态上独具特色，使得其建设用地、农业林业用地、水域以及基础设施网络形成了一个相对独立的"小世界"。这种独立性不仅让乡村居民与彼此之间的直接交流更加频繁，而且让他们与自然和周边环境的联系更加紧密，对当地问题和自身需求的认识也更为清晰。因此，乡村居民对参与规划实践的积极性更高。

鉴于这种空间框架的综合性，也就需要实现社区性规划和其他专业规划之间的整合（易鑫 等，2013）。通过协调各方，避免在建设过程中出现相互干扰或损害的情况，确保规划目标的实现和共同利益的达成。这种整合不仅有利于当地每个人，更能实现空间的协同效应，让整体效果大于局部之和。德国针对其国情，提出了"整合性"乡村更新规划，这一规划涵盖了多个方面：

①乡村规划要注意与村落的现状发展相互协调，这就意味着要确定居民的需求，注重发掘和维护地方特色。

②注重乡村地区在整个规划发展阶段内的发展变化，因此就要把村落看作是一个由居民点、农地、林地和景观所共同组成的单元，并使用系统性的规划方法。

③考虑到乡村地区实际的空间发展过程，应当避免大拆大建的开发方式，遵循保护性更新的原则，新的规划内容应当在尊重现状的基础上发展。

④强调独立性原则并推动内生性的发展，应当注意强化和维护居民点内部的人群结构特征和场所类型，支持当地居民根据自身的动机参与乡村地区的规划与更新，并且鼓励由当地居民来承担具体的建设和维护责任。

（3）重视乡村发展特色的德国"内生型"乡村资源整备

德国乡村发展的资源整合源于"内生型"区域发展战略，这一战略核心在于依托本土特色资源，激发内在动力的可持续发展过程。在德国的乡村规划中，其对乡村内生的发展可以总结为：乡村的发展基于乡村所独有的资源，包括生态资源、文化资源、产业资源、人文景观等，即乡村在发展演进中内生的特质和空间特色（张岚珂 等，

2019)。依托丰富的乡村资源，确立乡村发展的综合目标，旨在提升区域的综合价值，确保区域产业与乡村本土特色的融合与发展，实现互利共赢。

通过"内生型"的乡村资源整备策略，基于深入认识乡村的独特资源，成功激活了乡村发展的多元模式。这不仅充分发掘了乡村在空间、产业、文化和景观等方面的巨大潜力，还制定了既精准高效又经济集约的发展模式。在这种模式下调动了乡村居民的发展热情，对营造乡村人居生态环境起到了积极促进作用，同时增强了乡村的地方认同感和文化脉络的延续。更重要的是，这种内生型发展模式极大地保留了乡村的特色和魅力，使乡村的未来发展更具吸引力，对整个乡村的发展起到了巨大的推动作用。

（4）通过开展乡村竞赛计划来焕发乡村新活力

德国在发展过程中也出现过乡村发展滞后问题。当时德国在面临乡村人口外流、生态环境遭到破坏、乡村文明流失、产业发展不当的情况下，希望通过实施乡村竞赛计划，以竞赛的方式调动农民建设乡村的积极性，这种举措成功增强了农民的主人翁意识，激发了乡村发展的内生动力，强化了乡村的自我改善动机，使德国乡村成功实现了传统乡村向现代化、生态化乡村的转变。

为了推动全社会关注乡村重振，联邦德国从1961年开始举办三年一次的全国性"我们村庄更美丽"竞赛。参赛村庄要着力于绿色设施和景观植物的美化，以增强吸引力。竞赛分为县、区、州和联邦四级平台。首先是村庄报名登记并做汇报，然后是评选委员会考察评比村庄，评定金银铜牌村庄；获得金牌者升入更高一级平台竞争。最后极少数村庄进入由联邦食品和农业部门负责的全国评比，获胜者冠以"金牌村庄"称号。1998年以后竞赛更名为"我们村庄明天会更好"，竞赛取向从表象性"美丽村庄"向内涵性"乡村生活品质"转变。除了良好的自然环境，村庄的经济、文化和传统受到更多关注。竞赛理念从只关注生态环境的"浅绿"向强调"经济发展、社会进步、环境友好"的"深绿"转变（邢来顺 等，2018）。

乡村不仅是滋养大地的粮食生产者，更是自然与人文景观的守护者，以及生物多样性的重要堡垒，更是人们寻求舒适生活和休闲旅游的理想之地。乡村如诗如画的景致与古朴宁静的氛围吸引着越来越多的人前来定居，使得乡村焕发出勃勃生机与活力。

（5）案例——加特林根模式

加特林根是德国斯图加特地区伯布林根县的一个小镇，面积约20km^2。整个小镇被81号高速公路分成两块，视野开阔。加特林根的农地、森林和湖泊占全镇面积的80%以上，整块的农场与森林相连，连绵不绝。加特林根小镇中心集中生活区域面积不足1km^2，周围都是整块的农场和山林。土地合并给农场发展带来了规模化效应，极大程度地提高了德国农业生产效率。德国法律严格限定土地类型和用途，农业自然保护区、国家森林公园等有着详尽的规定与规划，并得到严格执行。

加特林根在"生态优先"理念建设下，提出"保护自然生态环境，保留乡村景观特色"的乡村人居生态环境营造特色模式，内容包括保护自然生态环境、保留历史文化基因和旅游观光体验结合。良好的生态环境是凸显乡村价值的基础，绿水青山带来的生态价值、经济价值、文化价值、旅游价值又会对生态环境产生积极的影响，是相互促进、辩证统一的。因此，在现代生活中，保留并传承地方历史文化基因能够增加乡村的独特性。维护乡村具有历史风情的传统景观，如传统住宅、风格各异的街边小店等能够增强乡村的地域性。对于特色产业，通过多传统产业的旅游改造复兴，保留了更多的文化根源，同时为人们带来更加丰富多彩的产品，这样既可以发展旅游业，又创造性地保护了特色产业。

2.2.2.4 德国乡村人居生态环境营造的启示

（1）出台政策法规，保障乡村建设可行性

德国的乡村规划与管理更加注重地方需求的优先性。德国以建设指导规划为核心，推动乡村的规划建设。在超出乡村职权范围的领域，德国通过引入不同层次的区域规划措施，确保乡村发展与区域整体空间发展目标相协调。在这一过程中，地方政府、社团和村民在专家的指导下共同参与，制定战略性规划。这不仅使规划适应了区域对自身地区的定位，还基于这些定位选择了符合自身发展需求的具体目标。

此外，德国还引入了战略规划工具，通过自上而下引入专家队伍和自下而上参与的方式，确定具体的发展需求，确保规划因地制宜。乡村地区的规划管理不仅局限于规划建设部门对村庄内部建设行为的管理，而是将非农建设行为、农业生产活动以及基础设施、景观和旅游的发展有效结合起来，形成一个综合性的管理体系。这样的做法有助于实现乡村地区的全面、协调、可持续发展（易鑫，2010）。

（2）重视整体发展，推动乡村结构稳定性

针对乡村地区的人居生态环境营造问题，整合性乡村更新规划这一政策工具显得别出心裁。它实际上在政府与农村居民之间架起了沟通的桥梁，使得能够影响乡村地区整体发展的各方得以在统一的工作框架内展开对话，共同商讨和推进相关的发展策略和具体措施。这样，不仅能提出更加贴合乡村人居生态环境发展需求的策略和行动纲领，还能在重视乡村地区环境问题多样性的同时，维护地方社会结构的稳定。同时，选择具体且有效的发展措施，对于解决相关问题也具有极大的推动作用。

（3）发掘内生潜力，增加乡村地方认同性

优美的自然风光等资源是乡村人居生态环境发展的基础条件，而深厚的历史文化底蕴则是乡村人居生态环境发展的灵魂所在（相阳，2018）。在德国的乡村聚落景观发展过程中，也曾面临文化传承的问题，但随着可持续发展理念的融入，发掘乡村内生潜力，农村地区的文化价值、生态价值、旅游价值和休闲价值都被提到与经济价值同等重要的高度，加之科学合理的规划以及健全的法律体系，德国乡村聚落的文化传统得以保留，地方特色得以保护，乡村人居生态环境景观得以实现稳定、持续发展。人是乡村景观的主体，乡村人居环境的变化来源于生活在其中的人的变化，乡村居民才是乡村人居生态环境发展的原动力。中国可借鉴德国的经验，在新农村建设的过程中广泛听取乡村居民的建议或意见，确保居民的基本要求得以满足，维护居民的基本利益，增加村民的地方认同感、归属感。

2.2.3 日本乡村人居生态环境营造的做法与启示

2.2.3.1 发展历程

①第一次乡村建设（第二次世界大战后至20世纪60年代中期） 1955年，日本政府提出"新农村建设构想"，强调发挥农民自主性和创造性，完善农业基建设施，推动农民互助合，这标志着日本第一轮"新农村建设"的兴起。1956—1962年，日本乡村通过推动农户经营联合、建立乡村振兴协议会并制定相关规划等具体而微的行动措施加大对乡村发展的扶持力度，完善了农村的基础设施，在一定条件上改善了农民的生活条件。

②第二次乡村建设（20世纪60年代中后期至90年代末） 1967年，日本开启第二次乡村建设，强调环境污染治理，全力推行综合农业政策等一系列政策措施，推进产业均衡发展，缩小城乡差距。在这一阶段，日本政府开始注重乡村旅游和地区特色的发展，以适应国民生活水平的提高和休闲需求的增加，并发起了造村运动，政策的重心转向了促进乡村旅游资源的开发和城乡交流，以及提升农村地区的生活质量。

③第三次乡村建设（进入21世纪后） 这一时期面对农业产值降低、农业劳动力减少、人口老龄化等问题，日本的农业政策转向保障农业可持续发展和粮食安全、提高农村地区活力，注重环保型农业和有机农业的发展，发挥农业的多功能性，促进可持续发展，以及农村地区的综合振兴（图2-14）。

图 2-14 日本乡村景观风貌

2.2.3.2 营建理念——"地域循环共生圈"理念

进入20世纪90年代，日本经济陷入低迷状态，同质化的均衡发展已不再是日本国土规划的主要目标，如何充分利用地域特色资源、通过城乡对流协作创造新价值、培育乡村发展内生动力，推动乡村可持续发展成为乡村人居环境建设的重要课题。基于此，日本提出了"地域循环共生圈"乡村发展转型的新理念，其所倡导的是一种开放的、以对流为基础的内源式发展,以环境、经济和社会效益的综合提升为目标,有效整合地域资源,强调充分利用地域资源,建立能够促进乡村自立和可持续发展的新经济模式。地域循环共生圈理念鼓励各地加强政府、企业、学界和民间团体之间的协作,从节能低碳、资源循环和生物多样性保护等多角度挖掘地域资源潜力,通过内外资源优势互补实现区域内经济良性循环,如在新潟县佐渡市等地推行的环境保全型水稻生产不仅成功保护了朱鹮等濒危物种,经此方法种植的大米通过品牌认证还获得了较高的市场接受度和品牌溢价能力,以低碳、循环和生态理念引导乡村产业转型升级,不断增强乡村发展的内生动力,并带动了乡村旅游产业,促进生态与经济良性循环发展。

2.2.3.3 具体做法

乡村的生态、景观和文化建设的综合提升是日本乡村人居建设的核心内容,通过对森林、水系、建筑等乡村景观的打造,以此推动各种形式的乡村旅游,促进乡村经济发展。

（1）重视资源的保护与可持续利用

提倡循环利用与清洁能源应用,倡导循环经济理念,推广垃圾分类、资源回收利用等做法,同时积极开发清洁能源,减少对环境的负面影响。日本政府于2001年正式提出一种全新的生态农业发展模式"美多丽"（Midori）,借助国家、县级土地改良联合会、农业研究机构等的支持,借助农民对农产品质量安全的监督,发展水土资源精细化利用、观光农业、特色农业为主的现代农业发展体系。自然资源保护与利用方面注重生态平衡,通过合理规划农田、森林、水资源等自然资源的利用,保护生态系统的完整性（图2-15）。

（2）重视政策引导和法律法规建设

日本于20世纪70年代中期开始,加大了对农村公共事业的投入,对《农振法》和

图2-15　日本乡村自然资源

《土地改良法》进行了修改，促进了农村地域环境建设。日本生活环境的治理重点为乡村污水和生活垃圾的处理，通过政府、村民、社会多元主体共同参与，形成多层级网络化乡村污水治理体系。日本乡村90%的污水通过净化槽处理，并于1983年颁布了《净化槽法》，通过科技支持和法律约束的双重力量有力支撑了乡村的污水治理。生活垃圾一般采取分类回收，由专人进行收集与运送，并制定了《推进形成回收型社会基本法》等7项具体法律法规，为垃圾分类处理提供制度保障。垃圾分类促进了资源的循环再利用，提升了人居环境质量（范彬 等，2009）。

（3）实施"一村一品"政策

日本于20世纪60年代实施城乡一体化发展，制定了一系列环境政策和管理制度，从而加快了日本乡村振兴发展。乡村地区的经济和社会持续发展、人文环境和景观风貌得以传承，成为国家实力的体现。例如，在日本的"造村运动"中以 1979 年开始提倡的"一村一品"运动最具知名度和影响力，其实质上是一种在政府引导和扶持下，实施的以行政区和地方特色产品为基础的区域经济发展政策，联动了产业基础、民众参与、政府助推、环境等多方面因素的相互促进。日本农村人居环境的面貌随着农村建设和农业的变化而发生了重大变化。日本的"一村一品"运动关键在于农村农民的自主性。例如，大分县大山町是日本"一村一品"运动的起源地，1961年农民自主发起"梅栗运动"，梅子树和栗子树本就适合当地种植，到1965年已初具规模，当地农民又附加发展观光农业，在日本乡村领域范围内取得了显著成效。

（4）鼓励乡村社区居民参与乡村建设规划和管理

日本乡村建设注重公众参与和社会服务等保障性制度设计，通过公众参与的形式有效保护乡村景观。如日本合掌村保护中，公众通过参与"合掌造"建筑形式的保护、乡村旅游等多种活动保护乡村景观。另外，日本越后妻地区通过开展艺术展提升当地乡村的活力，并以艺术带动旅游业的发展。日本政府组织农民成立协会，定期展开交流活动，从而使农户转变思想观念，吸引更多农户参与到乡村观光旅游产业中来。同时鼓励公众通过多种形式参与乡村景观保护，如参加专业保护工作、日常景观维护、宣传教育、志愿者、提供保护资金、出谋划策等，并且鼓励和倡导有识之士对乡村景观保护形式进行创新，推动社区自治，增强乡村居民对生态环境的责任感和参与感。

（5）案例——美山町模式

日本的美山町，位于日本京都府南丹市，与岐阜县白川乡合掌村，福岛县大内宿并列为日本三大茅草屋聚落，是日本"重要传统聚落保存地区"。其景观营造手法主要可总结归纳为4个部分：人居环境营造、特色景观营造、乡村产业优化和村民意识培养。乡村在打造田园综合体建设的同时重视与传统文化保护相结合，保护传统建筑、乡土风俗、手工艺的传承与发展，维护乡村的历史风貌，利用乡村优势资源发展创意农业，通过开发生态观光项目，吸引游客前往乡村旅游，促进当地经济发展和文化重塑，实现乡村振兴与生态环境保护的双赢。此外，发展旅游经济的同时不打破原村民的生活习惯。对于原村民的生活方式，日本倡导简约、环保的生活方式，推广有机农业、农村休闲旅游等，鼓励人们回归自然，享受乡村生活。日本美山町乡村景观是一个综合考虑人居、景观、产业以及村民意识，得以保持并延续乡村文化及文脉的成功案例，对我国的乡村人居生态环境建设有着积极的借鉴价值。

通过日本乡村的发展阶段可以看出，以村民为主导、政府协作和社会支持的组织形式贯穿乡村建设的始终，并以人文景观资源的挖掘及保护利用为乡村建设的核心，通过村民为主体的社区营造模式，激发乡村居民的建设热情，由此提升乡村产业、景观和文化等多元价值融合发展。

2.2.3.4 日本乡村人居生态环境营建经验的启示

（1）加强政策法规，制定规范化管理措施

乡村振兴战略是一项庞大的、系统的工程，需要科学地规划与指导。中国农村建设已取得阶段性成果，村容村貌有所改善，但是乡村人居环境建设还不完善，应把农业生产和提高农民生活水平作为乡村振兴的核心。整体规划要以提高乡村居民的生活水平为目标，以可持续发展为原则，促进乡村居民的就业与增收。

在政策方面，日本乡村注重景观的规划和保护，保持了传统建筑风格和自然景观的完整性。乡村应根据自身的资源禀赋开发特色产品，发展生态农业等新兴产业。在法律法规方面，制定乡村建设的法律和技术标准，明确农村建设的对象、目标和内容，使乡村土地利用率低、生态恶化等问题得到有效改善。在资金方面，要利用多方资金促进乡村建设，创建农村金融投资机制，发展公共财政、贷款和民间资金等多种形式的融资渠道，用于加强乡村公共设施建设，同时乡村可以通过乡村旅游实现非农业经营。通过合理规划乡村建设，保护自然资源和文化遗产，营造宜居的乡村环境。

（2）号召公众参与，共同维护乡村生态环境

公众在政府的领导下，对各个地区的自然资源进行合理的利用和规划，使得日本乡村景观的发展与保护处在良性运营的过程之中。日本乡村建设保护不仅由政府参与管理，还包括村民、企业、社会团体的多方面参与，这为乡村人居生态环境发展提供了全方位的保障力量。日本乡村社区居民经常组织各种活动，促进社区凝聚力和互助精神的提升。通过社区参与乡村发展规划和环境保护，可以增强居民的责任感和归属感，共同维护乡村生态环境。

（3）创新绿色生产技术，推进乡村现代化产业发展

日本乡村地区注重技术创新，引入先进的农业技术和绿色环保技术，提高农业生产效率，减少资源浪费和环境污染，倡导生态农业和有机耕作，减少化学农药和化肥的使用，保护土壤和水源。这种做法可以提高农产品质量，保护环境，同时也能吸引游客前来体验农村科技。通过培养农村人才、扶持农业特色产业等手段，为农业规模化、可持续化、专业化、特色化发展提供条件，推动农业产业化发展，并通过水肥一体化、病虫害控制、培育优良品种实现农药、化肥的减量增效，合理利用资源，提供生态农业发展的技术支撑。

因此，在农业产业化的过程中，因地制宜推进农村可再生能源开发利用，以低碳、循环和环境友好型产业带动乡村产业转型升级，促进特色环保产业的发展，保持农业生产良性循环增长。同时，通过建立农业发展组织，为农民传授生产技术和管理经验，

鼓励和引导农民建立合作化经营模式，促使农业科技成果实现转化，完善农业推广体系，最终实现农民增收和农业现代化。

（4）发展生态参与式旅游业，促进乡村环境可持续发展

发展生态旅游是日本乡村振兴的重要途径之一。日本的乡村观光旅游产业以绿色、休闲的发展思路推进，突破原有农业观光的休闲、观光的模式局限，开发乡村旅游资源，逐步过渡到体验式农业上，吸引游客前来体验农村生活、品尝农产品。日本政府通过广泛整合区域自然资源，使观光景区连成整体网络，进行科学规划、合理开发。日本的大多数农园以吸引游客进行务农参与为发展理念，吸引游客租地经营，从而通过自己的劳动收获农作物，成为真正意义上的参与型旅游农业。例如，奈良曾尔农园通过出租农房、农地吸引城市居民前来体验生活，既给城市居民提供了休闲减压的场所，又增加了农园的收入。

因此，乡村旅游业发展应以可持续发展为目标，以生态保护为基底，通过利用乡村的特色资源促进特色产业发展，促进当地经济发展，合理规划农用土地，全面整合优势资源，实现土地效能最大化，保护景观多样性，促进生态安全格局的建设，充分发挥乡村生态资源优势，利用特色本土资源，促进新型生态观光模式的多元发展。

小　结

在本章中，从国内和国外两个不同视角深入探讨乡村人居生态环境的营造思想。首先聚焦国内，以中国传统乡村人居环境营造思想为切入点，全面剖析我国在不同历史时期传统村落的发展脉络和演替规律，从聚落选址、空间布局、营建特征等方面，通过对不同类型典型村落营建案例进行详细分析，从多个角度挖掘古人在营建过程中所展现的非凡智慧。其次，将视野拓展至国外，对美国、德国、日本在乡村人居生态环境营造方面的经验做法展开系统的对比分析，提炼并吸收国外乡村优秀建设模式，为我国乡村人居生态环境特色营造提供多维度参考，推动我国乡村可持续建设与发展。

思考题

1. 中国传统人居环境是否因时代变迁而改变？
2. 总结美国、德国、日本乡村人居生态环境营造的异同以及从中可以获得哪些启示？
3. 结合自身经历，列举2~3个有特色的国内外村落，并提炼它们的特点。
4. 结合国内外乡村营造案例，思考如何开拓新时代具有中国特色的乡村人居生态环境建设之路？

推荐阅读书目

发现乡土景观.[美]约翰·布林克霍夫·杰克逊.商务印书馆，2015.

第3章 我国新时代乡村人居环境营造形势和理论

本章提要

党的十八大以来，我国在生态文明建设、乡村振兴方面取得了历史性成就。新时代乡村人居环境营造需要学习乡村的发展战略、政策理念，在充分理解我国乡村当前发展现状基础上，明确扎实推动乡村产业、人才、文化、生态、组织全面振兴的主要任务，从而理解乡村人居环境营造的发展趋势。在此基础上，学习乡村人居环境营造相关的主要理论方法，建立在功能、空间和文化层面的基本理解和客观认知，从专业角度辨析解读乡村人居环境的构成方式和价值意义，为规划设计实践中保护、修复、传承、弘扬乡村核心价值提供方法路径。

学习目标

1. 学习、掌握我国乡村振兴战略及相关政策理念；
2. 学习、了解乡村人居环境营造的相关基础理论；
3. 思考乡村人居环境营造相关理论服务全面推进乡村振兴的方法路径。

乡村振兴战略的提出是遵循现代化建设规律作出的重大战略部署，作为新时代"三农"工作的总抓手和重要遵循，对于我国农业农村发展至关重要。党的二十大报告中提出全面推进乡村振兴，扎实推动乡村产业、人才、文化、生态、组织振兴。这就需要相关政策理念的支持合力，同时也离不开相关学科理论的支撑和深化。

3.1 新时代国家发展战略与相关政策理念

3.1.1 全面推进乡村振兴

党的十八大以来，解决好"三农"问题成为国家发展建设的重点任务。党的十九大报告中明确作出"实施乡村振兴战略"的重大决策部署。2018年1月2日，中共中央、国务院《关于实施乡村振兴战略的意见》印发，提出了产业兴旺、生态宜居、乡风文明、治理有效、生活富裕的总要求。2018年9月26日，中共中央、国务院印发《乡村振兴战略规划（2018—2022年）》。明确了到2035年，乡村振兴取得决定性进展，农业农村现代化基本实现；到2050年，乡村全面振兴，农业强、农村美、农民富全面实现的发展目标。

党的二十大报告中明确全面推进乡村振兴，坚持农业农村优先发展，巩固拓展脱贫攻坚成果，加快建设农业强国，扎实推动乡村产业、人才、文化、生态、组织振兴。坚持不懈抓好"三农"工作，扎实推进乡村全面振兴，锚定建设农业强国目标，学习运用"千村示范、万村整治"工程经验，因地制宜、分类施策、循序渐进、久久为功，推动乡村全面振兴不断取得实质性进展、阶段性成果，是新时代我国乡村振兴、乡村人居环境营造的重要任务。

全面推进乡村振兴是全面建设社会主义现代化国家的固本之策，也是建设美丽中国的关键举措和传承中华优秀传统文化的有效途径，对于加快农业农村现代化，让广大农民过上更加美好的生活，实现中华民族伟大复兴具有重大现实意义和深远历史意义。需要通过科学方法找准切入点和突破口，推进乡村全面振兴不断取得实质性进展、阶段性成果，以加快农业农村现代化更好推进中国式现代化建设（赵政，2021；孔祥智，2022）。

3.1.2 山水林田湖草沙

自从改革开放以来，我国的社会经济得到了长足发展。然而，生态环境问题也日趋突出，城市病、资源过度开采、水土流失、环境污染等一系列问题，严重制约了我国的经济社会发展。随着我国社会经济进入高质量发展的新时期，保护生态环境，走可持续发展之路，已成为国家发展的重要任务。党的十八大以来，以习近平同志为核心的党中央对生态文明建设给予了极大的重视，提出了"人与自然和谐共生"的生命共同体观。党的二十大报告中指出，我们要推进美丽中国建设，坚持山水林田湖草沙一体化保护和系统治理。尊重自然、顺应自然、保护自然，已成为全面建设社会主义现代化国家的内在要求，我们必须牢固树立和践行绿水青山就是金山银山的理念，站在人与自然和谐共生的高度谋划发展。

山水林田湖草沙作为一个生命共同体，"人的命脉在田，田的命脉在水，水的命脉在山，山的命脉在土，土的命脉在林和草，这个生命共同体是人类生存发展的物质基础"。在生态学意义上，山、水、林、田、湖、草、沙是生态系统各要素的通俗表述，总结了我国大部分生态系统类型。它们之间通过排列组合，建立了能量流与物质循环相互联系和影响作用，构成了一种相互独立而又相互依赖的复杂关系。树对土、土对山、山对水、水对田相互关系，都体现了自然与自然、人与自然的相互依赖和动态平衡（方精云，2022）。

山水林田湖草沙的统筹保护，凸显了人类维护自然生态系统的客观必然性。乡村作为分布在这些自然要素中的居民点，与山水林田湖草沙的关系密不可分，体现在聚落的选址和营建、产业类型和发展、人的生活和生产方方面面。因此，在乡村人居环境营造的过程中，需要充分认识到山水林田湖草沙生命共同体的本质、组成和内涵，对其进行保护和可持续利用，从而促进乡村的可持续发展（张利民，2024）。

3.1.3 人与自然和谐共生

党的二十大指出中国式现代化是人与自然和谐共生的现代化。"保护生态环境就是保护生产力""既要金山银山，也要绿水青山""既要创造更多物质财富和精神财富以满足人民日益增长的美好生活需要，也要提供更多优质生态产品以满足人民日益增长的优美生态环境需要"。现代化是从不发达状态向发达状态的社会转变，从现代化视角来看，建设生态文明就是建设人与自然和谐共生的现代化（王广华，2023）。

人与自然和谐共生的现代化强调以人民为中心，追求人类整体利益和长远利益，最终目的是为了人类自身的生存与发展，满足人的自由全面发展的需要。同时，强调尊重自然、顺应自然、保护自然，人类活动应保持在自然容许的限度内（郇庆治，2024）。

随着经济社会发展和人民生活水平不断提高，生态环境在人民生活幸福指数中的地位不断凸显，人民群众对生态产品的需求越来越迫切。广袤的农村地区是我国生态文明建设和实现生态振兴等战略目标的主阵地与落脚点，而良好的生态环境则是我国农村社会经济可持续发展的最大优势与宝贵财富，事关农民群众的获得感、幸福感、安全感，也事关中国式现代化的实现。

因此，乡村人居环境营造的前提是需要深刻认识乡村的多元价值，持续加强乡村生态保护与修复，让绿水青山充分发挥综合效益。以绿色发展引领乡村振兴，推动生态与产业的深度融合，促进产业生态化，生态产业化，拓宽"绿水青山就是金山银山"的转化通道，让生态红利切实惠及亿万农民。持续改善农村人居环境，积极推动农民群众生活方式和思想观念的转变，调动农民参与生态环境保护的积极性、主动性，不断满足农民群众对美好生活的新期待，让农民真正成为绿水青山的守护人、受益人。

3.1.4 新型城镇化与城乡融合

习近平总书记指出，要把乡村振兴战略这篇大文章做好，必须走城乡融合发展之路。党的十八大以来，党中央关于加快城乡融合和协调发展作出了一系列重大部署，推动城乡一体化发展的体制机制不断健全。中共中央、国务院印发的《关于建立健全城乡融合发展体制机制和政策体系的意见》提出，建立健全有利于城乡要素合理配置的体制机制，破除阻碍城乡要素自由流动和平等交换的体制机制壁垒，促进各类要素更多向乡村流动。

城镇化是统筹城乡发展的进程，不可能单独进行，更不能将乡村孤立起来，而应该是协同发展和协调发展。在全面推进乡村振兴的进程中，需要统筹城市和乡村发展，建立完善城乡融合发展的体制机制，打破城乡二元结构，使人才、技术、资金等要素出城入乡，为乡村振兴提供现实依据和发展保障。此外，还需要统筹谋划省、市、县、乡等层面，通过对城乡产业发展、基础设施、公共服务设施等布局的优化，推动现代农业农村建设，提高农村经济发展水平，切实缩小城乡差距，推动城乡统筹发展。通过加强顶层设计，统筹城乡发展的系统性工程，消除城乡分割的制度性缺陷，为城乡要素平等交换和双向流动开辟制度通道，实现城乡一体化的发展格局。

3.1.5　国土空间规划体系构建

在2019年中央农办、农业农村部、自然资源部、国家发展改革委、财政部联合印发的《关于统筹推进村庄规划工作的意见》中指出实施乡村振兴战略需要坚持规划先行、有序推进，做到注重质量、从容建设。目前，各地乡村人居环境整治等乡村建设工作正渐次展开，但一些村庄缺少规划、无序建设，一些地方急于求成，盲目大拆大建。这就需要我们能够通过规划帮助村庄厘清发展思路，明确乡村振兴任务，统筹安排各类资源，科学设计、合理布局，优化乡村生产生活生态空间，引导城镇基础设施和公共服务向农村延伸，促进城乡融合发展。

按照中共中央、国务院《关于建立国土空间规划体系并监督实施的若干意见》国土空间规划是对一定区域国土空间开发保护在空间和时间上作出的安排，包括总体规划、详细规划和相关专项规划。国家、省、市、县编制国土空间总体规划，在市县及以下编制详细规划，各地结合实际编制乡镇国土空间规划。其中，详细规划是对具体地块用途和开发建设强度等作出的实施性安排，是开展国土空间开发保护活动、实施国土空间用途管制、核发城乡建设项目规划许可、进行各项建设等的法定依据。在城镇开发边界外的乡村地区，以一个或几个行政村为单元，由乡镇政府组织编制"多规合一"的实用性村庄规划，作为详细规划，报上一级政府审批。

通过村庄规划编制实施，或其他层级的规划引导，统筹考虑县域产业发展、基础设施建设和公共服务配置，能够帮助村庄调查研究村庄人口变化、区位条件和发展趋势，合理划分村庄类型，统筹谋划发展定位，确定主导产业、用地布局、人居环境整治、生态保护、建设项目等乡村振兴任务。

村庄类型可依据村庄现状实际情况确定。将现有规模较大的中心村，确定为集聚提升类村庄；将城市近郊区以及县城城关镇所在地村庄，确定为城郊融合类村庄；将历史文化名村、传统村落、少数民族特色村寨、特色景观旅游名村等特色资源丰富的村庄，确定为特色保护类村庄；将位于生存条件恶劣、生态环境脆弱、自然灾害频发等地区的村庄，因重大项目建设需要搬迁的村庄，以及人口流失特别严重的村庄，确定为搬迁撤并类村庄。

3.2 乡村功能相关理论

3.2.1 生态系统服务

生态系统服务功能是指生态系统与生态过程所形成及所维持的人类赖以生存的自然环境条件与效用。它不仅包括各类生态系统为人类所提供的食物，医药及其他工农业生产的原料，更重要的是支撑与维持地球的生命支持系统，维持生命物质的生物地化循环与水文循环，维持生物物种与遗传多样性，净化环境，维持大气化学的平衡与稳定。人们逐步认识到，生态服务功能是人类生存与现代文明的基础，科学技术能影响生态服务功能，但不能替代自然生态系统服务功能（欧阳志云，1999）。

2005年《千年生态系统评估》[*The Millennium Ecosystem Assessment*（MA）]重点评估全球生态环境的生态服务功能，将其分为供给、调节、支持和文化4种类型，并提出生态系统为人类提供以下5个方面的福祉：①良好生活所需基本资料；②健康；③良好的社会关系；④安全；⑤选择和采取行动的自由（赵士洞，2007）。

乡村生态系统服务是乡村生态系统与生态过程所形成及所维持的人类赖以生存的自然效用，是支撑乡村生命系统的物质基础。包括对人类生存和生活质量有贡献的生态系统产品和生态系统功能；这些反映了乡村人居环境的多功能潜力。可分为以生产农作物、经济作物、林木材料等产品来满足人类生存环境及社会经济发展需求时所提供的供给服务；调节气候、气体、水文、废物等保障人类生态安全的调节服务；绿化美化、改善风貌等提供具有美学价值景观、满足人类休闲游憩等精神需求的文化服务；保持土壤、维持生物多样性等对供给服务、调节服务、文化服务进行支持以维持乡村生态系统稳定和健康发展的支持服务。

生态系统服务功能对人类具有很大的价值，正确认识这些价值并对其进行数量上的评估，对于更好地发挥生态系统服务功能，并使其持续地为人类服务具有重要意义。根据价值与人类相互作用的性质，可以分为利用价值和非利用价值。利用价值包括直接利用价值和间接利用价值；非利用价值包括存在价值和遗产价值，价值大小取决于对人类实现目标的辅助作用。

直接价值 指生态系统服务功能中可直接计量的价值，是生态系统生产的生物资源的价值，如粮食、蔬菜、果品、木材、药材等，这些产品可在市场上交易并在国家收入账户中得到反映，但也有相当多的产品被直接消费而未进行市场交易。除上述实物直接价值外，还有部分无实物形式但可以为人类提供服务或直接消费的价值，如生态旅游、动植物观赏、科学研究对象等。

间接价值 指生态系统给人类提供的生命支持系统的价值，作为一种生命支持系统而存在，如固碳释氧、水土保持、涵养水源、气候调节、生物多样性保护等。

存在价值 是指人们为确保生态系统服务功能的继续存在（包括其知识保存）而自愿支付的费用。存在价值是物种、生境等本身具有的一种经济价值，是与人类的开发利用并无直接关系但与人类及其存在相关的经济价值，一般应用非市场方法（如支付意愿）等进行评估。

遗产价值 指当代人将某种自然物品或服务保留给子孙后代而自愿支付的费用或价格。可体现在当代人为他们的后代将来能受益于某种自然物品和服务而存在的知识，自愿支付的保护费用，反映了人类的生态或环境伦理价值观。

通过对乡村生态系统服务的研究，可以对乡村大尺度生态过程及其功能服务进行评价，解决乡村人居环境空间规划问题，涉及乡村生态系统保护与恢复、乡村景观可持续利用、乡村生态与景观风貌耦合提升、乡村生态监测及管理等多个方面。研究结果能够为支持和指导乡村土地利用和景观规划决策提供更科学的依据，深度影响乡村人居环境的规划、设计、保护、管理等多个阶段。

3.2.2 景观生态学

在生态学中，景观的定义可概括为狭义和广义两种。狭义景观是指在几十千米至几百千米范围内，由不同类型生态系统所组成的、具有重复性格局的异质性地理单元。广义景观则包括出现在从微观到宏观不同尺度上的，具有异质性或斑块性的空间单元。景观生态学（landscape ecology）强调空间格局，生态学过程与尺度之间的相互作用，并将人类活动与生态系统结构和功能相整合（邬建国，2000）。

景观结构 指景观组成单元的类型、多样性及其空间关系，如景观中不同生态系统（或土地利用类型）的面积、形状和丰富度等。

景观功能 指景观结构与生态学过程的相互作用，或景观结构单元之间的相互作用，主要体现在能量、物质和生物有机体在景观斑块中的流动过程。

景观动态 指景观在结构和功能方面随时间的变化，包括景观单元的组成成分、多样性、形状和空间格局的变化等。

景观生态学基于以上3个核心对象，研究景观结构、功能和过程的相互影响作用关系，包括空间异质性或格局的形成和动态及其与生态学过程的相互作用；格局—过程—尺度之间的相互关系；景观的等级结构和功能特征以及尺度推绎问题；人类活动与景观结构、功能的相互关系；景观异质性（或多样性）的维持和管理等方面。

乡村是一个空间地域系统，乡村的形成与发展是生态智慧落地的表现，是人与环境长期互动积累后的结果。景观生态学中的空间格局，包括景观组成单元的类型、数目以及空间分布与配置。在乡村景观环境中，土地的功能作用与形态肌理是依托各类基本空间单元形成的，基本空间单元在整体乡村景观空间中承担最基本的生态、生产和生活功能。每个基本空间单元都是独立且完整的空间实体，由单一或复合的景观要素构成，通过不同要素、单元的有机性、秩序性组合，从而形成乡村景观空间整体（陈照方，2022）。

通过应用景观生态学理论，可以从空间格局、空间异质性、斑块—基质—廊道等角度，辨析乡村景观空间关系、结构与秩序，获得乡村景观的生态学特征。从而揭示不同类型空间的景观功能效用、获取乡村景观空间生态智慧，启发和引导乡村生态实践科学依据、确认空间价值、发现空间问题，促进乡村土地利用和生态景观的发展与保护。

3.2.3 生物多样性

生物多样性（biodiversity）指自然界中生物的丰富程度，即自然界中动物、植物和微生物等生物种类的丰富程度，也包括它们拥有基因的丰富程度，以及它们与其生存环境相互作用形成的复杂生态系统的丰富程度。生物多样性作为生态系统的核心，构成了地球上丰富的生物资源，是地球40多亿年以来自然界生物进化所留下的最宝贵财富，是人类社会赖以生存和发展的前提，是生命支持系统最重要的组成部分，并对维持生态平衡、稳定环境具有关键性作用（汤德元，2020）。

联合国环境规划署于1995年在《全球生物多样性评估》中给出了一个较为简单的定义，即生物多样性是所有生物种类、种内遗传变异和它们与生存环境构成的生态系统的总称。人们通常将生物多样性划分为遗传多样性、物种多样性、生态系统多样性。

遗传多样性（genetic diversity） 又称基因多样性，是生物多样性的内在形式，是物种多样性和生态系统多样性的基础，决定着其他几个层次的多样性。广义的遗传多样性，泛指地球上所有生物所携带遗传信息的总和。狭义的遗传多样性，则主要指生物种内不同群体或同一群体不同个体遗传变异的总和，蕴藏在动物、植物和微生物个体的基因中。遗传多样性是生物适应环境能力的体现，是生命进化和物种分化的基础。

物种多样性（species diversity） 是指地球上动物、植物和微生物等生物种类的丰富程度。物种多样性是生物多样性最直观的体现，是生物多样性概念的核心，是构成生态系统多样性的基本单元。

生态系统多样性（ecosystem diversity） 是生物多样性研究的重点，生态系统多样性离不开物种多样性，也离不开物种所具有的遗传多样性。生态系统多样性主要是指生物圈内生境、生物群落和生态过程的多样化以及生态系统的生境、生物群落和生态过程变化的多样性，而生境的多样性又是生物群落多样性乃至整个生物多样性形成的基本条件。

生物多样性是乡村生态环境的重要组成部分，是生物及其环境形成的生态复合体以及与此相关的各种生态过程的综合，也是乡村自然、生产和聚落景观不可或缺的组成部分。乡村生物多样性还为乡村生态、生产、人居等提供必要服务，如防治病虫害、植物传粉、抵御外来生物入侵、美化乡村生态环境等。它与当地的风俗习惯和传统文化有着密切的联系，反映出一种特殊的农村生态观念（谢宗强，2023）。

随着人类活动的加剧和快速城镇化影响，乡村生物多样性正呈现快速衰退的趋势，同时也带来了农业病虫害增多、农村人居环境质量下降等严重的生态问题。乡村地区生物多样性与城市及自然区有着显著的差异，充分考虑和维护生物多样性的稳定性与真实性，是营建乡村人居生态环境不可或缺的组成部分。

3.2.4 景观评价

乡村景观受自然环境条件的制约和人类经营活动、经营策略的影响，具有经济价值、社会价值、生态价值和美学价值。乡村景观评价是乡村人居生态环境营造的基础性工作，其目的在于对乡村景观资源充分识别、合理利用、有效开发，规定划分人类对于不同景观类型的干扰程度与干扰方式，提高人类行为与景观环境的相容性，进行乡村景观的合理规划、整治与建设，提交科学可行的景观规划设计方案，建设美好的乡村人居生态环境，推动乡村可持续发展（谢花林，2003）。

乡村景观功能评价是应用景观生态学原理、景观美学及其他相关学科知识，通过研究乡村景观格局与生态学过程以及人类活动与景观的相互作用，在景观类型划分和生态分区的基础上，分析乡村景观的特征和功能，揭示乡村景观存在的问题，提出景观优化利用的对策和建议。例如，从社会功能、生态功能、美学功能等角度构建指标体系，综合评估乡村景观为城市提供农产品并促进当地居民增收的能力，维持生态平衡的状况及景观生态破坏程度，对人们心理和生理作用所产生的美好感受等的功能水平。

乡村景观生态价值评价主要基于生态系统服务理论，对乡村生态系统服务价值进行计量评估，从而支撑乡村生态价值转化的相应政策、规划和策略制定，或是通过生态资源价值评价为生态补偿等相关工作开展提供基础。然而，当前乡村生态资源所内含的生态价值、社会价值以及经济价值尚未得到充分体现和转化，需要在开展生态价值评估的基础上，完善生态资源价值实现的具体环节与机制，综合考量多元主体的利益诉求，实现乡村生态资源保护利用与价值溢价收益共享（贾晋，2022）。

乡村景观美景度评价考虑景观质量、吸引力、认知程度、人造景观协调度和景观视觉污染等影响乡村景观美景度评价的因素，评价出绝大多数人群的感受。如地形、山体、植被、水系、天象等乡村景观质量，自然景观质量、稀缺性、价值和文化景观典型性等乡村景观对外来游客的吸引力，景观的自然形态特征、色彩、风格等乡村人造景观与自然的协调度等方面（刘滨谊，2002）。

3.3 乡村空间相关理论

3.3.1 形态学

形态学严格地说是形态科学。早期形态学一直关注人体解剖学，并将它作为生理学的辅助学科，或者生理医学的分支学科，认为仔细研究结构就能了解身体的大部分功能。随后，形态学概念被传统历史学、考古学和人类学等其他学科借用，并广泛应用在研究当中。形态学就是研究形式的构成逻辑，主要探讨实体"形"的概念而逐步形成的。随后形态学逐步成为西方社会与自然科学思想的重要组成部分，例如，通过形态各异的建筑类型进行形态研究，描述建筑形态、构型逻辑系统的建筑形式，提取构成建筑的"基本形态"等。

之后，建筑类型学逐渐拓展到城市空间研究，形成城市形态学，研究城市的形态、形式、街道、街区和邻里结构、空间和组织构成，城市形态与建筑之间的关系就是城市形态学与建筑类型学之间的互动关系。城市由城市组织结构构成，城市组织由城市中的基本要素街区、街道、广场（城市空间）和围合街道与广场的建筑组成。城市形式由建筑和相关开放空间，以及所在城市中场地和街道建筑决定，构成城市的城市要素持续变化、更新或替代。城市与乡村聚落尽管在尺度上差别较大，但都由建筑、街巷、公共空间围合构成，因此也出现了将形态学理论应用于聚落形态的研究应用（沈克宁，2010）。

从理论实践来看，相关形态学理论可以分为形态形成研究、类型形态学研究、空间形态学研究。形态形成研究将焦点放在聚落环境形成和转变的过程，注重历史和环境影响视角出发的形态演变研究。类型形态学从类型与聚落形态关系，集中在建筑类型和公共开放空间类型的划分上，分类的目的是为了描述和解译形态，以及给以后的发展指出可能的方向。空间形态学研究的目的在于分析和解释不同聚落布局的几何图形特征，以及各组成部分之间的相互关系，其结果可能与类型形态学有所重叠。例如，从空间形态的角度，将聚落空间归纳为向心性空间（如福建土楼）、分散型空间（如桂北苗寨）、线型空间（山地型线型聚落以及临水聚落），并通过中心、方向、边界和领域来说明聚落形态中的秩序特征等（浦欣成，2013）。

3.3.2 景观美学

景观作为文化的载体和历史的见证，蕴涵着丰富的内涵。人们不仅需要在景观中创造意义，表达意义，通过景观来表达自己的思想；还会追寻景观意义，寻求认同、归属、体验，探索在景观背后隐藏着的意义。景观的认知表征是指通过景观符号来满足作者传达意义和读者认知需要的意义表达方式。与之相对应的审美表征，则是通过山水形态的媒介来满足作者的意象性表达和阅读者的审美需要。

景观美学研究的范畴包括风景的形式美规律、风景的创作规律与特征、风景的审美创造与生活的关系等。一方面研究景观（包括自然景观和人文景观）的审美价值、美学特征、美学规律等，构建景观美学的基础理论体系，对其审美本质与审美特性、审美价值与功能、景观美学的发展历程与风格演变过程、审美心理机制、审美意义、特征与方法等问题进行探讨；另一方面，探讨如何根据美学原则创造景观美，以及主体、客体、载体、受体之间的关系与互动，从应用层次出发明确景观的组织原则、艺术理念及设计构思（刘晓光，2012）。

相对于城市而言，乡村与自然环境有着更密切的关系，乡村景观是由自然环境、人文景观以及其中的社会结构构成的，它包含多种价值属性，如社会、美学、娱乐、生态等，与乡村的社会、经济、文化、审美等有着密不可分的联系。乡土景观审美不只是物质层面的感受，更多的是文化层面与精神层面的经验，乡土肌理与布局是乡土景观顺应自然、与自然和谐共生的最佳表现。乡村聚落景观具有很强的地域性特征，折射出我国传统建筑文化的形成与演化过程，同时也表现出一种与自然相适应的审美特征。其农、林、渔、牧景观随着季节的变化而呈现出雄伟壮观的景象。此外，对乡村风景的审美体验还可分为"声""味"和"触"3个层次。

景观的美学组成包括物质材料、功能技术、数量体量、艺术装饰、与环境的配合协调等方面。物质材料与功能技术是构成景观美的基本要素，由乡土材料与相关功能及传统工艺相结合，按科学与审美原则进行组合，形成具有地域特色的景观形态。数量和艺术装饰是构成景观美的重要因素，当数量多到一定程度时，就会产生丰富的感觉，就像茂密的森林和广袤的草原，正是因为它们的数量庞大，才形成了一幅美丽的生态景观。景观美的必要条件是人与环境的协调，它既包括自然环境，也包括社会环境。村庄的环境条件影响自然与人文景观的面貌，又反过来点缀、塑造着环境的意象，是乡村传统文化的延续与表现。

我国地域辽阔，受地域、气候、风俗等诸多因素的影响，形成了不同的乡村形态和特点。乡村人居环境的营造，既要尊重自然，又要考虑乡村自身的地域特色，同时也要尊重乡村格局与居民情感需要。在注重人的主观审美体验的同时，也要突出自然环境本身的美，深挖每一处自然与人文景观的独特之处，提炼出乡村的生态价值与美学内涵，保护原生态，避免风貌景观的趋同性。这样，生活环境的质量就会得到提高，在尊重自然的同时，也能满足村民们的审美需要，在乡村中创造出具有地域特色的自然人文景观，将它特有的审美价值充分地表现出来。

3.3.3 乡村地理学

乡村是许多学科研究的客体，不同学科从不同侧面对它进行研究。其中，乡村地理学作为人文地理学的重要分支学科，以乡村人地关系地域系统为核心研究对象，探讨乡村地域系统经济发展、社会文化、资源利用、人居环境、人口结构、景观等时空演变过程、空间结构、演化作用机制以及乡村地域系统与城市地域系统的相互作用规律的一门学科。乡村地理学研究最早可追溯到19世纪末20世纪初，主要关注乡村聚落和农业。1963年，法国P. 乔治（Pierre George）在其所著《乡村地理学概论》一书中最早采用"乡村地理学"这一名词。20世纪30年代，白吕纳的《人生地理学》《人地学原理》传入中国，国内学者开始重视乡村人地关系研究，乡村经济活动和乡村聚落成为小区域研究的中心议题（曾祥章，1988）。

乡村地理研究的核心目标是支撑乡村地域系统的可持续发展、资源优化配置、空间科学管制和社会综合治理等。研究内容包括乡村发展的条件和资源评价及开发利用研究、乡村人口和居民点地理研究、乡村产业结构及布局的合理性研究、乡村历史地理研究、乡村文化景观研究、乡村地域类型研究等，在研究过程中注重地域性、综合性、动态性和实践性特点（郭焕成，1988，1991）。

例如，通过研究乡村资源的分类、资源系统与乡村经济系统的关系、乡村资源承载力、乡村资源的分配及其机制、乡村资源综合评价与管理等，进行乡村资源开发利用研究及综合评价；从乡村聚落起源与发展、乡村聚落的类型及分类、乡村聚落形态布局、乡村聚落及其体系的演化规律等方面总结乡村聚落体系；从乡村景观的类型、形成与特点，乡村景观演替，乡村景观的保护、开发与规划出发，进行乡村景观地域性研究；从乡村民俗与文化传统、地理环境与区域文化形成、乡村社区的组织模式与变迁等角度，进行乡村文化与组织研究；从乡村土地利用结构及其变动、乡村土地制度变迁、区域耕地时空演变等出发，研究乡村土地利用的地域特征等。

3.4 乡村文化相关理论

3.4.1 乡土文化

乡土文化是在传统的农业社会中由乡村社会环境下的群体世代传承、创造形成的，乡村特有、相对固定的生活方式与观念体系的总称。乡土文化的起源可追溯到20世纪40年代费孝通提出的"中国社会是乡土性"的观点（费孝通，2011）。乡土文化的本质是农业文化，产生并服务于农业文明，适应于血缘或宗法式的小农经济，具有小农意识的保守性与封闭性。也有观点认为乡土文化是一种区别于现代文化甚至与现代文化截然相反的文化类型，强调乡土文化的传统性，认为乡土文化与传统文化并没有本质区别。乡土文化产生于不同地域特定的历史、自然、气候、信仰、习俗等因素之中，表现在生活、饮食、民风民俗、建筑等方面，是中国传统文化的重要组成部分，自然地理和社会人文的差异性造成了乡土文化的地域差异性。

不同学者对乡土文化的性质把握不同，有不同的分类方式：①物质文化，如自然风光、建筑风格等；规范文化，如行为方式、制度或社群等；表现文化，如农耕文化、民俗节庆、乡村传统工艺等。②物态文化，如乡村山水、乡村建筑、民俗工艺品等；行为文化，如生活习惯、传统文艺、传统节日等；制度文化，如农村生产生活组织方式、社会规范、乡约村规等；精神文化，如孝文化等。③家族文化、礼治文化与安土重迁文化。

乡土既是外在空间的表达，也是内在生活的表征。费孝通指出，"从基层上看去，中国社会是乡土性的"。他将中国社会性质断定为乡土社会，具有"熟人社会""礼治社会"和"伦理本位"的社会结构模式。而乡土文化则是在乡土社会中，人们在长期的农业生产实践与共同生活的实践中，逐步形成的一套综合性的文化体系（怀康，2021）。

乡土文化作为一种特定乡土地域的文化积累，记载了乡土社会的发展轨迹与特质，承载了中国数千年农业文明历史与传统，是中华民族文化基因与精神信仰的母体与依托。当地人基于对乡村的深层依赖和深厚的感情，能自觉地尊重和发自内心地对生存和生活的自然地理环境进行保护，逐渐形成尊重自然、顺适自然、爱护自然、与自然和谐共生的生态文化，这对保持乡村自然生态的完整和持续具有重要意义。同时，作为乡土文化组成部分的自然地理环境、自然景观和乡村聚落民居，也是乡村与城市不同的生态表现形式，能够帮助我们从乡土文化积淀中汲取生态智慧，提供解决城乡矛盾、生态环境问题的方法思路。

3.4.2 文化景观

文化景观是人类文化与自然景观共同作用的结果，是自然和人文因素的复合体，历经漫长历史的不断发展、演变和积累而不断形成的，是文化在空间上的反映。在

1984年世界遗产委员会第8届大会上，委员们认为在现代社会中，完全未受人类影响、纯粹的自然区域是极其稀少的，而在人类与土地共存的前提下，有突出的普遍价值的自然地域却大量存在。1992年世界遗产委员会第16届大会上修订了文化遗产标准，正式采用了文化景观这一概念，使其成为文化遗产的类别之一，强调文化景观为"人类和自然的共同作品"，是构架自然和人文的一座桥梁。自此，世界遗产就包括了自然遗产、文化遗产、自然遗产与文化遗产混合体即双重遗产和文化景观遗产4类。文化景观的选择应基于它们自身的突出、普遍的价值，其明确划定的地理文化区域的代表性及其体现此类区域的基本而具有独特文化因素的能力（蔡晴，2016）。

按照联合国教科文组织和世界遗产委员会的划分标准，文化景观主要分为3个类别：由人类有意设计和创造的景观，即人类出于审美、宗教或纪念等目的设计和建造的建筑物群；有机进化的景观，即能反映人类在特定生活环境中的社会、经济的景观文化；关联性文化景观，即与自然因素、宗教、艺术或文化密切相联系的景观。

乡村是由家族、亲族和其他家庭集团结合地缘关系凝聚而成的社会生活共同体，受各种自然条件和社会文化因素的影响制约。乡村文化景观体现了人类与自然和谐相处的生活方式，记录着丰富的历史文化信息，保存着民间传统文化精髓，是人类社会文明进程中宝贵的文化遗产。既见证了农业文明的发展演变，同时也是自然因素和民族习惯等区域性、民族性差异的活态载体，体现了乡村人与自然之间的内在联系。通过乡村景观的传统风貌与空间肌理表达出了地域文化、社会结构、乡风民俗等文化特色，以及地形地貌、自然植被、河流水系等环境特征（刘艺兰，2011）。

乡村文化景观的构成要素可分为物质要素和非物质要素两种。物质要素是村落文化景观的形成基础，反映村落文化景观的文化基底；物质要素又分为自然要素和人工要素。非物质要素是在物质要素基础上形成和发展起来，包括乡风民俗、节事活动、工艺技术等，体现着村落文化景观独特的个性（廖嵘，2007）。

小　结

通过梳理全面推进乡村振兴、山水林田湖草沙、人与自然和谐共生、新型城镇化与城乡融合、国土空间规划体系建构等乡村振兴的主要政策和理念，讲述乡村人居环境营造在功能、空间和文化层面的核心理论方法，学习掌握在乡村生态、经济、社会、文化等方面的发展趋势和支撑手段，为进行后续乡村人居生态环境规划设计学习铺垫知识基础。

思考题

1. 与乡村生态振兴相关的政策和理念有哪些？
2. 从生态角度出发的乡村人居生态环境营造理论可以分为几种类型？
3. 如何理解乡村人居生态环境在空间、功能和文化层面的内在联系？

推荐阅读书目

乡土中国. 费孝通. 人民出版社，2012.
景观生态学：格局，过程，尺度与等级. 邬建国. 高等教育出版社，2007.
景观美学. 刘晓光. 中国林业出版社，2012.
传统乡村聚落平面形态的量化方法研究. 浦欣成. 东南大学出版社，2013.

第4章 乡村空间规划

> **本章提要**
>
> 乡村空间规划是乡村环境与社会经济建设的总体部署和发展依据，是引领乡村地区进行空间合理布局及资源和设施优化配置，以促进乡村经济、社会和环境协调可持续发展的核心手段。在生态文明时代，乡村规划更注重生态优先、人与自然和谐共生，以及保护传统文化、景观风貌和提升村民福祉。
>
> 在新时代政策、理论和技术的支持下，乡村空间规划的内涵、目标、原则和方法等均有新的发展。本章将逐一探讨这些内容。
>
> **学习目标**
>
> 1. 了解我国乡村空间规划的发展历程；
> 2. 学习新时代乡村空间规划的目标、要求和原则；
> 3. 学习新时代乡村空间规划的主要内容和方法；
> 4. 对比分析新时代乡村空间规划的实践案例，总结其经验和教训；
> 5. 探讨乡村空间规划的未来发展方向。

4.1 概述

4.1.1 我国乡村空间规划发展历程

4.1.1.1 萌芽阶段（20世纪50年代初至70年代末）

新中国成立初期，为了同时保障工业发展、城市建设所需的资本积累以及稳定粮食生产，乡村地区在计划经济模式下与城市人口的流动基本隔绝，在国家指导下不断探索强化集体生产、引进先进技术的农业发展路径和生活方式。

乡村规划的相关工作开展尚处于零星探索阶段，大体上以土地功能安排为主要形式，在几个较为特殊的时间段工作内容也有不同的侧重。

1954年，农业部引入苏联模式建立一批国营友谊农场，组织了土地规划试点工作。规划主要旨在服务开垦荒地、推动集体劳动以及机械化技术在谷物和畜牧业生产中的运用。

1958年，为服务人民公社制度，空间规划工作逐步拓展到更广泛的乡村地区。以全国土壤调查为基础，规划在突出耕作土地整饬、农田水利建设两大核心任务的基础上，增加了划分农林牧副渔各项用地、整修道路、重新配置居民点等内容。

1964年，为响应"农业学大寨"，乡村规划又出现了山水田综合治理、旱涝保收高产稳产农田建设、田渠路林综合配置等内容，以适应农业生产的机械化、水利化和田园化的要求（图4-1）。同时根据全国农业区划，体现乡村建设对地域差异的尊重（赵纪军，2017）。

图 4-1 "农业学大寨"时期的乡村规划建设理想表达（章育青，1975）

4.1.1.2 起步阶段（20世纪80年代初至90年代中期）

自1981年中央农村工作会议起，原计划经济模式下的城乡、工农关系显著转变。家庭联产承包责任制的实行和统购派购制度的改变，刺激了农业生产效率，并激发起农民调整种植结构和多样化经营的积极性；而允许农民跨区域贩运、鼓励城乡农贸、推动乡镇企业发展，则在户籍管理政策尚未松动的同时，以乡村内部镇、村为载体形成了就地工业化浪潮和"离土不离乡"的流动就业大军。

这一阶段乡村规划常将面临"自发式就地工业化"的小城镇与村庄共同考虑，引入部分城市规划的经验和逻辑，推动乡村规划的技术规范化。1979年和1981年两次全国农村房屋建设工作会议提出对农房建设进行规划以及"山水田林路村"进行综合布局的"村镇规划"。1982年国家建委与国家农委联合发布了《村镇规划原则（试行）》，提出了编制村镇规划分为"两个阶段"，即村镇总体规划和村镇建设规划，类似于城市规划编制中的村镇体系规划和详细规划。至1986年年底，全国3.3万个小城镇和280万个村庄编制了初步规划。规划内容上，主要根据乡村的特点，在保护基本农田的基础上，依据人口规模和地域特征，确定建设用地规模并完善生产生活配套设施及工程管网系统，并探寻在居民点功能演化模式、解决乡村低效建设用地、提升乡村人居环境等方面的新认识、寻求新方法（邓红蒂 等，2016）。

第六条　要十分珍惜土地。村镇各项建设应充分挖掘原有村镇用地的潜力，必须选址扩建或新建时，尽量利用坡地、荒地、薄地，严格控制扩占耕地、林地、人工牧场。在人多地少的农业高产地区和有条件的地方，提倡建楼房。

……

第十六条　村镇总体规划和建设规划的深度，取决于所依据的基础资料的完备程度。在依据资料不足的情况下，为便于安排急于修建的项目，指导当前建设，可以先概略地做出各项用地的合理布局，布置道路网和确定近期建设用地，然后再逐步把规划完善起来。

村镇规划的期限应与当地一定时期内的经济发展水平相适应。

——节选自《村镇规划原则（试行）》，1982

4.1.1.3　加速阶段（20世纪90年代中至21世纪前10年）

"分税制"以及城市土地有偿使用等制度改革，引领了地方政府招商与城市新区建设的热潮，全国范围内城镇化加速发展，促成农村劳动力向大城市，尤其是东部发达地区大规模流动的局面。在房地产、开发区建设热潮下，大量农用地被城市建设占用，耕地总量持续减少，城乡差距再次拉大。为遏止城乡用地的失衡，国家先后出台一系列加强土地管理和粮食安全的法规，着手完善耕地保护、环境治理、农村劳动力管理等制度，并聚焦解决乡村衰败的问题。随着2004年中央"一号文件"重新聚焦"三农"问题以来，提出了推进"社会主义新农村建设"的目标，通过对农业农村基础投资和建设力度的持续扩大，培育农业农村的自主发展能力，并将农业在食品保障、就业增收、生态保护、观光休闲、文化传承等方面的功能映射到农村空间全域，力求改变农业、农村分而治之的状况（冯旭 等，2023）。

在这一阶段，城、乡规划体系融合的改革探索逐渐推行，主要是在全市、县域统筹，实现规划全域覆盖，结合城乡建设用地增减挂钩等政策，通过村庄集并、土地整理，对县域乡村空间进行优化与重构。在乡村个体层面，规划主管部门出台了《村庄和集镇规划建设管理条例》等一系列规范性文件，强化规划过程中的调查研究，并鼓励空间设计理念的融入（何兴华，2011）。例如，在村庄空间布局上借鉴城市和社区空间模式，提出了优先进行生态基础设施空间布局的理念，并尝试融合乡村生活、生态保护与产业需求，实现"产、村、景"一体化规划设计等。与此同时，随着2008年《城乡规划法》的实施，乡村规划的法律效力得到提升，实施贯彻力度大大增强。

第九条 村庄、集镇规划的编制，应当遵循下列原则：

（一）根据国民经济和社会发展计划，结合当地经济发展的现状和要求，以及自然环境、资源条件和历史情况等，统筹兼顾，综合部署村庄和集镇的各项建设；

（二）处理好近期建设与远景发展、改造与新建的关系，使村庄、集镇的性质和建设的规模、速度和标准，同经济发展和农民生活水平相适应；

（三）合理用地，节约用地，各项建设应当相对集中，充分利用原有建设用地，新建、扩建工程及住宅应当尽量不占用耕地和林地；

（四）有利生产，方便生活，合理安排住宅、乡（镇）村企业、乡（镇）村公共设施和公益事业等的建设布局，促进农村各项事业协调发展，并适当留有发展余地；

（五）保护和改善生态环境，防治污染和其他公害，加强绿化和村容镇貌、环境卫生建设。

——节选自《村庄和集镇规划建设管理条例》，1993

4.1.1.4 融合发展阶段（2010年以来）

2011年我国城镇化率突破50%，农业占国民经济份额已低于10%。因此从乡村到城镇的单向流动模式必须转变，只有推动城乡之间的有机融合，才能找到乡村发展问题的解决途径。党的十八大提出了生态文明体制改革、建设美丽中国的执政理念，以及实现脱贫攻坚、乡村振兴的发展目标。依靠农业多功能培育、数字乡村建设等基础发展内容，陆续提出了"乡村一二三产业融合""农业供给侧结构性改革"等政策，不仅谋求农业产业、乡村功能的融合，还大力促进人居环境建设、生态环境保护等多领域间的相互协作（张媛媛 等，2021）。

乡村空间规划更为强调可实施性，主要源于由发展改革委、住房和城乡建设部、自然资源部、生态环境部等部委联合开展"多规合一"改革探索，通过建立规划平台，期望发挥县域在乡村用地、资源、建设管理方面的统筹作用，先做乡村建设项目决策，再以"一张蓝图"安排用地，最后采取分类建设指引的方式衔接、指导各乡村居民点的一二三产业融合发展用地空间优化、公共设施配置等，并协调各部门的管控范围与工作内容。而在乡村整体环境营造上，以浙江省"千村示范、万村整治"为代表的一系列探索深入贯彻新发展理念，因地制宜、实事求是，尽力而为、量力而行，加快城乡融合发展步伐，积极推动美丽中国建设，全面推进乡村振兴，涌现了许多典型经验，乡村空间规划进入蓬勃发展阶段。

乡村人居生态环境

案例4-1 浙江省"千村示范、万村整治"工程

浙江省自2003年起实施的"千村示范、万村整治"工程，是新时代乡村规划工作中"宏观谋划，城乡统筹"的典范。该工程以农村生产、生活、生态的"三生"环境改善为重点，旨在推进农村人居环境整治和美丽乡村建设。通过整合各类资源，加大投入力度，强化政策扶持，浙江成功打造了一批美丽宜居示范村，带动了周边乡村的共同发展。安吉余村就是其中一个典范（图4-2）。2018年，浙江省"千村示范、万村整治"工程被联合国授予最高环境荣誉——"地球卫士奖"中的"激励与行动奖"。

该工程的成功实施，不仅提升了农民的生活品质，也促进了农村经济的持续发展。同时，通过城乡统筹规划，浙江实现了城乡基础设施和公共服务的互联互通，缩小了城乡差距，推动了城乡融合发展。这一实例充分展示了"宏观谋划，城乡统筹"在乡村规划中的重要作用。

图 4-2 浙江"千村示范、万村整治"工程的重要示范点——安吉余村

4.1.2 我国乡村空间规划存在的问题与不足

总体上看，乡村空间规划在我国的发展历程不长，相关的经验反馈和总结尚不充分，形成了诸多现实上的不足之处，主要体现在如下几个方面。

①规划体系尚不完善，编制流程和技术路径不规范不成熟 既往大量的乡村规划，无论在发展定位和规模上，还是用地分类与设施布置上，并未与所在城市、周边区域的规划内容形成良好的衔接，"就村谈村、城乡分离"的情况仍较为普遍（图4-3）。而在乡村规划的过程与内容上，早期实践中的随意性较强，而近年来随着一系列规范的出台，又常出现无视广大乡村地区极为显著的资源禀赋和地区差异的情况，缺少细化分类，形成"千村一面"的局面。

②目标不明确或不全面，注重短期成效，科学性不足 在相当多的情况下，乡村规划编制的目的仅仅为了对应某些特定行政行为，目的较为单一，如城市近郊区拆迁

图 4-3　人口外流导致乡村大量房屋空置废弃（太行山区）

图 4-4　乡村原有农田在城镇建设包围中废弃并堆放渣土（都江堰灌区）

合并、乡村美化运动或产业推广等。这样的规划目标不注重较长周期内生产、生活、生态系统的平衡与稳定，编制过程缺少必要的科学调查、分析、论证，甚至诱发或导致了严重的乡村环境衰败和社会动荡等后果（图4-4）。

③过于强调政府主导，企业推动、集体推进较少，村集体经济组织和基层村民的有效参与不足　由于在基层乡村层面政府普遍缺乏相应的政策实施工具和资金保障等，而部分规划要求，譬如严格的生态环境保护等，又与村民提升生产生活水平的目标并未形成一致，因而导致实施动力不足，效果难以保障。

④缺乏健全的监管和评估体系　一些地方在乡村空间规划实施过程中出现了问题，如资源分配不公平、设施配置不足或闲置（图4-5）、生态环境保护对象不全面等，由于没有及时发现和解决问题，导致问题的严重性不断增加，甚至给乡村可持续发展带来了不可逆转的负面影响。

乡村人居生态环境

图 4-5　乡村中统一配建的公共浴室处于闲置状态（北京昌平区）

4.2　新时代乡村空间规划要求、目标与原则

4.2.1　新时代乡村空间规划的要求

新时代的乡村规划面临一系列新要求，主要来自生态文明建设、新兴经济形态发展和国土及城乡治理体系改革等多个方面。

首先，随着生态文明建设的推进，"人与自然生命共同体"理念日益深入人心。在乡村规划中，对自然环境的可持续承载能力的评估、对重要自然资源的保护和修复以及对生态环境"低干预、低污染"的生产生活方式倡导，都成为必须遵循的前提，同时在空间布局、产业发展和景观营造中，均应尽力体现乡村的生态环境优势。

其次，随着新型城镇化进程的深化，城乡之间经济社会交流更加频繁，乡村规划中统筹城乡要素，强化互联互动成为必然。而国家制定的一系列旨在破解"三农"问题的法规、政策，大多需要以乡村规划作为重要的实现路径，推动区域空间统筹来实现，因此乡村规划的政策价值必须得到更高度的重视。

最后，随着国土空间治理体系的构建，乡村规划从过程和技术上都应摆脱既往照搬城市规划体系的弊端，进一步结合乡村的区域定位、要素特征和新时代乡村基层治理体系的构建，提升乡村规划内容适应性和可实施性。

总而言之，新时代我国乡村面临着多重发展压力与机遇，而乡村空间规划作为解决这些问题的关键途径之一，其重要性和意义不言而喻。从生态文明建设到新型城镇化与城乡融合发展，再到乡村振兴战略的实施以及数字技术与虚拟经济的兴起，乃至国土空间治理体系的建立，无一不体现出乡村空间规划在其中的重要作用和影响。因此，我们需要从多个层面和角度去深入研究和探索如何更好地完善和优化我国乡村空间规划体系，以适应新时代的发展需求和挑战，推动我国乡村振兴战略的实施，促进城乡协调发展，实现中国式现代化的不断深化。

2019年全国两会期间，习近平总书记参加河南团审议时提出"按照先规划后建设的原则，通盘考虑土地利用、产业发展、居民点布局、人居环境整治、生态保护和历史文化传承，编制多规合一的实用性村庄规划"。

2024年1月1日，中共中央、国务院《关于学习运用"千村示范、万村整治"工程经验有力有效推进乡村全面振兴的意见》提出：分类编制村庄规划，可单独编制，也可以乡镇或若干村庄为单元编制，不需要编制的可在县乡级国土空间规划中明确通则式管理规定。加强村庄规划编制的实效性、可操作性和执行约束力，强化乡村空间设计和风貌管控。

4.2.2 新时代乡村空间规划的目标

新时代乡村空间规划的目标在于构建功能完善、生态宜居、文化繁荣、治理有效、智慧创新的乡村发展格局，以推动乡村全面振兴，实现乡村可持续发展，并满足人民日益增长的美好生活需要。

①功能完善是乡村空间规划的基础目标　通过优化乡村空间布局，完善各类基础设施和公共服务设施，提升乡村地区的生产、生活、生态功能，确保乡村居民能够享受到便捷、高效的服务。

②生态宜居是乡村空间规划的重要目标　在规划过程中，需要注重生态环境保护与修复，推动乡村绿色发展，打造宜居宜业的生态环境。同时，通过提升乡村环境质量，改善乡村居民的生活条件，提高乡村的吸引力。

③文化繁荣是乡村空间规划的精神目标　乡村地区承载着丰富的历史文化传统，规划过程中需要保护和传承乡村特色文化，弘扬乡村优秀传统文化，增强乡村文化自信。通过打造具有地域特色的乡村文化品牌，提升乡村的文化软实力。

④治理有效是乡村空间规划的关键目标　在规划过程中，需要注重乡村基层治理体系的建设，推动乡村治理体系和治理能力现代化。通过加强村民自治、法治乡村建设等措施，提升乡村治理效能，确保乡村社会的和谐稳定。

⑤智慧创新是乡村空间规划的时代目标　随着信息化、数字化技术的快速发展，乡村空间规划需要积极拥抱新技术，推动智慧乡村建设。通过运用大数据、云计算、物联网等技术手段，提升乡村规划的智能化水平，提高规划的科学性和精准性。

综上所述，新时代乡村空间规划的目标在于构建功能完善、生态宜居、文化繁荣、治理有效、智慧创新的乡村发展格局。这些目标的实现将有力推动乡村全面振兴，促进城乡融合发展，为构建美丽中国贡献力量。

4.2.3 新时代乡村空间规划的原则

（1）宏观谋划，城乡统筹

乡村空间规划在新时代背景下承载着前所未有的重要使命，需要以全局性和系统性的视角来统筹谋划。从宏观视角来看，新时代的乡村空间规划不仅关乎广大乡村地区"农业、农村、农民"的可持续发展，更与多领域的国家发展战略紧密关联，包括生态文明建设、新型城镇化与区域协调发展、乡村振兴、数字技术与虚拟经济兴起以及国土空间治理体系建立等。乡村空间规划应明确乡村发展在国家各宏观战略中的地位、作用和要求，以长远的眼光来全面考虑乡村的资源条件、发展潜力、存在问题和发展方向。

同时，应着重打破传统的城乡分割观念，将乡村与城市、镇区的发展作为一个系统、置于"一张图"来整体考虑，通过优化乡村产业结构、提升基础设施水平等方式，缩小城乡差距，鼓励城乡间的经济联系和产业协作，促进资源、技术、人才等要素在城乡之间自由、公平、合理流动，推动城乡协调发展。

（2）调查引领，因地制宜

在制定乡村空间规划之前，深入细致的调查研究是必不可少的。通过调查了解乡村地区的自然资源、生态环境、社会经济状况以及村民的实际需求，可以准确识别乡村发展的制约因素和发展潜力，为规划提供科学依据。调查过程中，一方面积极运用卫星和无人机遥感影像、开放大数据等先进技术和数据来源；另一方面也应重视深入实地，与乡村干部、村民代表等进行深入交流，并充分利用问卷调查、访谈、座谈会等，以获取更全面、更细致的信息。同时，可采取地理学、社会学、经济学等多学科分析方法的综合运用，对调研数据进行细致充分的分析，并注意确保抽象数据与实际感受的相互对照。

同时，要注重充分考虑不同村庄地域条件、历史沿革、产业结构、文化习俗等方面的特点和条件，确保规划工作能更精准、有效地以问题导向的方式来展开，发挥不同乡村地区的优势，杜绝一刀切的发展模式。

（3）生态优先，文化延续

乡村地区拥有丰富的自然资源，如水域、林地、耕地等，这些资源是生态平衡的重要组成部分，也是承载生产、生活、休闲等多重功能的基础。在规划过程中，要深入分析乡村的生态环境容量和自然资源的质量，着重保护关键性的自然资源和生态系统，防止过度开发导致的环境破坏，并在条件允许的情况下尽可能推广生态友好型的农业生产方式，提高土地和水资源的利用效率，以及加强乡村生态环境的治理和修复，维护生物多样性和健康的生活环境。

乡村文化是乡村历史和传统的积淀，是乡村居民认同感和凝聚力的源泉。在规划过程中，要充分挖掘和保护乡村的文化资源，包括历史建筑、古迹、民俗活动等。要注重乡村文化的传承和创新，通过合理的规划手段，将乡村文化融入乡村生产和生活中，促进乡村文化的发展和传播。同时，要加强乡村居民的文化自信和参与度，让他们成为乡村文化的传承者和守护者，共同推动乡村文化的繁荣发展。

（4）以人为本，共同缔造

乡村空间规划的根本目的必须包含提高村民的生活质量和社会福祉。因此，在规划过程中，要始终坚持"以人为中心"的原则，深入了解乡村居民的生活习惯、文化传统和发展需求，将村民的意愿、需求和利益置于规划的核心位置，确保规划决策有利于乡村居民生活品质和社会福祉的提升，在乡村基础设施、公共服务、生态环境等方面的建设都能满足实际需求，促使宜居、宜业、宜游等可持续规划目标的实现。

乡村空间规划是一个多方参与、共同缔造的过程。政府、村民、社会组织和企业等各方有必要共同参与规划的制定和实施。通过多方参与，既可以集思广益、汇聚资源，提高规划的科学性和可行性，也有助于增强乡村居民的归属感和凝聚力，增进各方对规划的理解和支持，促进规划的有效实施。为了实现多方参与和共同缔造，需要建立健全沟通协调机制和利益共享机制，保障各方的权益和利益诉求得到充分表达和满足。

4.3 新时代乡村空间规划主要内容及方法

乡村空间规划是一个系统而复杂的过程，涉及多个领域和方面。为了确保规划的科学性和可行性，需要遵循一定的步骤和内容（图4-6）。

- 1张翔实的**数据底图**：指运用第三次全国国土调查成果，结合实地测绘的地形图数据，整合形成坐标一致、边界吻合、上下贯通的一张底图。
- 1个清晰的**目标定位**：明确村庄发展目标与定位，提出近、远期发展目标，确定村庄人口和建设用地规模。
- 6项完备的**规划板块**：土地利用、产业发展、住房建设、设施配置、风貌特色和整治修复六大板块。
- 1本具体的**实施手册**：将实操任务在空间进行具体融合，形成一张蓝图，指导后续的保护开发和建设。

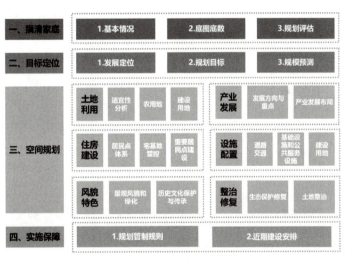

技术路线

图 4-6 新时代乡村空间规划的工作内容与路径

4.3.1 规划调查与研究

调查研究阶段是乡村空间规划的重要基础，为后续的规划设计提供科学依据。这一阶段的工作主要涉及以下5个方面。

（1）用地空间与设施调查

这方面内容主要是对规划范围全域的基本空间格局进行全面摸底。其中，土地利用的现状需要将自然原生空间、耕作空间、农宅建设及公共设施等全部土地的使用类型进行划分，确定每块用地的规模、区位、实际使用状况（表4-1、表4-2）；基础设施调查主要包括道路交通设施、水利设施、电力和通信设施等，确定所有设施的类型、等级、区位和使用状况（表4-3）。

表 4-1 乡村全域用地分类调查表范例

用地类型		片 区						××村				
		规划起始年		规划目标年		增减变化情况		规划起始年		规划目标年		增减变化情况	
		面积（hm²）	比重（%）	面积（hm²）	比重（%）	面积（hm²）	比重（%）	面积（hm²）	比重（%）	面积（hm²）	比重（%）	面积（hm²）	比重（%）
耕　地													
园　地													
林　地													
草　地													
湿　地													
农业设施建设用地	村道用地												
	种植设施建设用地												
	畜禽养殖设施建设用地												
	水产养殖设施建设用地												
城乡建设用地	城镇建设用地												
	村庄建设用地												
区域基础设施用地													
其他建设用地													
陆地水域													
其他土地													
合　计													

备注：用地分类具体可参照2023年11月自然资源部关于印发《国土空间调查、规划、用途管制用地用海分类指南》的通知（引自：2023年11月印发《河北省片区村庄规划编制指南（试行）》）。

表 4-2　乡村居民点用地分类调查表范例

名　称		规划基期年			规划目标年		
		面积（hm²）	比例（%）	人均面积（m²）	面积（hm²）	比例（%）	人均面积（m²）
居住用地	一类农村宅基地						
	二类农村宅基地						
公共服务用地	农村社区服务设施用地						
	公共管理和公共服务用地						
商业服务业用地							
工矿用地							
仓储用地							
道路场站用地							
绿地与开敞空间用地							
公用设施用地							
特殊用地							
留白用地							
空闲地							
其他村庄建设用地							
合　计			—			—	

注：公共管理和公共服务用地根据需要可细化至三级地类。备注：用地分类具体可参照 2023 年 11 月自然资源部关于印发《国土空间调查、规划、用途管制用地用海分类指南》的通知（引自：2023 年 11 月印发《河北省片区村庄规划编制指南（试行）》）。

资料收集的主要方法包括遥感影像解译、现场踏勘和观察、村委会和村民访谈等。分析阶段的主要方法是通过地理信息系统平台，对用地和设施进行叠加分析，主要探讨用地类型规模、比例和格局的合理性，分析现有设施对生产生活的支撑能力，主要基础设施的使用效率和综合效益等。

当前乡村规划实践中诸多问题的复杂性和多变性，凸显了实地调查的必要性，尤其是在识别和评估潜在的土地使用冲突与基础设施状况方面。例如，某乡村在规划编制初期，通过实地踏勘发现，部分耕地边缘地带未经审批，正在擅自兴建小型加工厂，不仅导致宝贵耕地资源被非法侵占，还引发了土壤污染问题。规划团队在卫星影像监测发现这一问题前，及时介入，不仅纠正了违规建设，还制定了恢复耕地和治理土壤污染的具体措施。另外，实地调查还揭露了村庄内部设施管理的困境：一些公共设施如老旧的灌溉系统因长期缺乏维护而处于闲置状态，另一些如村小学，因适龄儿童数量激增而超负荷运转，存在严重的安全隐患。此外，走访中还注意到大量宅基地因人口外流而长期闲置，未能得到有效利用。这些问题的精准识别，无一不是基于深入村落、与村民交流、亲眼见证现状的实地调查，进而为科学合理的乡村规划提供了扎实的数据支持和问题导向，确保规划方案既符合实际情况，又能有效指导乡村可持续发展。

表 4-3　乡村主要基础设施类型（以北京为例）

类　别		项　目	公共设施项目配置		
			特大型村庄	大型村庄	中型村庄
一、行政管理	1	村委会	●	●	●
	2	其他管理机构	●	●	○
二、教育机构	3	小学	○	○	○
	4	幼儿园	○	○	○
	5	托儿所			
三、文化科技	6	文化站、点	●	●	○
	7	青少年、老年活动中心	●	●	○
四、体育设施	8	体育活动室			
	9	健身场地	●	●	●
	10	运动场地	○		
五、医疗卫生	11	社区卫生服务中心	●	○	○
	12	村卫生室	●	●	●
六、社会保障	13	村级养老院	○	○	○
七、商业服务	14	小卖部	●	●	●
	15	小型超市	●	●	●
七、商业服务	16	餐饮小吃店	●	●	●
	17	公共浴室	○	○	○
	18	旅馆、招待所	旅游型村庄可设置		

注：①●为应设的内容；○为可设的内容。
②结合教育部门整合教育资源的要求，小学和托幼的设置可根据实际情况采取几个村合并建设较高配置的方式进行。

备注：村庄规模等级：人口不超过 200 人为小型；201~600 人为中型；601~1000 人为大型；超过 1000 人为特大型（引自：《北京市乡村规划导则》）。

（2）生态环境与自然资源及灾害调查

这方面内容主要是对规划范围内以及紧密关联的周边范围内的生态环境要素、质量、自然资源分布和灾害风险等进行详细探查和分析。其中包括：对"山水林田湖草沙"各要素的定量与定位；空气质量、水质、土壤质量等生态环境相关数据的收集；（可利用的）水资源、矿产资源、生物资源及生物多样性等的资料收集；以及洪水、地震、滑坡等灾害历史数据的汇总等。

资料收集的主要方法除了通过（卫星或无人机）遥感影像图、现场踏勘和观察（图4-7）、村委会和村民访谈以外，还包括市、县级自然资源、生态环保、水务等部门的存档资料核查等。

在分析阶段，主要根据各类生态评价模型，对生态环境特征、质量进行评估，确定生态环境保护的优先区域，分析各类自然资源的可利用性，分析灾害发生的频率、影响范围和潜在风险。

图 4-7　山区乡村因地表裸露形成地质灾害隐患（北京市房山区）

（3）人口与社区结构调查

这方面内容包括对乡村的人口数量、结构、分布和流动趋势进行深入调查，并据此对乡村的社区结构、生活方式、文化习俗等进行研究剖析。具体包括：乡村户籍和常住人口的数量、年龄结构、性别比例、居住条件等，村民的社区组织方式、社会交往、文化习俗等。

研究分析的内容主要包括人口变化的趋势和特点，预测未来人口和社会结构发展的方向，分析社区建设的不足与潜力等。调查的主要方法除依托官方户籍和人口管理资料外，更多地需要依靠入户调查访谈和问卷发放等，同时应注意与历史资料的对照。尤其值得一提的是，实地调查揭示了许多仅凭统计数据难以捕捉的社会动态，更是深入理解乡村文化习俗与治理逻辑的关键步骤，对于制订贴近实际、促进社区和谐发展的规划方案至关重要。

调查发现，在许多传统村落，日常公共活动多围绕农事周期和传统节日展开，如春播秋收时节的互助合作和春节期间的庙会庆典，这些活动不仅是维系社区情感的重要纽带，也是传承乡土文化的平台。

此外，关于公共事务的决策机制，相当数量的乡村沿用了以家族长者会或村民大会为主的协商模式，如在决定水利设施修建、村道维修等事项时，通过集会讨论达成共识，体现了乡村自治的特色。这些实地调查获得的第一手信息，对于制定更加贴近乡村实际、促进社区和谐发展的政策和规划方案至关重要。

（4）农林和文旅产业发展调查

这方面的内容需要对乡村的农林产业现状、发展潜力以及文旅资源的分布、特色和市场需求等进行深入调查研究。具体包括：历年（近5~10年）各类种植、养殖产业面积、产量、产值、依托空间；手工业与村内工业企业业态、产量、产值；文化和自然旅游资源点位，现状旅游服务设施、接待能力和旅游收益等（表4-4、图4-8）。

表 4-4　乡村产业空间与发展统计表

序号	产业名称	类别	搬迁意愿	污染强度	基本农田冲突面积（hm²）	经营状况	与规划产业契合度	处置方式
1	××驾校	经营性	是	弱	0.14	好	较弱	迁移
2	××区农作物种植专业合作社	生产性	否	弱	0	好	较强	保留
3	××家具生活馆	经营性	否	弱	0	好	较强	保留
4	××宠物用品有限公司	生产性	否	中	0	好	较弱	保留
5	××轻钢	生产性	是	中	0.2	好	较弱	迁移
6	××建材有限公司	经营性	是	弱	0	一般	较弱	迁移
7	××家具精品店	经营性	否	弱	0	一般	较强	保留
8	××全屋定制	经营性	否	弱	0	好	较强	保留
9	××家具城	经营性	否	弱	0	较差	较强	保留
10	××家具	经营性	否	弱	0	一般	较强	保留
11	××雕刻	经营性	是	弱	0	一般	较弱	置换
12	××电动车	经营性	是	弱	0	一般	较弱	置换
13	××超市	经营性	否	弱	0	好	较强	保留
14	鸡蛋供销社	经营性	是	弱	0	好	较弱	置换
15	闲置产业用地	生产性	是	弱	0	差	较弱	迁移
16	××饲料供销社	经营性	是	弱	0.12	一般	较弱	迁移
17	××机床有限公司（闲置）	生产性	是	弱	0.71	差	较弱	迁移
18	家具加工	生产性	是	高	0	一般	较强	迁移
19	闲置砖厂	生产性	是	弱	0.17	一般	较强	迁移

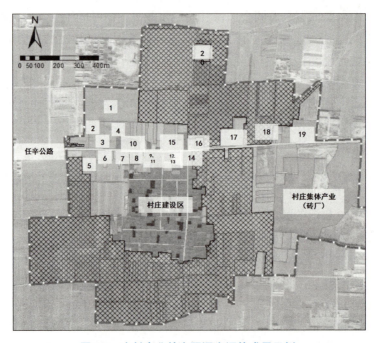

图 4-8　乡村产业的主要调查评估成果示例

主要分析内容包括评估农林和文旅产业的发展优势和短板，农林产业的发展潜力和制约因素，文旅市场的需求和发展趋势，还要探讨各产业融合发展的可能性，尤其是农林产业与文旅产业相互促进、共同发展的可能路径。

调查研究方法上，鉴于村级官方经济数据统计一般并不健全，上述信息主要通过现场调查获得，尤其应重视与企业经营者的访谈，从而形成综合分析结论。

（5）历史遗产与地方文化调查

在历史文化价值较高、传统风貌保持较高的村落中，需要对乡村的历史遗产、传统建筑、非物质文化遗产等进行更为细致的专项调查和研究。具体包括：确定所有官方认定和有价值的历史建筑、遗址的类别、等级、质量和区位，发掘现存的非物质文化遗产、民俗风情、传统工艺等（图4-9）。分析内容主要包括历史遗产的价值和保护状况评估、地方文化的特色和内涵发掘等。

调查的方法主要包括查阅村史等相关档案、实地踏勘及测绘，以及村干部及村民访谈等，分析的方法除依靠专家评定外，还应充分融入熟悉当地情况的民众意见。

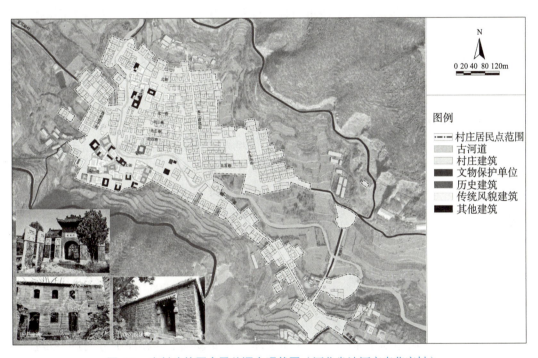

图 4-9　乡村建筑历史风貌调查现状图（河北省沙河市杏花庄村）

4.3.2　规划内容编制

4.3.2.1　制定乡村发展定位、规划目标和期限

制订科学合理的发展定位与规划目标是新时代乡村规划中至关重要的环节。这两者不仅为后续规划工作提供明确的方向和指引，也是确保规划实施效果的关键。

其中，发展定位的制订，应该体现规划对象在区域联动中的作用、上位规划的要求与所属的分类、自身的资源或产业特色，并充分考虑规划期限内国家、地方发展的重要战略或特殊机遇。

例1：××市近郊湿地观光与休闲旅游服务重要节点及××镇商贸与休闲服务中心。

例2：××县域西部美丽乡村建设的样板，集家具加工、林下经济、乡村旅游为一体的集聚提升型村庄。

在此基础上，规划目标着重展现在规划期内需要着力开展的工作，主要包括需要彰显的特色与补足的短板。主要需满足的要求有：

①**具体明确**　规划目标应该具体、明确，具有可衡量性。避免使用模糊、笼统的表述，确保每个目标都有清晰的衡量标准。

②**层次分明**　规划目标可以分为短期、中期和长期3个层次。短期目标应该注重解决当前的主要问题，中期目标要为实现长期发展奠定基础，长期目标则要有前瞻性和战略性。

③**全面覆盖**　规划目标应该涵盖乡村发展的各个方面，包括经济发展、社会进步、生态保护、文化传承等。同时要注重目标之间的关联性和协调性，确保各方面的发展相互促进。

④**可操作性**　充分考虑地方政府的行政能力、村民的参与度以及资源的可利用性等因素。

例1：展现×××地区百年商道变迁历史，打造富有活力的商贸集市，建设配套完善、具有××文化景观特色的田园社区。

例2：结合×××风景带建设，打造集自然观光、运动休闲、农林体验于一体的乡村休闲旅游服务节点，打造服务全乡的公共服务设施体系，依托种养基础，推动现代绿色农业和林下养殖，打造宜居乡村社区。

对于乡村规划的期限，一般与正在执行或编制中的上位国土空间规划相一致，但相对更侧重于近3~5年实施的内容。

4.3.2.2　生态环境保护修复

乡村生态环境的保护与修复工作，首先必须遵循各级各类自然保护地的管理要求、落实上位规划中生态保护红线的保护要求。在此基础上，在保护方面进一步强调保持自然山水的空间骨架结构，尊重顺应原有自然过程，保护具备地域代表性的地形地貌和植被生境等；在修复层面主要是着力恢复衰退、断裂与破碎的重要自然保护地和生态廊道，修复被污染的土壤和水域，清除对自然空间非法侵占和不当影响的城乡建设活动。

具体可包含如下措施：

①**封围核心区域**　对重要自然生态核心敏感区域进行封围管控，坚决清退非法占用自然生态空间的城乡建设和工矿生产项目；对相对敏感区域的建设、游憩、农林生产活动类型和强度进行必要的限制管控。

②**严控建设生产**　严格控制并逐步消减重要自然国土空间范围内不必要（与生态

保护、民生保障、区域基础设施、风景游憩服务无关）的建设和生产活动；清退或限制重要自然空间范围内易引起生态退化的一般农业种植、养殖、放牧、捕捞、城乡建设、游憩活动。

③修复连通网络　积极设法恢复、连通被破坏和阻隔的植被和水体等自然空间网络体系；利用定向砍伐、定期清淤等适宜的措施，优化自然系统的组成结构或分布格局，促进自然系统的要素流动，提升自然系统自净和更新能力。

④恢复地表生境　采用撒种、补植、施肥、引入新物种等生物介入方式，充分利用自然驱动力，修复受损、退化、污染的地表、水体和原生植被系统等；利用护坡建设、增设支撑结构、敷设草方格等工程措施，修复受损、濒危和脆弱的地表、水体和原生植被系统等。

⑤预留生物廊道　重要的交通等线性基础设施建设，应预留或增设必要的野生动物迁徙廊道，并应选择适宜地域，增设人工鸟巢等有利于重要物种栖息的设施，有效提升生物多样性。

⑥提升环境品质　利用滨水岸线自然化恢复改造等工程措施，促进自然生态环境质量和风景游赏价值的共同提升。

4.3.2.3　土地利用布局优化

土地利用布局优化的首要前提是明确基本生态控制线和永久基本农田保护区的范围，在此基础上对田、水、林、居等布局进行综合调整，具体措施可以包括以下几个方面：

①调整农用地结构　根据当地气候、土壤、水利条件和市场需求等，合理调整各类农用地规模和位置，以优化种植结构，提高农用地的产出效益。尤其注意与农田水利等基础设施建设的协调，以提高耕地的抗灾能力和持续产出能力。

②推进土地整理和复垦　通过土地整理，将零散、分散的土地进行归并和整理，形成连片、规模化的土地。同时，对有条件的废弃、闲置土地进行复垦，恢复其生产能力。

③控制建设用地规模　严格控制乡村建设用地的规模和布局，避免过度扩张和浪费。对于新增建设用地，要坚持节约集约、合理布局的原则，优先保障乡村基础设施、公共服务设施和产业发展用地。对违法违规用地要坚决查处，恢复其合理合法用途。

④促进土地流转和规模经营　在条件成熟的村庄，鼓励农民将土地流转给有能力的经营者或企业，实现土地的规模经营和集约化利用，以促进农业产业升级和农村经济发展。

4.3.2.4　基础设施完善提升

在乡村规划中，基础设施的完善提升是至关重要的一环，旨在改善乡村居民的生活条件，促进乡村经济和社会发展。具体措施包括：

①提升交通基础设施　加强乡村道路建设，提高道路等级和通行能力，确保乡村

与城市、乡村与乡村之间的交通便利。同时，完善公共交通体系，增加公共交通线路和班次，提高乡村居民的出行便利性。

②改善水利基础设施　加强农田水利建设，改善灌溉和排水设施，提高农田的抗旱涝能力。同时，推进农村饮水安全工程建设，确保乡村居民饮用水安全。

③建设电力和通信基础设施　加强农村电网建设，提高供电可靠性和电力服务质量。同时，推进通信网络覆盖，提高乡村居民的通信便利性和信息化水平。

④完善公共服务设施　加强乡村教育、医疗、文化、体育等公共服务设施建设，提高乡村居民的公共服务水平。同时，推进乡村垃圾处理、污水处理等环保设施建设，改善乡村环境卫生状况。

⑤改善农村住房条件　加强农村危房改造和住房安全保障工作，提高乡村居民的住房质量和居住条件。同时，推进乡村新型社区建设，引导乡村居民集中居住，提高乡村社区的生活品质和便利性。

⑥建设物流和商贸基础设施　加强乡村物流和商贸基础设施建设，推进乡村电子商务发展，促进乡村特色产品和服务的流通和销售。

这些具体措施可以根据当地的实际情况和需求进行选择和调整，同时，需要注重与上级政府和相关部门的协调配合，争取政策和资金的支持，确保项目的顺利实施和效益的发挥。

4.3.2.5　产业发展系统谋划

在乡村规划中，产业发展的系统谋划是确保乡村经济持续、健康发展的关键。具体措施包括：

①培育产业发展体系　根据调查研究分析，明确主导产业、支持产业和配套产业的发展方向、布局和重点。同时，要注重与上级政府和相关部门的对接，确保产业发展策略一致性和可操作性。

②培育龙头企业　通过政策扶持、资源整合等方式，培育一批具有竞争力的龙头企业，带动乡村产业的发展。龙头企业可以发挥示范引领作用，促进产业链的完善和延伸。

③加强产业链建设　围绕主导产业，加强产业链上下游企业的合作与协同，形成完整的产业链条。通过产业链的优化和升级，提高产业的附加值和市场竞争力。

④推进产学研合作　加强与高校、科研机构的合作，推动产学研深度融合。通过技术创新、人才培养等方式，提升乡村产业的科技含量和创新能力。

⑤加强品牌建设　注重品牌培育和宣传，提升乡村产业的品牌影响力和市场竞争力。通过打造地域品牌、企业品牌等方式，增强消费者对乡村产业的认知和信任。

4.3.3　规划实施与监测评估

乡村规划的实施是一个长期、动态的过程，需要不断地对规划实施情况进行监测和评估,及时发现规划实施中出现的问题和不足,尤其是一些无法提前预知的变化,为及时调整和完善规划提供依据,以确保规划核心内容执行的有效性和可持续性,以及必要的灵活性和适应性。

在多年的实践中,乡村的规划实施常受制于主观因素,导致规划目标、要求等的解读偏差。而我国农村基层自治和土地集体所有的特点,又决定了乡村主要空间资源的分配和公共事务需由村民集体决定。由此,乡村规划的执行势必涉及多元的利益主体,包括各级地方政府、村委会、村民、外来社会资本等,因此规划目标的实现必然是多方利益主体共同博弈的结果。在这个过程中,亟须建立规划落实的传导机制,并推动在规划执行过程中的利益共享。

在现有的较多成功实践中,驻村规划师、高校志愿团队、社会公益组织等均可在这一传导、博弈过程中发挥不可替代的积极作用,并涌现出一批具备推广意义的"陪伴式乡村规划"工作模式。

案例4-2 北京市怀柔区渤海镇B村"百师进百村"陪伴式规划

"百师进百村"是由北京市农业农村局、规划和自然资源委员会等联合发起,公开招募"陪伴式规划",从村庄产业发展、村庄生态修复、基础设施完善、乡村治理等方面,帮助约100个示范村解决规划实施中存在的难点问题,形成示范效应。主要工作包括:依据已批复的村庄规划和实施方案,合理确定拟实施的示范项目,统筹安排到场服务形式和内容,策划能够切合当地发展、呼应村民需求、体现首都特色的方案并积极推进方案落地实施。

在怀柔区B村(图4-10),规划团队入驻后,首先以翔实的入户访谈、登记建档、实景测绘为基础,以空间适宜性分析、人口模型推演等新研究成果,支撑展开更为精细的需求分析,挖掘出"人口深度老龄化、宅基地空置收益少、林果产业劳动力断层、村庄风貌局部失控"四方面核心问题,进而提出"以房养老、民宿提质、林场运营、景观织补"四大工作重点。

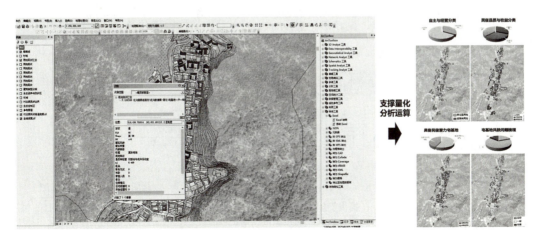

图4-10 B村一户一档信息平台示意图

规划团队入驻后，提出了一系列创新的工作方式，包括：在河道整治项目实施过程中不再产出标准施工图纸，而是以村民看得懂、操作强的方式展示重点地段改造方案，并现场指导施工。为了募集改造资金，项目提出"门前承包、收益反哺"机制，通过奖金补贴和表彰公示鼓励村民自发参与村庄建设；制定村—企—民共同参与的村庄建设路线总图，关注每个项目谁主导、谁投资、谁获益，引导政府资金精准投资、汇集各方力量进行补位（图4-11）。

图4-11 激发社会参与的环境共建模式探索

协作过程中B村确立了"村—企—民"多方合作共建的平台。在这样的新机制下，规划团队将自身角色定位为村民、村集体、外来投资企业之间的桥梁和联络员，在规划实施中及时为村委会提供技术咨询和服务，保障决策的科学性和可行性，实现了"挖掘真问题""参与全过程""推动合作新机制"的作用（图4-12）。

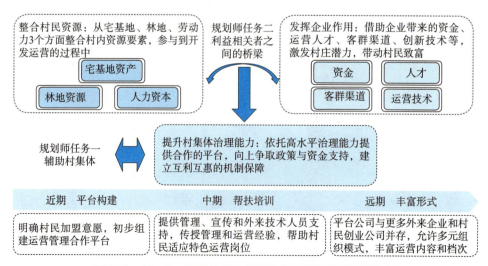

图4-12 村—企—民合作平台构建与规划师团队的桥梁作用

B村"百师进百村"实践案例被收录入北京市委宣传部、北京市规划自然资源委和北京广播电视台联合制作的《我是规划师》第三季第十二集"乡居",相关经验得到广泛的传播推广。

4.4 新时代乡村空间规划实践案例——河南省青谷堆村

青谷堆村是河南省自然资源厅选定的11个省级村庄规划编制实施试点之一。作为河南省为数众多的平原村的代表,青谷堆村生态资源丰富,拥有黄河大堤、青龙潭、耕地、鸟类栖息地等特色要素,适合作为生态文明时代激活乡村生态资源、推动绿色有序发展的典型示范(图4-13)。

图 4-13 青谷堆村生态资源分布图

4.4.1 区位特征及机遇挑战

青谷堆村地处郑州、开封市域交界处,东距开封市区12km,西距郑州东站48km,北距黄河8km,属于典型的大都市周边农业型村庄(图4-14)。村域面积662hm^2,土地利用呈"一分村庄五分田两分林水"的特点。横贯村内的青龙潭东西绵延2km,水质清澈见底,地下拥有泉水资源,村东侧水域一直是诸多野生动物和鸟类栖息繁衍地。

全村户籍人口3760人,常住人口2896人,占户籍人数的77%,其中约70%为劳动年龄人口,近年来外出务工人员回村内就业的愿望持续提升。

现有产业特色突出,可概括为"一产多样化,二产有口碑,三产潜力大"。第一产业中,既有优质的玉米、小麦等粮食种植,又有较大面积的水产养殖,还有大蒜、林果等多样化种植。第二产业以瓜豆酱、青龙面粉、糕点、粽子等农产品加工业为主,拥有"瓜豆酱制作技艺""鸿泰昌糕点制作技艺"两项市、县级非物质文化遗产,其

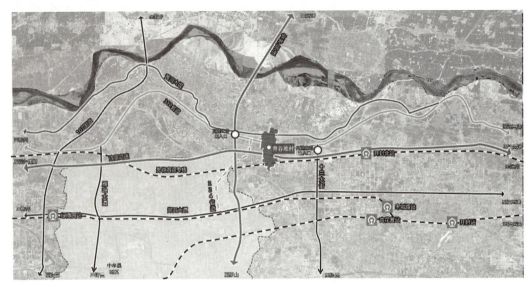

图 4-14　青谷堆村区位图

图 4-15　青谷堆村瓜豆酱特色产业发展现状

中瓜豆酱年产值达到2000万元，累计带动本地村民就业400余人（图4-15）。三产方面，已初步拥有特色农产品销售店，生态旅游景观资源也保存良好，距村西南方向3km的花卉市场也为青谷堆村的发展带来了潜在的带动力。

由此可见，青谷堆村发展的主要优势包括：与周边大城市便利的往来条件；良好的农业生产基础和品牌效应；较为充足的劳动力；邻近花卉市场的带动和保存良好的生态景观资源。

主要面临的问题：产业发展尚较为初级，用地较为松散凌乱，良好的生态景观尚未转换为旅游目的地，各类基础设施也不够完善。

因此，乡村空间规划重点探索——在不依赖外部资金投入的情况下，如何通过规划盘活自身资源、筹划可实施项目，获取支持村庄长效、稳定发展的资金来源，并引导资金用于村庄环境精细化建设中，形成村庄可持续自主更新路径。

4.4.2 规划定位及关键策略

规划首先确定了青谷堆村的特色发展目标，即充分利用大都市的辐射带动，强化乡村生态和农业特色，培育一二三产业融合发展路径。核心主题为："花驿+酱馨"，即依托花卉市场带动生态观光和驿站休闲体验、依托酱生产加工带动特色食品体验（图4-16）。在此基础上，综合上位国土空间规划及相关专项规划的约束性指标和管控要求，建立有效的规划治理体系，提出了多方面的针对性策略。

图 4-16 青谷堆村规划总平面图

(1) 生态环境保护修复——梳理水岸，构建绿网

生态保护修复和资源整合的策略主要体现在滨水和绿化景观格局的完善（图4-17）。

①**整治水系环境**　沿青龙潭设计生态河岸，打通环形步道，增加沿线花卉、酱缸等元素的特色节点，提升水岸的景观魅力。

②**完善绿化体系**　利用各类闲置的公共空间，增设村口小公园、道路沿线、青龙潭水生景观绿化等，并结合本地气候特点和种植习惯，鼓励木瓜、梨、山楂等乡土物种的广泛运用。

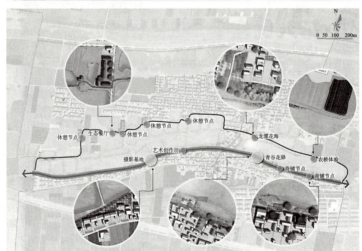

图 4-17　青谷堆村滨水、沿路重要景观节点规划设计图

(2) 土地利用布局优化——增减并举，盘活资源

土地利用主要遵循"腾退"与"盘活"相结合的综合优化思路。在村域北部，充分考虑黄河滩区洪涝灾害影响和永久基本农田保护要求，将滩区91户居民安置于适宜建设区内；在村域中部，利用闲置两年以上的91处2.84hm^{2}宅基地空间，补齐服务设施短板，新建文体活动中心、游客服务中心、农贸市场等亟须的场所；在村域南部，盘活闲置的产业用地，容纳效益良好的瓜豆酱企业（图4-18）。

图 4-18 菁谷堆村土地利用格局优化策略
村域北部黄河滩区住户搬迁（左）；村域中部服务设施完善（中）；村域南部产业用地盘活（右）

在此过程中,对用地优化调整后的经济回报进行了精准测算,确保其收益有助于本地基础设施和公共服务的提升。

(3) 产业发展系统谋划——分区联动,多业共生

产业空间布局的调整充分体现了特色产业链条的整合完善(图4-19)。主要利用瓜豆酱生产,带动特色食品和农产品加工,进而推动生产、加工、运输、销售和文化展示的融合。由此,空间规划以生态观光环线为引领,将乡村全域划分为北部休闲农业发展区、青龙潭生态休闲服务区、中部现代农业种植区、西南部特色花卉种植区、东南部水产养殖区、农副产品加工区,以及多个生态休闲服务体验节点,即形成"一环、六区、多点"的产业空间布局。

图 4-19 青谷堆村产业发展策划与空间布局规划

4.4.3 经验总结及借鉴意义

青谷堆村规划的实践案例,充分展现了新时代规划引领典型农业村落内生发展的路径探索历程,即从依赖外部资金或项目带动的"输血"式发展,转向依托自身资源盘活的"造血"式发展。经验和借鉴意义主要体现在以下几个方面。

(1) 充分调查研究,准确制订特色产业振兴为引领的规划发展目标

通过对村干部、乡村能人、企业负责人和普通村民的系统性调查走访,结合区域范围内各类市场需求数据分析,深入发掘、盘点青谷堆村的各类资源和潜在优势,从乡村急需的"产业振兴"这一关键领域精准破题,明确发展定位,确保规划策略能形成围绕清晰目标的体系,并能更有效地实施落地。

(2) 落实土地精细化管控,对照项目清单,精准计算资源价值

通过全面调查梳理村庄各类土地资源的位置、面积、产权、用途等信息,形成详

细的土地资源清单，结合政策要求、现实条件和产业发展需求，形成"一地一策"的精细化管控要求，以充分激活土地资源的潜力价值，为乡村建设的持续建设提供动力来源。

（3）引入场景化和故事化的空间设计，激活生态景观价值

通过系统梳理生态要素和积极的创意设计植入，充分展现乡土文化魅力，形成特色显著的休闲旅游目的地，实现了乡村生态景观价值的实体化呈现。

（4）构建多方共商共建体系，实现持续共赢

规划过程促进了多方共商机制的建立，推动村集体将村民组织起来，成立农民股份经济合作社，通过入股等方式与相关企业建立合作关系，共同参与闲置用地的盘活更新，实现小农户与大生产的有机衔接，并确保村集体、村民、企业三方利益的均衡共赢。青谷堆村经济合作社的发展壮大，保证村庄公共服务的良性运转；村民通过产业发展获得再就业，提高收入；企业获得生产效益和品牌口碑的双提升。

4.5 乡村空间规划发展趋势

4.5.1 全面推进乡村振兴的新要求

全面推进乡村振兴。坚持农业农村优先发展，坚持城乡融合发展，畅通城乡要素流动。加快建设农业强国，扎实推动乡村产业、人才、文化、生态、组织振兴。

党的二十大报告提出了"全面推进乡村振兴"，这为未来的乡村空间规划工作提出了新的要求，主要聚焦于如下几个新的转变：

（1）从农业生产发展向乡村产业兴旺转变

未来的乡村空间规划需要更加注重乡村产业的多元化和融合发展，应统一筹划种植业、养殖业、林业、牧业、渔业等传统产业，以及休闲旅游、文化创意、电子商务等新兴产业的空间需求。规划需要在发展生产的基础上，满足培育新产业、新业态和完善产业体系的要求，推动产业融合和升级，打造具有竞争力的乡村产业集群，促进农民增收和农村经济发展。

（2）从城乡各自发展到城乡融合协同转变

未来的乡村空间规划需要更加注重城乡之间的融合协同发展，进一步打破城乡二元结构，推动城乡在产业培育、基础设施、公共服务等方面的融合与均等化。规划需要统筹考虑城乡发展需求和资源条件，优化城乡空间布局，进一步促进城乡之间的要素流动、资源共享和优势互补，实现城乡共同繁荣。

（3）从偏重物质建设向全面提升乡村品质转变

未来的乡村空间规划工作不再仅仅关注房屋、道路等物质环境的建设，而是要更加注重乡村经济、文化、社会和生态环境整体的品质提升。通过挖掘乡村特色资源、保护生态环境、完善基础设施和公共服务、传承传统文化和加强社会治理创新等，打造宜居、宜业、宜游的和美乡村。

（4）从政府全面主导到多元主体参与转变

未来的乡村空间规划需要更加注重多元主体的参与和协作，包括政府、企业、社会组织、村民等。规划者需要建立有效的参与机制和平台，促进各方利益的协调和平衡，实现共治共享。通过多元主体的参与和协作，推动乡村规划的科学性和参与性。

（5）从静态建设目标向动态调整过程转变

乡村发展是一个动态的过程，需要不断适应社会经济的变化。未来的乡村空间规划需要更加注重动态调整和优化，根据实施情况和社会经济变化等因素及时进行规划的调整和优化。规划者需要建立动态监测和评估机制，及时掌握乡村发展的动态情况并进行科学决策。通过动态调整和优化规划，确保乡村发展的持续性和稳定性。

4.5.2 新变化、新挑战与尚待解决的新问题

放眼未来，我们将面临一个高速变革的时代，这些变化是多领域的，尤其深刻地涉及生态环境保护与可持续发展、城乡人口与社会结构的调整、产业经济及增长模式的转变、文化传承与创新的挑战等。

在乡村空间规划工作中，必须面对一系列尚待深入探讨的新问题：

①在耕地保护和粮食生产保障要求日益强化的背景下，在乡村环境中，更依托自然的手段和较低的成本维持或修复乡村生态系统的平衡，包括水源保护、土壤保护、生物多样性保护。

②在维持乡村产业兴旺的同时，在新产业培育中充分体现绿色、低碳、循环等可持续理念，推动乡村经济的绿色转型。

③应对乡村劳动力持续或季节性流动、常住人口老龄化和少子化等趋势，确保城乡公共服务设施的公平供给和高效利用。

④面对城乡互动带来的传统生活方式和社会组织结构的转变，引入适宜的现代治理理念和方法，提高乡村社会治理的效率和水平并不断创新发展。

⑤更准确地把握传统与现代的关系，更为全面、精准地认知和评定有形和无形的历史遗产价值，保护传统文化与改变落后面貌。

⑥更好地适应数字技术与虚拟经济的发展趋势，将信息化、智能化技术充分引入乡村，促进新技术与传统农业的融合发展，拓展销售渠道和市场竞争力，从而有效地强化而非削弱传统农业的精髓和价值。

⑦气候变化与碳达峰、碳中和战略目标对乡村生态环境和农业相关产业产生了深远的影响。通过有效的规划手段，适应和减缓气候变化的影响，并更有效地支撑"双碳"战略目标的推进。

针对这些新的挑战和新的问题，需要政府、社会各界和乡村居民共同努力，加强研究和探索，寻求更加科学、合理和有效的乡村规划方法和路径，以推动乡村的全面振兴和可持续发展。

小 结

乡村空间规划在新时代背景下，强调生态优先、文化传承和提升村民福祉，其目标是通过合理布局和资源优化，实现乡村经济、社会和环境的协调可持续发展。规划的发展历程从技术规范化到城乡融合，再到"多规合一"的改革，体现了对生态文明建设和乡村振兴战略的响应。新时代的规划要求更加注重产业多元化、城乡融合、品质提升、多元主体参与及动态调整，以适应社会经济发展和乡村全面振兴的需求。通过实地调查和多方面分析，乡村规划能够更精准地满足乡村实际需求，推动其可持续发展。未来规划还需面对耕地保护、绿色转型、劳动力流动等新挑战，并寻求科学、合理的方法以实现乡村的长期繁荣。

思考题

1. 从新中国成立以来中国乡村空间规划的发展历程来看，哪些规划目标和内容保持了相对的稳定，而哪些经历了较显著的变化？如何理解这种"变与不变"的发展脉络？

2. 生态文明时代，哪些新的要求对乡村空间规划产生了最为显著的变化？可结合实际案例加以详细探讨。

3. 在乡村空间规划中，如何平衡生产生活的需求与自然生态环境的可持续？请举出一两个"充分利用自然力实现乡村生态修复"的成功实践案例。

4. 规划技术方法的进步，对近年来乡村空间规划带来的最重要的变化有哪些？未来可能产生哪些更为重大的变化？

5. 为什么乡村空间规划的编制和实施，有助于推动村民个人、村集体、政府和相关企业的共商共建？请结合实际案例，谈谈如何进一步做好这方面的工作。

推荐阅读书目

乡村规划导论. 尼克·盖伦特，梅丽·云蒂，苏·基德等著，闫琳译. 中国建筑工业出版社，2015.

从"千万工程"到"美丽乡村"——浙江省乡村规划的实践与探索. 杨晓光，余建忠，赵华勤. 商务印书馆，2018.

第5章 乡村生态保护与修复

本章提要

乡村生态保护与修复是对乡村地区的自然环境和生态系统进行保护、恢复和改善的行为，涉及维护乡村的生物多样性、土壤质量、水资源、空气质量等方面，以促进可持续发展和人与自然的和谐共生。本章通过系统阐述乡村生态的相关概念及乡村生态保护修复的主要内容、主要问题、原则和目标，梳理出乡村生态保护与修复的主要实施步骤：调研和评估、制订方案、方案审批和实施、监测与成效评估，然后结合案例分析乡村生态保护与修复的具体措施。最后，总结出乡村生态保护与修复过程中待提升完善的工作。乡村生态保护与修复将促进乡村地区的自然环境和生态系统的健康和可持续发展，改善村民的生活质量，创造美好的乡村环境。

学习目标

1. 了解乡村生态的相关概念及乡村生态保护修复的主要内容；
2. 科学分析乡村生态保护与修复的主要问题、原则和目标；
3. 系统分析乡村生态保护与修复的主要实施步骤；
4. 了解乡村生态保护与修复中待提升完善的工作。

随着农业生产方式的转变，农村地区面临着环境污染和生态破坏的问题，通过生态保护与修复，可以净化农村环境，提高村民的生活质量，还可以提升农产品的品质和附加值，推动农村经济的可持续发展。党的十八大以来，党中央、国务院对生态文明建设作出了一系列决策和部署，出台了《关于加快推进生态文明建设的意见》《生态文明体制改革总体方案》《关于全面加强生态环境保护、坚决打好污染防治攻坚战的意见》等一系列重要文件，持续加强和推进生态保护修复工作。党的二十大报告提出：我们要推进美丽中国建设，坚持山水林田湖草沙一体化保护和系统治理，统筹产业结构调整、污染治理、生态保护、应对气候变化，协同推进降碳、减污、扩绿、增长，推进生态优先、节约集约、绿色低碳发展。

5.1 概述

5.1.1 乡村生态相关概念

5.1.1.1 乡村生态学

乡村生态学（rural ecology）是一门研究乡村地区生态系统的新兴学科，是生态学的重要分支，与城市生态学构成生态学空间互补、内容交叉的生态学图谱。1977年乡村生态学第一次作为学术词汇出现（Huber et al., 1976），1979年作为乡村社会学一个研究方向被提出（Buttel, 1980；Morren, 1980），1999年开始作为生态学的一个分支学科提及（周道玮 等，1999）。乡村生态学是将生态学原理应用于探讨乡村自然资源管理、土地利用、农业生产、生物多样性保护等与乡村发展相关的问题，研究乡村社区中的自然与人类相互作用以及乡村生态系统的结构、特征、功能和演变，探索农民、农村和农业相互融合、协调发展的生态关系（周道玮 等，1999）。乡村生态学涉及农业生态学、政治生态学、社会生态学与景观生态学等学科，从时间和空间尺度研究乡村生态系统，特别是城乡交界面景观的物质、能量、信息、价值和人力资源，为破解当前"三农"问题提供科学依据，推进乡村可持续发展。

5.1.1.2 乡村生态保护

乡村生态保护是指在乡村地区各种生产生活过程中合理利用资源的同时，因地制宜地采取一系列有意识的预防和控制措施，最大程度地避免或最小化对尚未破坏、退化的生态环境造成负面影响（付战勇 等，2019）。乡村生态保护是一个综合性的概念，涉及自然资源保护、生物多样性保护、农田和农业环境保护、生态旅游和乡村发展以及环境教育和意识提升等方面，不仅关乎农民的生计和生活环境，也影响整个社会的可持续发展。

5.1.1.3 乡村生态修复

乡村生态修复是指在生态学原理指导下，遵循自然生态系统演替规律和内在机理，利用生态工程学或生态平衡、物质循环的原理和技术方法或手段，科学、系统地对乡村一定范围内在自然突变和人类活动影响下受到破坏、已退化或污染的生态系统进行恢复、重建和改善的工程建设和相关活动（图5-1），从而提升生态系统的自我恢复能力和多样性、稳定性、持续性，促进生态系统质量的改善和生态产品供给能力的增强，实现乡村可持续发展和人与自然的和谐共生。建立在恢复生态学的理论基础上的自然恢复、辅助修复与生态重建等修复实践涉及生态学、微生物学、植物学、化学、物理学、分子生物学、环境工程、栽培学等多学科（傅伯杰，2021）。

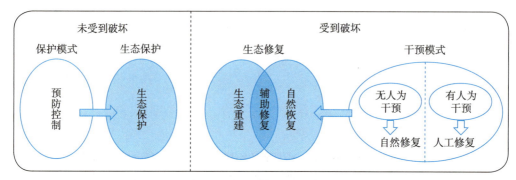

图 5-1　生态修复的内容

①生物修复是一种利用（如植物、微生物和动物）的生理、生态和遗传特性来清除有害物质，修复被破坏的土壤、水域和空气等环境的过程。生物修复，按所利用的生物种类，可分为微生物修复、植物修复、动物修复；按被修复的污染环境，可分为土壤生物修复（图5-2）、水体生物修复、大气生物修复；按修复的实施方法，可分为原位生物修复、易位生物修复；按是否人工干预，可分为自然生物修复和人工生物修复。自然生物修复依靠自然界中已经存在的生物种群和过程来恢复环境，如天然植被

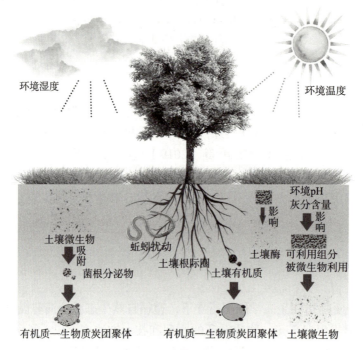

图 5-2　土壤生物修复

可以通过吸收重金属或化学物质来净化土壤。人工生物修复是指人工引入特定生物物种或改变环境的资源以加速修复过程，如有些微生物可以降解有机废物，通过引入这些微生物来加速废物的分解过程。

②物理修复是指通过各种物理过程将污染物从生态环境中去除或分离的技术。土壤物理修复包括客土法（图5-3）、热脱附、土壤气相抽提、机械通风等；水体物理修复包括曝气、过滤、沉淀等，能够有效去除水体中的颗粒物、悬浮物和溶解物等有害物质（周启星 等，2006）。

③化学修复是指利用化学方法对生态环境进行污染治理的技术。土壤污染化学修复技术主要有化学淋洗技术（图5-4）、原位化学氧化技术、化学脱卤技术、溶剂浸提技术和土壤性能改良技术；水体化学修复的主要方法包括氧化还原、沉淀、吸附等，能够有效去除水体中的重金属、有机污染物等（周启星 等，2006）。

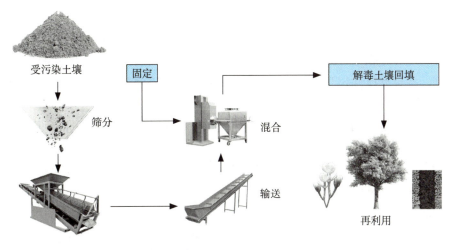

图 5-3　客土法

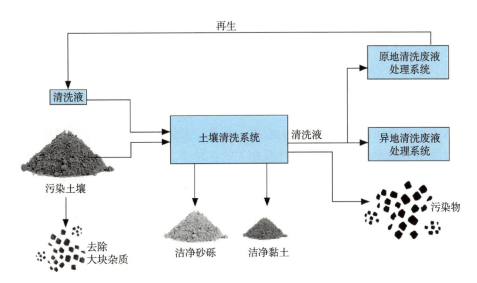

图 5-4　化学淋洗技术

5.1.1.4 乡村生态敏感性

乡村生态敏感性是指乡村范围内的生态系统对由于内在和外在因素综合作用引起的环境变化的响应强弱程度（Nilsson et al., 1995）。其表征为发生生态环境问题的类型、难度和概率（孙静雯 等, 2021），反映生态系统对乡村自然环境变化和人们活动干扰的适应能力。敏感性高的生态区域，生态系统易受损，是生态环境保护和修复建设的重点范围，也是人为活动受限或禁止的区域。通过对乡村地区生态敏感性评估，可以为乡村地区开发和保护提供较为严谨的科学依据，可以为乡村制定更有效的环境保护措施、可持续土地利用政策和灾害管理计划，以减少生态系统的破坏，并提高乡村地区的适应能力和恢复能力（魏文昌 等, 2021）。

5.1.1.5 乡村生态异质性

乡村生态异质性是指乡村特定地区生态系统内部不同区域或环境间物种组成、结构、功能和生态过程等方面存在的各种差异和多样性（叶青, 2006）。它是生态系统运行的基础，各类异质性相互权衡协同发展，共同影响生态系统的功能、结构和稳定性。主要包括以下几种异质性类型：

①结构异质性　指生态系统内部的空间和时间上的模式差异，包括地形、土壤类型、水域、植被结构和组成等方面的差异。

②物种异质性　指生态系统中存在不同物种的差异和多样性，包括物种的数量、丰富度、多样性以及物种之间的相对比例。

③功能异质性　指生态系统内部各个组成部分所提供的不同生态功能的差异。例如，不同植物物种可能在土壤保持、气候调节或者营养循环等方面具有不同的功能。

④生境异质性　指生态系统内不同生境类型的存在，包括森林、湿地、河流、海洋等不同的生境类型，每种生境都具有独特的物理和生物特征。

⑤尺度异质性　指生态系统中不同时空尺度上存在的差异，如微观尺度上的小型生境与宏观尺度上的大型生境存在差异。

5.1.1.6 乡村生物多样性

乡村生物多样性是在乡村地区的农田、树林、水体等自然和人工环境中动物、植物、微生物与环境形成的生态复合体及相关的各种生态过程总和，是生态系统结构与功能最重要的特征，是生态学领域最重要的研究内容（李启沅 等, 2024）。通常可划分为以下几种类型（图5-5）：

①遗传多样性　是指乡村地区各类生物演化过程中遗传物质突变并累积而形成的遗传基因信息总和，是生物多样性的重要基础。物种具有的遗传变异越丰富，对生存环境的适应和抵抗疾病能力也就越强，进化潜力也越大。

②物种多样性　是指乡村区域内所有生物有机体的多样化程度，也是生物多样性

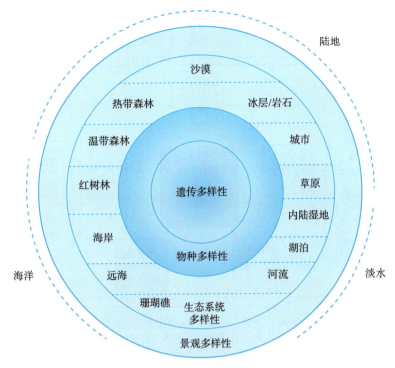

图 5-5 生物多样性的 4 个层次

保护的中心问题,其在分布上具有明显的时间和空间格局。时间维度上大到物种进化,小到群落演替和季节性变化,物种多样性均呈现为一定的规律性或周期性。空间维度上受热量、地表、水分等环境因素的影响,物种多样性呈现为纬度和海拔地带性等特点。

③生态系统多样性　是指乡村地区生态系统内生境、生物群落和生态过程变化的多样性。生态系统多样性是一个高度综合的概念,既包含生态系统组成成分的多样化,又强调生态过程及其动态变化的复杂性。不同类型的生态系统提供了各种生态服务,如水源、土壤保护、气候调节等对人类和其他生物的生存和福祉至关重要。

④景观多样性　是指乡村范围内农田、树林、水体等自然和人工景观在空间结构、功能机制和时间动态方面的多样化和变异性,是在一个相当大的区域内由不同类型的生态系统组成的整体,主要研究组成景观的斑块、景观的类型及其分布格局的多样性,对于物质迁移、能量流动、信息交换、生产力以及物种的分布、扩散与觅食等有重要的影响(李俊生 等,2012)。

5.1.2　乡村生态保护与修复的主要内容

乡村生态环境保护与修复是当下亟须解决的问题。通过建立法律法规体系,加强污水和垃圾处理,维护生态平衡和生物多样性,多方合作推广绿色农业,保障粮食安全,以及推进农村生态修复工程等手段,不仅能实现农村生态环境的可持续发展,还能为农民和后代创造一个更加美好的乡村生活环境(图5-6)。

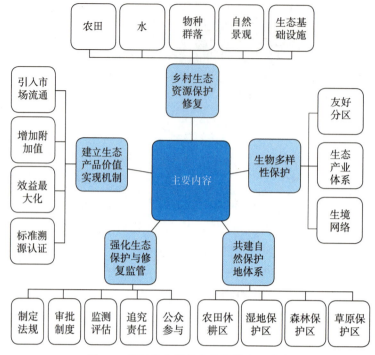

图 5-6 乡村生态保护与修复的主要内容

5.1.2.1　强化乡村生态资源保护修复

乡村生态资源保护涉及农田和耕作系统、水体和水资源、生物、自然景观以及生态基础设施的完整性保护和可持续利用，防止过度开采、污染和破坏，这些是乡村生态保护的首要任务。实现生态资源可持续利用和环境保护需要政府、社会组织和个人的共同努力，以确保我们能够继续从自然中获益，并将其传承给下一代。

①农田是食物生产的重要基础，保护农田和耕作系统有助于确保粮食安全和可持续农业发展。采取措施减少土壤侵蚀、土地退化和农药滥用等问题，可以维护农田的生态平衡和可持续利用。

②水是人类和生态系统的基本需求之一，保护水体和水资源至关重要。通过减少污染、合理使用和管理水资源，以及保护湿地和河流生态系统，能够维持水体生态系统的健康，并提供清洁的饮用水和适宜的生态环境。

③保护物种和生物群落对于维持生态平衡至关重要。采取合适的保护措施，如建立自然保护区、禁止非法狩猎和采集、推广可持续利用等，有助于保护濒危物种、维持食物链和生态系统功能。

④自然景观是乡村的珍贵资源，其美观度和完整性对于人类的心灵和身心健康至关重要。通过制定有效的保护政策、限制开发建设、提倡生态旅游等，保护自然景观，确保其可持续使用和享受。

⑤生态基础设施包括湿地、森林、草原等生态系统，提供了许多生态服务，如水源涵养、气候调节、土壤保持等。保护和恢复生态基础设施可以改善环境质量、提高

生态系统的稳定性，并为人类社会创造经济和社会效益。

5.1.2.2 加强乡村生物多样性保护

生物多样性是地球生命共同体的血脉和根基，是人类生存和发展的基础，为人类提供丰富的生活和生产必需品、健康的生态环境和独特的景观资源。目前，全球面临着生物多样性丧失加速和生态系统退化的严峻挑战。乡村生物多样性是乡村区域内多样化的生物物种及其生境所构成的生态复合体的复杂多样性，包括生物物种多样性、乡村遗传多样性以及与之相关联的乡村生境类型多样性。与城市区域相比，乡村内保留的林地、草地、湿地等原生生境与农田和人居聚落交混分布，形成了"自然—农田—聚落"镶嵌式乡村景观格局，是乡村生境类型多样性的基础和生态系统稳定性的保障。

（1）优化乡村景观格局，构建生物多样性多维立体生境网络

以人居聚落和农林牧渔系统建设为核心，将多功能农业景观、山—水—林—田—湖—草—沙—居多功能聚落景观、农—林—草—湿一体化多维立体景观、乡村生境网络体系有机镶嵌融合（图5-7）。乡村生态系统中的关键种，承担了授粉、传播植物繁殖体的重要生态功能。针对乡村目标物种（如传粉昆虫、植物繁殖体传播者等）的生活需求，应保护与重建多种乡村生境类型，并注重各类生境的空间关系与功能联系，形成生境类型多样、生态连通性良好、有利于多物种共存的乡村立体生境网络。在乡村景观营建中，加大对小微生境的保护力度，开展小微生境调查、识别与保护，并将其纳入乡村生境网络中整体规划。

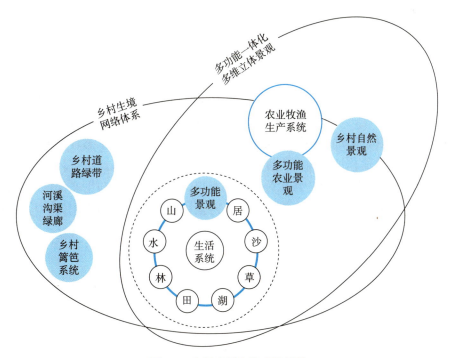

图 5-7　乡村多维立体生境网络

（2）构建生物多样性友好的乡村农业分区模式

在乡村功能分区上合理规划高产农业区、传统农业区和半自然生境。高产农业区为更多受保护的物种留出生境空间；利用传统农业区保护农田相关物种；保留、修复及重建乡村半自然生境，为本地植物繁衍提供场所，为野生动物的活动提供迁移走廊。

（3）传承乡村生态智慧，创新共生型生态产业体系

将富含生态智慧的稻田—陂塘、桑基鱼塘、圩田、山地梯田等系统与乡村"三生"空间有机结合，创建共生型乡村生态产业体系，在保证单位土地空间获得最优生态农产品的同时，因地制宜保护及提升乡村生物多样性，在平原地区借鉴林盘生态智慧，在山地丘陵区域形成立体多维的人居系统。

5.1.2.3 与乡村共建自然保护地体系

自然保护地体系是指建立和管理的一系列保护自然环境、生态系统和生物多样性的区域，包括湿地保护区、森林保护区、草原保护区以及农田休耕区等。将乡村振兴国家战略与自然保护地相结合，将乡村调动起来成为自然保护地外围的重要缓冲屏障。积极鼓励农民、企业与村镇参与构建"乡村共建自然保护地模式"，带动乡村绿色发展，形成绿色产业体系。自然保护地所在的地方政府，可制定生态经济大规划，通过优惠政策引入各领域的环境友好型产业，推动乡村共建自然保护地，向生态经济转型，大力促进生态旅游、生态康养、生态农业等高附加值产业，着力改善交通、住宿、服务等硬件软件设施，适度吸引访客来到自然保护地周边社区，体验自然环境和绿色生活。

5.1.2.4 强化乡村生态保护与修复监管

相关管理部门要对乡村环境的保护和生态系统的修复进行合理规划、实施和监督。监管机构制定相关法律法规，以确保生态环境保护和修复工作得到法律的支持和保障；建立许可和审批制度，对于可能对生态环境造成负面影响的项目进行评估和审批；建立监测和评估体系，通过使用遥感技术、传感器网络等手段对生态环境的变化进行数据分析、监测和评估；加大执法力度严格追究违法责任，对违反生态环境保护和修复规定的行为进行执法和处罚；强化公众环保意识，鼓励公众参与生态保护和修复的决策过程，形成政府、企业、社会机构、个人等全社会共同参与的生态保护与修复监管措施。

5.1.2.5 建立乡村生态产品价值实现机制

生态产品是指在生物多样性保护与可持续发展理念下，对生态系统中的资源进行合理、可持续利用或利用后的加工产品。因此，建立生态产品价值实现机制对于促进生态保护具有重要作用：①通过将生态产品引入市场流通，实现资源的有效配置和利

用，从而为生态保护提供经济支持；②在保护生态产品的过程中，可以进行相关科研工作，提高生态产品的附加值；③建立乡村生态产业链，将农业生态产品与相关产业相结合，实现资源共享和经济效益最大化，提升生态产品的综合效益，有助于推动乡村经济的多元化发展；④建立农业生态产品的标准体系、溯源体系、认证制度等。科学规范的生态产品价值实现机制是推进生态文明建设、保障国家生态安全、促进经济可持续发展的重要举措。

5.2 乡村生态保护与修复面临的主要问题、原则和目标

5.2.1 乡村生态保护与修复面临的主要问题

（1）乡村生态环境污染问题突出

由于我国工农业的生产方式粗放、农民自身受教育程度不高与农村环保设施建设薄弱等现状，直接导致农业生产过程中产生了大气污染、水体污染、垃圾污染、土壤污染等，如扬尘污染、农药化肥使用污染、秸秆焚烧和燃煤取暖的大气污染、生产企业的水气污染、生活污水和垃圾污染、土壤污染等。乡村污染具有分散性、季节性、高复合性等特点，治理难度大。目前乡村生态环境污染形势严峻，问题突出，不但制约了我国乡村经济的进一步发展，也不符合我国乡村环境高质量建设的整体目标。

（2）乡村生态环境保护基础设施薄弱

由于城市化进程的推进和资源向城市集中，乡村地区生态环境基础设施薄弱，监测和控制空气质量、水质和土壤污染的设备设施，处理污水、垃圾和废物的基础设施普遍缺失。具体表现：①未经处理的污水直接排放到河流、湖泊和海洋中，造成水体污染；②没有可靠的监测系统，无法准确了解乡村环境中的污染程度和变化趋势，无法采取相应的措施来防止和减少污染；③缺乏生态保护设施，对乡村生物多样性和自然生态系统造成威胁，如珍稀濒危物种面临栖息地破坏和人类干扰。政府和社会应该加大投资力度，提升生态环境基础设施建设的优先级，加强监管力度，确保设施得到有效运营和维护。

（3）乡村生态环境保护缺乏长效机制

许多乡村地区由于资源有限、经济发展导向问题以及环保意识相对薄弱，导致对生态环境保护的重视度不够，缺乏长效的保护机制：①乡村地区普遍缺乏完善的生态环境保护法规和政策，导致监管不力和行政执法的困难；②缺乏长远的科学规划，企业布局分散，生产和排污混乱无序，不利于环境污染的规模化整治；③污染治理资金主要投放至工业区和城市，而环境污染逐步向乡村扩散，但乡村很少能获得环境治理资金、保护技术和设备，使落实保护措施面临诸多现实困境；④乡村地区的基层政府和相关部门在环境保护方面的专业知识和管理能力相对较弱，缺乏足够的专业人才和培训机会，无法有效地组织和推动生态环境保护工作。因此，需要政府、社会机构和居民共同合作，采取综合性的措施来推动乡村生态环境保护工作的可持续发展。

（4）乡村主体的参与缺失

农民是现代化新农村建设的主体，也是防治乡村环境污染的关键力量。目前，农民的文化素质相对较低，普遍对科学修复理念认知不足，未能准确认识到生态系统的重要性及其所存在的客观规律，加之长期形成的生活习惯短期难以更改，导致他们缺乏主动参与和推动生态修复的动力，对"山水林田湖草沙冰是生命共同体"缺乏整体性和系统性认知（侯冰 等，2021；易行 等，2020）。因此，在未来的环境保护建设中需要做到以下几点：①通过各种类型、多层次的生态宣传和教育活动，引导农民逐步树立生态文明观念，提高农民的环保意识；②开展环境保护知识和技能培训，让农民了解污染的危害，掌握科学的农业生产技术，能够真正把环保意识转变为农民群众的日常自觉行动；③尊重农民的环境知情权、参与权和监督权，听取农民群众对涉及自身利益的建设项目和发展规划的意见与诉求，维护农民的环境权益。

（5）乡村生态保护修复的全过程监管体系尚未健全

对生态环境全过程监管是保障农村生态环境保护和修复的重要手段，是生态文明建设与污染防治的基石，但是目前该方面还存在不少问题：①缺少对农村环境保护的专门立法及设立专门的监管机构，且环境保护的职责权限分割未涵盖农村环境污染的全部，尚未形成农村环境管理监测体系；②现有的立法条款不能有效地指导乡村环境污染的防治工作，由于生态修复工作见效周期较长，短期内的效果评估难以代表真实的成效，长期跟踪调查和效果评估亟待补充和完善；③现有生态修复评价重点多侧重于环境质量改善度及外在形象美观度等，针对不同修复对象的评价指标、评价方法等缺乏对应的质量评定与效益评估标准；④未建立农村自然资源的核算制度，导致缺少对自然资源利用的动态监测，不能真实了解农村自然资源的损益状况；⑤乡村管理部门尚未建立健全生态补偿制度、生态红线制度、生态环境损害责任追究制度等。因此，需要在国土空间规划"一张图"信息系统基础上运用大数据进行精准高效的生态保护修复信息动态监管，结合乡村当地具体问题全过程监测农村生态环境的各项指标，评估农村生态修复的效果和价值。

（6）乡村生态保护与修复的整体性、系统性仍待提高

目前，在乡村生态保护与修复的整体性和系统性方面还存在一系列问题：①乡村生态保护与修复往往局限于某个特定区域，缺乏整体性规划，导致生态系统在不同地区之间的相互作用被忽视，无法形成统一的目标和行动计划，无法实现全面的生态保护；②当前乡村生态保护与修复工作往往以单一项目驱动，强调短期效益，而忽视长期生态系统的健康发展，导致了乡村生态环境的治理措施过于片面，无法解决根本问题；③乡村生态保护与修复的责任分散在多个部门和层级之间，缺乏明确的主管部门和监督机制，导致工作职责不清晰、信息共享不畅通，难以形成有力的整体推进力量；④生态保护和修复通常需要综合运用多种手段和方法保护物种多样性、恢复生态系统功能和提高环境质量等，然而，由于缺乏整体性的科学研究和技术创新的支持，往往出现单一措施或分散工作，无法达到最佳效果。因此，乡村生态保护不能是头痛医头、脚痛医脚，各管一摊、相互掣肘，而必须统筹兼顾、整体施策、多措并举，全方位、全地域、全过程开展，完善统筹协调机制、跨界合作和多部门联动，处理好经济发展

与生态环境保护的关系，推动实现乡村人与自然和谐共生。

5.2.2 乡村生态保护与修复原则

（1）生态优先原则

生态系统提供了许多基本的生态服务，如水体和空气净化、土壤保持、物种保护和自然资源的供给，对人类的健康和福祉至关重要。生态保护与修复的生态优先原则是指在进行任何人类活动或发展项目时，应当强调生态系统对人类社会和经济的重要性，将生态系统的健康和稳定放在首位，采取一切必要措施来保护和恢复生态系统的完整性、功能和多样性。

（2）整体规划原则

整体性原则是以整个生态系统为基本单位，综合考虑乡村生态系统的各个组成部分和其相互关系，注重乡村生物多样性保护、农田可持续利用、水资源保护与管理以及生态文明建设等方面的综合治理，运用多个学科领域的知识和观点制定可行的保护与修复策略，有效地保护和改善乡村生态环境，促进可持续发展和人与自然的和谐共处。

（3）循环再生原则

循环再生原则是指在乡村保护和修复生态系统过程中，根据自然规律和生态学原理，追求循环再生的方式。这包括推广农田有机肥料的使用，建立农业废弃物处理设施，以及发展可再生能源等；推广生态农业模式，如有机农业和生态养殖，减少化学农药和化肥的使用，促进农田健康，改善土壤质量；合理管理乡村的水资源，包括加强水源保护、提高灌溉效率、推广雨水收集和水资源的循环利用等；通过设立乡村自然保护区，禁止非法砍伐和捕猎等。

（4）区域分异原则

区域分异原则应该综合考虑不同地理环境、生态系统类型和社会经济发展水平等多个因素，科学合理地划定不同区域的保护与修复重点，采用不同的保护和修复措施。根据生态系统的功能和特点，确定重点保护区域、基础设施建设区域、特殊保护区域；将生态脆弱、生物多样性丰富的区域作为重点保护对象，如湿地、森林、山地等；将水源涵养区、防风固沙区、生态廊道等确定为重点保护区域；考虑不同地区人类活动影响因素，如工业污染、农业种植方式等，制定相应的减排和改进措施等。

（5）可持续发展原则

可持续发展原则是指在保护和修复乡村生态环境时，应遵循确保长期的生态健康和可持续发展的系列原则和准则，实现经济、社会和环境的协调发展，维持生态系统的长期完整性和稳定性。如限制乡村开发、保护植被覆盖、促进土壤保护；减少对化肥、农药和水资源的过度使用；建立保护区、推广生物多样性友好的农业实践和减少对生境的破坏，以支持生物多样性的恢复和维持。

（6）创新与科技原则

创新与科技原则的应用可以帮助提升乡村生态保护与修复的效果。乡村生态环境保护修复需要鼓励基于科学知识和理论进行多样化的乡村环境治理科技的创新，解决不同地理区域、生态系统和生物多样性状况下的保护与修复需求，确保技术方法的有效性、科学性和可靠性。例如，运用先进的传感器技术、物联网、云计算等技术，实现农业生产的智能化管理；利用遥感、地理信息系统等技术手段，对农田分布、土壤养分、水分和植被等数据进行精确监测等。同时需要加大对农业环保科研单位的扶持力度，鼓励民营企业积极参与环保科技创新，及时普及先进、环保、科学的农业技术。

5.2.3 乡村生态保护与修复目标

乡村生态保护与修复的总目标是实现人与自然的和谐共生，保护乡村地区的生态系统健康，并提升乡村地区的可持续发展水平，提高人民的生活水平，为未来的环境保护、社会进步和经济繁荣奠定基础（图5-8）。

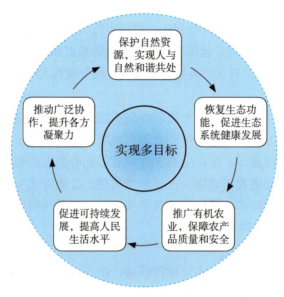

图 5-8 乡村生态保护与修复的多目标

（1）保护自然资源，实现人与自然和谐共处

新时代的生态文明建设要坚持以习近平新时代生态文明思想为指导，深入贯彻党的二十大精神，树立和践行"绿水青山就是金山银山"的理念，处理好高质量发展和高水平保护的关系，采取综合性的措施来保护生物多样性、恢复生态系统功能、保护自然资源、提供生态服务，促进可持续发展。确保乡村农田、水源、森林、湿地、土壤和矿产等自然资源得到保护和恢复，以维持生物多样性、生态平衡和可持续发展已成为乡村生态保护与修复的基本目标之一。

（2）恢复生态功能，促进生态系统健康发展

乡村生态系统不仅为人类提供美丽的景观和休闲环境，还提供许多重要的生态服务功能，如水源涵养、土壤保持、气候调节和污染净化等。修复或改善遭受破坏的自然生态系统，以使其能够继续发挥其原有的生态服务和功能，对于环境保护、可持续发展、人居环境改善和文化保护都具有重要意义，也有助于生态系统的平衡和健康发展。

（3）推广有机农业，保障农产品质量和安全

有机农业强调自然循环、生态平衡和可持续性，注重土壤保护、生物多样性和动植物福利。乡村地区积极倡导、培训和推广有机农业技术和发展模式，不仅可以提高农产品质量和安全，还有助于保护环境、提升农民收入，并增强社会的健康意识。

（4）促进可持续发展，提高人民生活水平

乡村可持续发展是指在满足当前和未来发展需求的前提下，保护和改善生态环境、保障农民权益、促进农村经济繁荣的一种发展模式。其核心思想是在追求农产品产量和经济效益的同时，实现乡村自然生态环境和产业发展的耦合协调和可持续发展，并提高农民的生产、生活水平。

（5）推动广泛协作，提升各方凝聚力

乡村地区强调乡村社区、居民、政府、企业等各利益相关者之间的合作与协同，共同推动乡村地区的绿色发展，有助于推动创新、解决复杂问题、增强社会凝聚力、提高工作效率和效果。

5.3 乡村生态保护与修复实施步骤

乡村生态保护与修复是一个综合性的工程，需要有明确的分工和详细计划等，包括：前期可行性分析阶段、制定问题调研和评估阶段、制订方案阶段、审批和实施阶段、监测与评估阶段的完成时间，需要明确相关部门、农村组织、专业机构和科研院所、居民和农民在过程中的任务（图5-9）。

图5-9　乡村生态保护与修复实施步骤

5.3.1 可行性分析阶段

可行性研究是指通过相关资料整理、初步调查研究，对乡村生态环境保护与修复技术、具体工程、建设成效等方面进行整体论证和预测，提出项目实施的价值和如何进行投资、建设的可行性意见，为项目决策、审批提供全面的依据。可行性分析报告必须回答以下7个问题：

①项目能否消除导致生态系统受损的威迫因子？
②项目能否找到一个参照，作为项目规划的依据？
③项目是否会损害相关方的利益？
④项目涉及后勤问题、技术类问题以及法律问题能否得到解决？
⑤项目能否通过政府的审批？
⑥项目是否能获得足够的资金支持？
⑦生态系统被保护、修复后，能否抵御未来的潜在威胁？

如果上述7个问题的答案都是肯定的，表明该生态修复项目值得向前推进，并需要通过使用GIS软件和航拍资料来确定坐标、面积，如有需要可由专业人员编写项目场地边界的说明。

5.3.2 调研和评估阶段

5.3.2.1 收集数据

①通过实地调查和观察，记录生态系统的自然特征、物种组成、植被类型、土壤质量等信息；②使用遥感和无人机技术获取大范围的生态数据；查阅相关数据库和文献，收集过去的生态调查数据、监测报告以及其他研究成果；③通过采集各类样本、标记动物、安装追踪器等方式，监测和研究目标物种的数量、分布、迁徙和行为等信息（李玉强 等，2022）。

5.3.2.2 分析数据

①使用数据管理软件和统计分析工具，整理、存储和分析采集到的数据，建立数据库、制作图表、发现趋势和模式，以支持决策制定和监测评估工作；②对收集的土地利用、植被覆盖、水资源、空气质量等方面的数据利用地理信息系统技术进行整合和分析，将所选指标的数值转换为GIS值，评估乡村地区的生态系统状况；③基于物理规律的数学模型或基于统计推断的模型，对乡村生态系统的现状和问题进行分析和解释。

5.3.2.3 评估生态系统服务

生态系统服务是指自然生态系统提供给人类社会和经济活动的各种好处和价值。

乡村生态系统服务评估是在考虑各类相关因素的基础上，综合运用多种方法和工具，对乡村地区的自然环境和生态系统在经济、社会和文化等方面的价值进行衡量，评估其对人类福祉的贡献，并指导适当权衡和调整的一种定量或定性评估方法，可以更好地使决策者了解乡村地区的生态环境状况，并为可持续发展提供科学依据。常见评估生态系统服务的方法有：基于市场价格的方法、边际成本法、非市场估价方法、最大熵模型（Maxent模型，Maximum Entropy Model）、基于规则的生态位建模方法（GARP模型，Genetic Algorithm for Rule-set Production）、生态位模拟模型（CLIMEX模型，Climate and Expertise）、生态系统服务和权衡的综合评估模型（InVEST模型，Integrated Valuation of Ecosystem Services and Trade-offs）、生态指标方法、空间分析和地理信息系统方法（图5-10）（刘滨谊 等，2023）等。

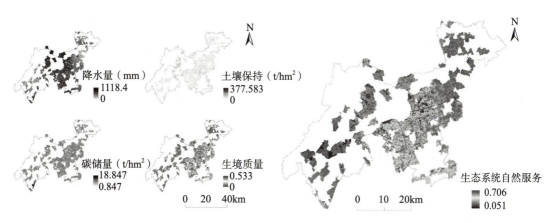

图 5-10　长三角生态绿色一体化发展示范区乡村生态系统自然服务指标及综合空间分布

5.3.2.4　识别问题与威胁

针对乡村地区生态系统的稳定性、功能和生物多样性进行分析，识别出该乡村生态系统存在的不同类型问题和威胁：土壤侵蚀、水资源污染、生物多样性丧失、空气污染、森林砍伐、垃圾污染等，指导积极保护措施的制定。

5.3.3　制订方案阶段

5.3.3.1　确定目标

综合考虑乡村地区的生态效能恢复、生物多样性保护、水资源管理、社区参与以及监测与评估等因素后，制定以下详细的生态规划短期和长期目标。

短期目标旨在快速应对乡村生态系统当前面临的具体问题和挑战，为乡村的可持续发展奠定坚实基础。

①快速恢复乡村植被　通过大规模的植树造林、草种播种等措施，迅速提升乡村地区的植被覆盖率，减少水土流失，改善土壤结构，为农业生产提供更有利的环境。

②有效控制乡村污染源　深入乡村，识别并控制导致生态系统退化的污染源，如农村生活污水、农业废弃物等，以减少对乡村生态系统的进一步伤害。

③初步恢复乡村生态功能　通过短期内的生态修复工程，初步恢复乡村生态系统的水土保持、水源涵养等基本功能，提升乡村的自然环境质量。

长期目标更加注重乡村生态系统的整体健康和可持续发展，以实现乡村的繁荣和生态保护的双赢。

①全面恢复乡村生态系统　确保乡村生态系统能够自我维持和演替，实现生态系统的长期稳定和可持续发展，为乡村居民提供优质的生态环境。

②显著提升乡村生物多样性　保护和恢复乡村地区珍稀物种的栖息地和食物链，提高生物多样性水平，维护乡村生态平衡，增强乡村生态系统的稳定性。

③减缓气候变化对乡村的影响　通过长期的植被恢复和碳储存措施，降低乡村地区的碳排放，减缓全球气候变暖对乡村的负面影响，保障乡村的可持续发展。

④实现乡村资源的可持续利用　在保护乡村生态系统的基础上，合理规划和利用乡村的自然资源，推动乡村绿色产业的发展，实现经济发展与环境保护的和谐共生。

5.3.3.2　制定具体应对措施

相关部门或专业机构根据乡村的具体特点和实际需求，引导政府、企业、民间组织和公众共同参与制定具体应对措施，包括保护农田和耕地、森林保护和植树造林、水资源管理与治理、生物多样性保护、垃圾处理和废弃物管理、推广可再生能源等。应对策略可采用以人工措施为主，注重技术修复，也可采用以自然恢复为主，注重发挥生态系统的自我恢复能力。后者更多地依赖于"自我设计"的自然过程。技术解决方案需具有前瞻性，要充分保证工程质量。修复策略往往是多种方法的组合，综合利用农学、园艺学、林学、管理学和生物学等学科的知识。每个生态修复项目的设计方案和执行方式需"量体裁衣"，没有两个生态修复项目是完全一样的。

5.3.3.3　制定具体实施计划

制定详细的实施步骤，包括资源需求、时间安排、人员安排、责任分工等，确保有充分的人力、物力和财力支持，还涉及现场准备引入和培育所需的物种，涉及对环境的修整或清除不利于生态系统恢复的影响因素，增加生物所需的资源和保护野生物种等。如是乡村水体生态修复项目，具体实施计划的内容包括：①项目背景与目标介绍：首先，介绍乡村水体当前面临的污染和生态退化问题，阐述项目的重要性和紧迫性。其次，明确项目的总体目标，包括改善乡村水体的水质、恢复水生态系统的健康、提升水资源利用效率以及改善乡村居民的生活环境。②项目内容与措施详细阐述：详细介绍项目的主要内容和实施措施。包括水体污染源的控制与治理措施，如工业废水治理、农业污染治理、生活垃圾处理等；水体生态修复措施，如水生植被恢复、底泥清淤和生态修复、水生生物投放等；以及水资源保护与利用措施，如建立水资源保护制度、推广节水技术、开展水体监测与评估等。③项目实施计划与进度安排：明确项目的实施时间表和进度安排，包括各个阶段的起止时间、关键节点和里程碑事件。同时，对项目实施过程中可能遇到的风险和挑战进行预测和评估，提出相应的应对措施。④项目预算与资金筹措说明：详细列出项目的预算方案，包括人员费用、材料费用、设备费用等各项开支。同时，说明资金筹措的渠道和方式，如政府拨款、社会捐赠、企业投资等，确保项目资金的充足和合理使用。⑤项目管理与保障措施讨论：讨论项目管理的组织架构、人员分工和职责，制定项目管理制度和操作规程。同时，探讨项目实施的保障措施，如加强与政府部门的沟通与合作、建立项目风险预警与应对机制、加强项目宣传与公众参与等。⑥项目效益与影响分析：分析项目实施后可能带来的效益和影响，包括水质改善、生态环境恢复、水资源利用效率提升等方面的生态效益，以及促进乡村经济发展、提升乡村形象等方面的社会效益。

5.3.3.4 制定监管和评估措施

制定相关生态修复标准及规定、成立专门的监管机构或部门、建立实时监测体系、建立相应的惩罚与奖励机制，构建生态修复标准体系，加快制定覆盖重点项目、重大工程和重点区域以及贯穿问题识别、方案制订、过程管控、成效评估等重要监管环节的生态修复标准。确保生态修复工作得以科学、有序地进行，并对其效果进行有效评估和监管，从而保护和恢复生态环境。

5.3.4 方案审批和实施阶段

5.3.4.1 报批和公示

为了确保乡村环境保护工作的透明性、科学性和公正性，需要对生态保护修复方案进行报批和公示。主要程序如下：

①报批程序，包括内部审批、各级政府审批、批准。

②公示程序，包括范围确定、公示内容、公示期限、公示结果。同时，引入专业机构和公众的监督和参与，可以增加方案的科学性和合理性（图5-11）。生态保护及修复方案需要结合报批、公示后的相关意见，综合相关法律法规、宣传教育、监测评估、经济手段、工程措施等方面的问题进行调整和完善，以提升方案的可操作性，实现生态环境的持续改善。

5.3.4.2 资金筹措

生态保护与修复是长期而复杂的系统工程，需要国家和地方各级政府加强乡村生态建设资金管理，保障工程实施：①各级财政要加大对乡村环境污染治理工作的补贴，多向农村环境保护项目倾斜，加快完善环境污染治理的相关补贴政策。②要确保农村

图 5-11　上海松江东夏村浦江之首水环境整治项目公示

环境污染治理的收支平衡。通过拓展环境保护收入渠道，实现农业环境保护收入的增加。同时增加对生态农业企业的贷款支持力度，重点扶植重大农业环境保护工程的建设。③开展多渠道融资，发挥市场经济的优越性。借鉴现有的成熟融资模式，如BOT等，不断探索自筹资金、企业筹措资金和利益分配的新模式，吸引更多的社会资本参与乡村生态工程建设。

5.3.4.3　实施与管理

加强生态保护修复的实施和管理是一项长期而艰巨的任务，需要政府、企事业单位和公众共同努力，结合实际情况科学实施、有效管理和持续投入，才能更好地实现生态保护和修复的目标。村委会等机构要注意生态修复工程后期的管理工作，包括继续维护专用道路、围栏和标牌，并要防止被修复的生态系统遭受各种损害。建议组织利益相关方对乡村生态修复工程进行监督管理，鼓励当地村民自愿参加后续的管理工作，使大家意识到修复生态系统对乡村经济、生产、生活和文化十分重要。

5.3.5　监测与成效评估阶段

5.3.5.1　追踪监测

生态修复的追踪监测是一种定期或连续性的活动，评估和监测土壤、水质、植被、生物、气候等方面的生态修复效果和进展，帮助决策者和生态修复专家了解修复措施的效果，有助于确定修复项目是否达到了预期的目标，并根据实际情况提供指导改进措施。每次规定的监测工作完成之后都要有一份监测报告。监测报告应简洁扼要说明监测方案和分析数据的方法，说明每项标准的完成情况，包括原始数据和计算结果。对于复杂的统计分析方法，也可列出中间的计算过程。最终的项目报告内容包括项目所在地、项目利益相关方的信息、生态系统受损的原因、项目的长期目标、修复策略和实施方法、项目组成员等。

5.3.5.2 成效评估

乡村生态保护及修复的成效评估可以帮助了解实施是否达到预期的效果，是否合理配置资源，为政府决策提供科学依据，为实现经济、社会和环境效益的平衡提供参考。根据不同的生态修复工程类型，制定生态修复成效评估办法，科学确定评估目标、评估流程、评估方法，制定差异化评估指标，重点从生态效能恢复与提升、自然景观恢复度和协调度、生物多样性保护等方面进行评价，并与修复前进行对比，了解生态系统的稳定性和功能改善情况。

5.3.5.3 宣传和教育

乡村生态保护及修复的宣传和教育能够提升公众对乡村生态保护的认知水平和生态意识，促进人们主动参与并支持相关工作，推动乡村生态环境的可持续发展。宣传和教育主要内容包括：①制作宣传手册、海报、单页等；②组织乡村生态保护的座谈会、研讨会、展览等（图5-12）；③开设有关乡村生态保护的课程和培训班；④通过社交媒体和网络平台，发布关于乡村生态保护的信息、新闻和故事；⑤与相关政府部门、非政府组织、学术机构和企业合作共同推动乡村宣传和教育工作；⑥鼓励和表彰在乡村生态保护和修复方面做出贡献的个人和团体。

图 5-12　上海松江东夏村浦江之首水环境知识宣传

5.3.5.4　总结经验和教训

经验和教训的总结对于引导政策制定、推动科学研究、促进地方合作以及增强公众参与具有重要意义。一方面，有助于政府更好地制定相关政策和法规，为乡村生态保护提供指导和支持，实现经济发展与生态保护的良性循环；另一方面，从失败和成功案例中获取经验教训，有助于改进现有的保护和修复方法，提出创新的解决方案，并进一步完善理论体系。

5.4　乡村生态保护案例

5.4.1　案例 5-1　浙江传统村落生态保护

5.4.1.1　项目概况

浙江省位于我国东部沿海、太湖流域以南，面积10.55万 km^2，地貌类型众多，丘陵和山地占总面积的74.63%，平原占20.32%，河流湖泊占5.05%。独特的地理环境与悠久的历史文化蕴藏着丰富的自然风貌和人文风俗，"七山一水二分田"的自然景观特质为传统村落演化、保护、发展提供了良好的资源禀赋（李天宇 等，2020）。截至2022年，浙江省共636个传统村落被列入国家级传统村落名录，数量位居全国第三。

5.4.1.2　特征分析

浙江传统村落与山林、水系、农田等自然生态系统具有特殊的联系，如在海拔较高地区，沿山坡分布的村落周围植被覆盖率高，且与水系保持一定距离，其农田主要通过对村落周围山地的开垦而得，形成了梯田景观。而在平原水网地区，水网密布，村落皆临水而建，多随河流呈带状分布，建筑及耕地布局较为整齐，村落内部紧凑。原有自然景观要素影响村落初始布局与形态，村落自身经过演化又塑造着自然景观的肌理与功能。因此，将自然景观要素主要提炼为"水、山、林、田、海"五要素。

①传统村落空间分布密度特征　从空间分布与聚合程度看，浙江传统村落主要以单核心、团块状的聚合特征集中在浙西南地区；浙东、浙北地区分别以斑块状、星点状聚合形式分布；近海区域的传统村落相较于内陆地区分布数量较少。

②传统村落与自然景观要素的关联特征　从不同尺度下村落与自然要素的耦合关系来看，浙江传统村落不仅村域尺度上与自然景观要素的空间镶嵌关系丰富多样，并且在省域尺度上与同一自然景观要素的不同特征存在相关性，且差异显著。如浙西传统村落与水系的关系相较于浙东地区更加紧密，从距离上表现出二者更加接近的特征，但是从水系的不同类型来看，分布在水库坑塘与湖泊滩涂周围的传统村落具有明显数量差异，坑塘型传统村落的数量较多，一方面是因为浙江的面状水系多以小尺度坑塘

为主，另一方面是由于坑塘的利用方式对于村落来讲更加多样且方便。

③传统村落与自然景观关联下的地方性格局　从关联特征看，村落集聚程度较高的区域，"山水林田海"要素也相对丰富；村落集聚程度较低的区域，自然景观要素类型相对单一。松阳村落传统村落集中连片保护示范区范围内，山脉连绵，植被茂密，水系类型丰富，梯田形式多样，传统村落自然景观风貌独具生态价值。而浙东沿海地区传统村落数量较少，海洋资源是村落发展的主导因素，其他自然资源相对匮乏。从格局形态看，浙江大多传统村落格局主要由于地形与水系相互交织作用形成，并且在村落集聚程度较高的区域，各个村落"山形水势"结构脉络较为突出清晰。浙江传统村落共有16种自然景观要素关系格局类型，山水要素决定了村落整体的景观形态。

5.4.1.3　保护措施

(1) 传统村落分类保护规划

从浙江传统村落聚集区域及其自然景观要素构成格局来看，点状集中明显，连片连带特征突出，在全域全要素的国土空间保护治理中，要充分挖掘利用这一地方性特质，形成重点连片、次类带状、单一点状的保护利用路径：①重点连片区域传统村落与自然景观要素丰度较好，对这类区域应进行各要素协调统一的保护，如松阳、丽水地区传统村落集中连片保护示范区。②次类带状区域传统村落与自然景观要素不仅可形成区域廊道保护格局，更是连接各个村落凝聚区的天然通道，对这类带状区域内村落应注意廊道沿线的要素关联效应，如丽水北部至绍兴南部的带状区域。③单一点状村落由于自然景观要素相对分散，因此对于这类传统村落更应充分保护现有自然资源，深度挖掘其利用价值，如杭嘉湖平原的水网型传统村落等。

(2) 传统村落自然景观全域全要素保护

"山水林田湖草沙"是国土空间规划三区三线体系构建的重要依据，浙江省2035年规划要求为"山海为基，林田为底，蓝绿廊道为脉，打造现代版富春山居图"。一方面，浙江自然资源禀赋丰富且独具特色，并且与传统村落空间布局关系紧密，为传统村落自然脉络存续提供了条件，因此在传统村落保护中不仅要保护聚落景观和建成环境，更要系统保护乡村原有的地貌格局、自然形态等大地景观，加强传统村落与周边自然生态环境协调发展状况的监测；另一方面，森林、海洋等生态空间与村落的生态联系与格局是景观地方性存续的根本，在快速城镇化背景下，保护传统村落自然与人文相互交融形成的景观特质，有利于人居环境风貌整体提升与空间协调。未来乡镇级国土空间规划应统筹考虑村域范围内"山水林田海"等自然生态空间，重点突出村落全域自然景观要素格局保护，优化乡村水脉、林网等蓝绿生态空间。

(3) 集中连片保护路径

2022年住房和城乡建设部、财政部《关于做好2022年传统村落集中连片保护利用示范工作的通知》明确了集中连片保护理念是传统村落规划的重要契机。因此，通过前文分析表明浙南丘陵、宁绍平原可作为集中连片保护区，杭嘉湖平原可与其他类型遗产联动保护，形成自身特色优势。①浙南中山、中低山等生态屏障源地，其主体功能区规划要认知地表自然和人类活动分布格局演变，尤其是生态保护红线内以国家公园、自然保护区为主的自然保护地体系，其与传统村落"带状"分布空间特征关系紧密，自然与文化"双聚集"特征是集中保护示范区整体定位的基础。②浙东宁绍平原是浙江重要的粮食产区，传统村落数量较多，随着海洋生态保护红线的划定，在浙东近海海域内的重要河口、滨海湿地、大陆海岸线防护区等区域，是规划先行、保护为主的区域，由于独特的景观格局与产业基础，未来近海乡镇级国土空间规划可以海陆联动为特色进行连片保护利用。③杭嘉湖平原传统村落数量较少，但特色依然突出。位于太湖洼地的平原水田型传统村落特征明显，村落周边水系湖泊交织，拥有钱塘江等水系，流水少有险滩激流，为传统村落提供了舟楫和灌溉之便（郎杰斌 等，2018），所以河湖相依、田林相映的村落整体"水乡肌理"是乡土文化传承利用必经之路。因此，浙江传统村落片状、廊状、节点状集中连片格局和地方性景观特征，对浙江构建"两屏、八廊、八脉"全省国土生态保护空间格局具有指引作用。

5.4.2 案例5-2 浙江宁波北仑双岙村

5.4.2.1 项目概况

双岙村位于浙江省宁波市北仑区郭巨街道，地处浙江大陆最东端，位于穿山半岛，三面环山，南面临海，距宁波56km，距北仑城区约20km。穿山港高速从村落北部经过，对外交通道路主要有沿海中线和白洋线，距白峰互通仅1km，距郭巨码头约1.5km，距白峰码头仅6km，白峰码头是联系舟山的水路交通枢纽，郭巨码头是联系舟山、六横、桃花岛的主要水运联系通道，海陆交通便捷通畅（图5-13）。

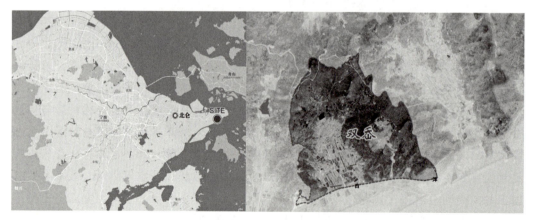

图5-13 双岙村区位图

双岙村为郭巨街道东侧滨海门户，整体北靠总台山山脉，村庄面积304.5hm^2，其中建设用地占比约4.2%，非建设用地主要包括水域和农林用地，另有小部分用地为其他国有建设用地。双岙村公路两侧有风车，山脉北侧即为东方大港四期码头，南侧为围垦地及东海，村庄内部可观海景。整体空间较为外向，腹地广阔，北侧山体上的发电风车形成独特的能源景观，具有丰富的水库、河塘水系。总体来看，双岙村拥有丰富的山、田、水、海自然资源，生态禀赋得天独厚（图5-14）。但也存在着较为突出的景观生态问题，水库硬质护坡的景观效果和生态效果较差；水库边建成预留的公共空间并未得到很好的利用；河道两岸缺少亲水活动空间；部分段水渠内污物垃圾较多；水渠混凝土挡板和水渠栏杆的景观视觉效果较差。

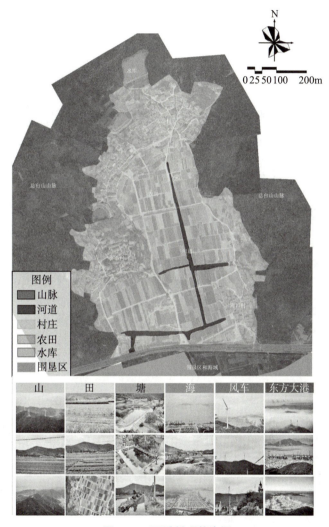

图 5-14 双岙村现状资源

5.4.2.2 总体保护方案

①上位规划 《宁波市北仑区土地利用总体规划（2006—2020）》中指出：根据现代农业的特点，以发展高效生态农业为导向，大力推进农村产业结构的战略性调整。《宁波市生态保护红线规划（2015—2020）》提出要严格禁止在重要生态功能区、生态敏感区和生态脆弱区进行与生态功能不符的城镇化和工业化建设，落实"三区四线"的市域空间管制要求，建立空间开发的硬要求和底线屏障，形成节约资源和保护环境

的空间格局，维护生态系统平衡，提升生态系统功能。《双岙村、盛岙村庄建设规划》中指出要将第一产业定位为高效生态农业，即以集约化与生态化有机耦合的现代农业，打造生态文明视角下的郭巨东部滨海农业村。

②总体规划 以保护山水格局和空间肌理为主旨，以山、水、田、居为主基调，形成4片主要的功能区：以原生态山地林木为主的自然山野区；以田野及农业景观为主的田间农趣区；以村庄民居村落为主的烟火人家区；以生态水塘和鸟类栖息地为主的水塘飞鹭区（图5-15）。围绕大岙村、小岙村、海口村三大节点集群，连接其他空间小

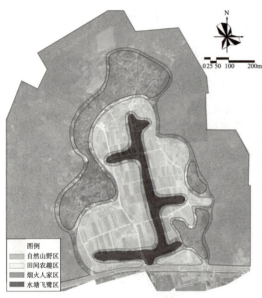

图5-15 双岙村功能规划

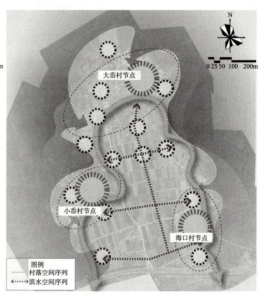

图5-16 双岙村空间序列规划

图5-17 双岙村水系总体规划

节点，形成沿道路、街巷的村落空间序列及沿河道的滨水空间序列（图5-16）。

③水系规划 规划形成四级水系布局（图5-17）较宽河道、村中水渠、灌溉通渠、水库。以滨水景观为主轴串联各个空间节点，滨水避免大面积硬质驳岸，采用生态化设计。位于田间的河道宽度为2~5m，驳岸需要增加绿化；村中水渠宽度为1~2m，与道路、民居紧邻，适宜进行生活化改造；灌溉通渠分布主要在田间，整治办法以疏通清理为主，核心段统一增加绿化；水库护坡增加绿化，并充分利用观景资源，增加必要的景观栈道和观景平台（图5-18）。

图 5-18 双岙村水系生态规划

5.4.2.3 节点保护方案（图5-19）

（1）小峃洗衣池（图5-20）

现状　洗衣池水质较差，且和周边环境不和谐；周边环境混乱，原有大树缺乏规划管理；绿地荒废，没有充分利用空间。

方案　提升水质，增加亲水设施，道路铺装使用当地石材、土块等，提升与周围环境的融合度。保留洗衣池功能，加强文化特色；整合周边荒地，利用农田和建筑间绿地对洗衣池进行景观提升；充分利用铺装、原有树木等景观要素，提升景观风貌。

图 5-19　保护方案节点图

图 5-20　小峃洗衣池节点方案

（2）村民活动中心（图5-21）

现状 建筑和围墙外立面陈旧，缺乏村庄活力；路边荒地较多，杂草丛生；农田利用率低，荒废地块影响景观风貌。

方案 改造建筑、围墙外立面，利用墙绘、地绘营造乡土景观，增加村庄的活力，图案采用双岙村本土山地、风车、鱼等特色形象，体现本土特色；整合周边道路绿地，种植当地特色植物增加村民体验；充分利用农田，减少土地浪费，营造农田景观。

图 5-21 村民活动中心节点方案

图 5-22 池畔树影节点方案

（3）池畔树影（图5-22）

现状 护坡杂草丛生，水泥道牙破坏整体景观效果；缺少护栏等安全防护措施，水泥地面破坏乡村景观氛围且生态效果差；现状水体较脏，缺少亲水性和互动性，急待提升水质；小型水池周边环境杂乱，与水库整体不和谐。

方案　调整水池和周边环境，结合水库与农田，打造适宜的村中水库景色；增加护栏，连通道路，提升水质，铺设特色植被，打造生态小型水库景观；进行护坡覆绿等生态化改造，种植常绿草坪，营造特色水库护坡景观。护坡绿化可通过应季种植形成鱼、海浪、风车等地绘图案，体现渔村特色。

（4）菜畦人家（图5-23）

现状　农田荒废，缺少土地空间利用，种植作物提高；建筑荒废，外立面破旧，严重影响景观感受。

方案　整合周边绿地农田，使建筑和绿地互为景观，形成独特的乡村景观；改造建筑，提升外立面景观效果，使建筑和周边整体景观融合，体现乡村景色。

（5）花海微醺（图5-24）

现状　场地内有形态佳的乔木，但未能得到良好利用；地表土壤裸露，景观营造不足。

图5-23　菜畦人家节点方案

图5-24　花海微醺节点方案

方案　大片种植四季草花，点亮乡村色彩；清理孤植树周边杂物，打通观景视线。

（6）客坐山林（图5-25）

现状　现状小水渠水量较小，驳岸景观较为杂乱。茶田景观良好，适宜改造为休闲体验茶园，吸引乡村旅游；道路不平整，相对崎岖，且无景观特色与乡村情趣，平台闭塞，缺少观景要素。

方案　茶田和水渠景观协调配合，打造渔村茶园特色景观，突显双岙村的地方文化特色；寺庙门前广场与茶园场地结合设计，结合道路营造景观。

（7）水岸观景（图5-26）

现状　水岸缺乏观景停留空间，未能充分利用村中的水景资源；河道驳岸不统一，绿化的美观性不足。

方案　在观景视线较佳处布置观景平台，提供停留观景与休憩服务；在提高生态净水效益的同时，优化岸线水生植物，尽量减少硬质驳岸，美化河道形象。

图 5-25　客坐山林节点方案

图 5-26　水岸观景节点方案

（8）大岙洗衣池（图5-27）

现状 周边环境杂乱，闲置区域未等到合理利用；洗衣台现状残缺，功能不足；硬质沟渠裸露，影响视觉观感；周边有儿童活动，存在安全隐患。

方案 设置生态浮岛，提升洗衣池水质；拓宽局部平台，设置儿童活动区域，并与洗衣区分开，保证安全距离；清洁地面，增加休闲座椅。

图5-27 大岙洗衣池节点方案

（9）水库（图5-28）

现状 护坡坝体裸露，杂草丛生，台阶狭窄，需重新梳理提升景观效果和步行体验；堤顶位于全村制高点；下方空地杂乱，私搭乱建严重。

方案 充分利用场地具备的良好水景和优质的观景视点，将水库打造为具有吸引力的公共空间和观景点；环湖道路：与村庄道路和游山道相连，作为村庄特色游线的重要一环；生态护坡：水库湖泊使用草被进行生态化处理，提升水库环境质量；出入广场：保留节点部分原有井口和片石围墙，利用原有片石围墙，提供休憩遮雨的廊架，使用流畅的曲线元素强调滨水。

图 5-28 水库节点方案

（10）水塘飞鹭区（图5-29）

现状　水塘周边杂草丛生，有水鸟栖息；缺少亲水性和互动性，水质较差；河岸护坡缺少保护，大面积裸露。

方案　以生态水塘和鸟类栖息景观为主，梳理滨水岸线，打造亲水步道，种植水生植物，还原生态岸线供鸟类停留；设置滨水木栈道、垂钓平台、观鸟平台等多类游憩节点，供村民与游客休憩、赏景、观鸟及进行亲水活动。

图 5-29 水塘飞鹭区方案

5.5 乡村生态修复案例——武汉胜利村污水处理

5.5.1 案例概况

本工程位于湖北省武汉市江夏区胜利村（图5-30），地处长江中游南岸，属中亚热带过渡地区，四季分明、气候温暖湿润；雨量充沛，春夏多雨，秋冬干冷；年平均气温16.7℃，年平均降水量1350mm，年无霜期253~262d；光照充足，年日照时数1954h；全村有300多人。由于历史原因，村污水管网混错接、淤堵及缺陷等现象十分普遍，部分管段过流能力不足，地块内合流问题突出，给湖泊河港带来了一定程度的有机污染。"十三五"期间污水处理率达到85%；水质达标率为33%，安山片区及其他多个污水处理厂正在建设中，原江夏污水厂测算污水量为8万t/d，实际日均实际处理量为11.7万t/d（2019年8月），依然不能满足实际需求。本次工程的重点对未达标地段部分生活污水进行处理，使出水的水质达到《城镇污水处理厂污染物排放标准》（GB 18918—2002）一级A标准（表5-1）。

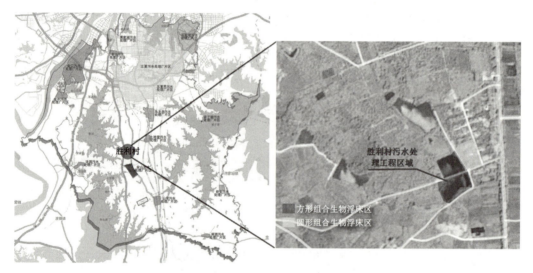

图 5-30 胜利村工程区位及浮岛类型分布图

表 5-1 设计出水水质

污染物	COD_{cr}（mg/L）	BOD_5（mg/L）	NH_4^+-N（mg/L）	TP（mg/L）	SS（mg/L）	pH
出水指标	≤50	≤10	≤5（8）	≤0.5	≤10	6~9

《江夏区水务发展"十四五"规划（2021—2025年）》中提出：构建水绿岸清、截污控源的水生态环境体系。以水环境承载能力为约束，以水功能区达标管理为重点抓手，按照"陆域严格控污、水陆生态减污、水域综合治污"的基本思路，强化水污染治理，大力提高废污水收集处理能力。完善各村污水处理收集系统，加快江夏污水处理厂二期建设，推进以流域为单元的河湖控污、治污生态修复全过程联动，注重水环

境保护治理的生态性、系统性、长效性，确保水源地水质安全，提升河湖水环境质量，逐步实现清水入江，构建清水畅流、河湖健康的水生态环境体系。

5.5.2 技术原理

结合胜利村部分地段的水质情况以及水域地理条件，本次水体修复采用生物浮岛技术进行处理。生物浮岛是人工制造的浮体，利用水体空间生态位与营养生态位，人为把高等水生植物或改良的陆生植物种植至水面浮岛载体上，通过植物根部的吸收、吸附作用和物种竞争相克机理，削减水中氮、磷等有机物质，实现净化水质的效果。人工生物浮岛的净化机理表现在三大方面（图5-31）。①浮岛上栽培的植物由于自身生长发育需要从水中吸收营养物质，通过收割植物可以减少水中营养盐；②根系表面吸附水中的大量胶体，并逐渐在植物根系表面形成微生物膜，直接吸附和沉降水体中的氮、磷等营养物质；③人工生物浮岛通过遮挡阳光抑制藻类进行光合作用，同时浮岛植物吸收大量营养盐，抑制藻类生长，从而起到减轻水体富营养化的作用。

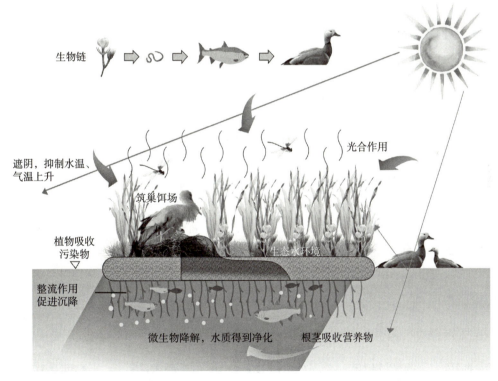

图 5-31 人工生物浮岛水质净化原理

5.5.3 工艺流程

胜利村水体修复的具体工艺流程如下：①经过排水沟收集胜利村生活污水，流入格栅沉砂池进行预处理，除掉颗粒沙石和大的杂物后溢流经过配水管流入厌氧滤池；

②在厌氧滤池内经微生物降解后，水中的悬浮物和有机物得到较大程度的去除；③再利用重力自流进入人工浮岛区域，污水中的有机物和营养物质在浮岛中的水生植物作用下得到进一步的去除；④最后进入生态塘区域继续处理后达标排放（图5-32）。

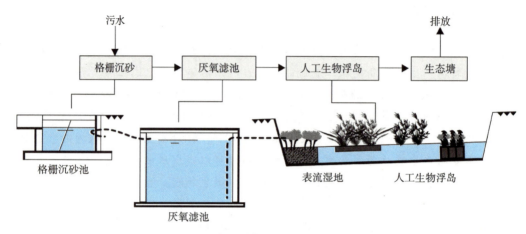

图 5-32 人工浮岛工艺处理技术流程

5.5.4 生态修复技术要点

5.5.4.1 人工生物浮岛

人工生物浮岛可分为有框架型和无框架型。有框架型浮岛的框架一般用纤维强化塑料、特殊发泡聚苯乙烯加特殊合成树脂、盐化乙烯合成树脂、不锈钢加发泡聚苯乙烯、混凝土、竹子、PVC管等材料制作（图5-33）。针对胜利村的现实情况本工程主要采用方形组合生物浮床（完整的大面积生态塘区）和圆形组合生物浮床（较窄狭长生态塘区）为主。

①浮岛大小和形状　浮岛边长1~5m不等，有三角形、四边形、六角形、圆形等或各种不同形状的组合。考虑到搬运、施工便利性和使用耐久性，本工程的浮岛以边长

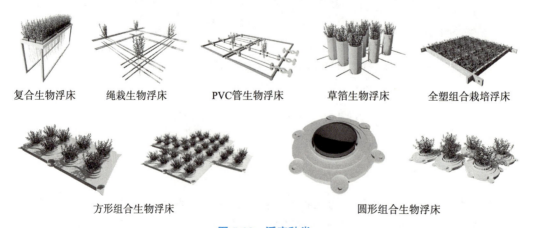

图 5-33 浮床种类

2~3m为主，以四边形和圆形为主，各单元之间留一定间隔，用绳索连接。

②浮岛固定　人工浮岛的固定要保证在水位剧烈变动的情况下，能够缓冲浮岛和浮岛之间的相互碰撞，还要保证浮岛不被风浪带走。水下固定形式根据地基状况而定，有重量式、锚固式、杭式等。本工程为了缓解因水位变动引起浮岛间的相互碰撞，浮岛采用重量式，同时本体和水下固定端间设置小型浮子。

5.5.4.2　植物选择

根据胜利村的植物生长环境特性，人工浮岛的植物选择主要依据如下：①选择的植物要适应区域水质条件，为具有耐污抗污、治污净化力较强的多年生水生植物；②个体分株快、生长迅速、生物量大、根系发达、根茎分蘖繁殖能力强；③选择冬季常绿的水生植物与驯化后具有景观价值的陆生植物；④综合岸线景观和倒影效果，进行适当的水生植物景观组织，满足景观空间的形态要求。满足上述条件的常用植物有水芹、水稻、蕹菜、香蒲、竹叶菜、豆瓣菜、生菜、美人蕉、旱伞草、千屈菜、茭白、栀子花、柳树等。根据我国《地表水环境质量标准》（GB 3838—2002）中的相关标准，Ⅴ类水质净化到Ⅲ类水质，需要从水体中去除1mg/L的氮和0~15mg/L的磷，本工程主要选用的浮床植物对富营养化水体中营养物质（氮、磷）的去除效果见表5-2所列。

表 5-2　本工程选择的植物对氮、磷的吸收量及净化水体量

植物	吸收量（g/m²）		浮床净化水量（g/m²）	
	N	P	N	P
水　芹	29.24	11.514	29.24	76.76
香　蒲	32.72	4.42	72.29	47
芦　苇	214.29	17.69	214.29	117.93
水　稻	118.70	11.06	118.70	73.73
蕹　菜	77.32	10.89	77.32	72.06
美人蕉	33.23	3.66	33.23	24.40

5.5.4.3　工程投资与收益

人工浮岛处理技术投资相对较少，并可产生一定收益，具有良好的经济效益。本工程以水芹为主，投入成本为12元/m²，年产菜30~60kg/m²，产值60~120元/m²，投入产出比为1∶5~1∶10。人工浮岛的运行维护主要是对浮岛植物进行收割及清理的人工费用，以防植物残体给水体造成二次污染。以水芹为例，单位面积的维护投入约为6元/（m²·a）。

5.5.4.4　技术因素

本工程采用人工浮岛技术的主要因素（图5-34）：

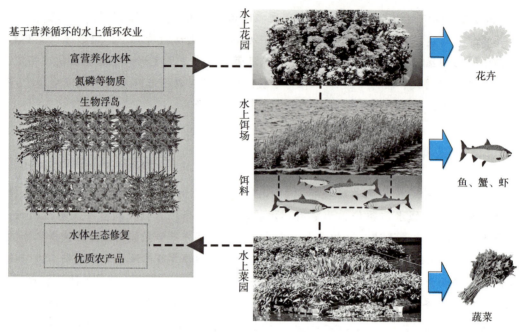

图 5-34　人工浮岛的收益

①普适性强　不受污染现场水体深度、透光度和富营养化程度的限制，适合胜利村内的沟塘营养化治理。

②费用低廉　考虑到本次工程总体预算较低，生物浮岛工艺与传统治污技术相比可节省50%以上的费用，建成后维护费用较低。

③创造生物的生境空间　浮岛具有遮蔽和饲料基础条件，胜利村原有河塘就有鱼虾、乌龟、白鹭等，该浮岛能够为水生动物、鸟类提供良好生境。

④改善水体景观　原有河塘水生植物层次较为单一，以水芹、芦苇和菖蒲为主，通过浮岛种植观赏植物，营造了丰富的水体景观（图5-35）。

⑤拥有一定经济效益　本浮岛工程生产的水芹、蕹菜、水稻等经济作物产品，最终用于市场化销售，创造了一定经济效益。

图 5-35　人工浮岛实景

通过采用生物浮岛技术，胜利村的水体修复工程取得了显著的成效，水质得到了明显改善，水域生态环境也逐渐恢复了生机。这一成功案例不仅为胜利村的水体保护提供了有力支持，也为其他地区的水体修复工作提供了有益的借鉴和参考。

5.6 乡村生态保护与修复的发展展望

5.6.1 强化乡村生命共同体意识

乡村作为"山水林田湖草沙生命共同体"的重要组成部分，承载着丰富的自然资源和生态功能。乡村每一寸土地、每一滴水、每一片林都与其他自然要素紧密相连，通过复杂的生态过程相互作用，形成了乡村独特的生态景观和生态系统，共同维系着整个生态系统的平衡与健康，不仅为乡村居民提供了生产生活的物质基础，还承载着乡村独特的文化和历史记忆。需要进一步厘清乡村系统治理的理念，从"生命共同体"的整体视角出发，突破"多要素简单叠加"的困境，使乡村生态治理项目能够有效地贯彻生命共同体理念（王夏晖 等，2018）。

5.6.2 构建乡村生态修复标准体系

针对乡村独特的"三生空间"建设需求，根据不同地区的乡村生态环境差异性，对现行的总体生态修复相关标准与乡村的特殊情况进行整合、修订，实现多标准的深度融合，包括各类综合管理、修复技术、信息化建设等方面的生态修复标准技术规范体系（李红举 等，2019；张惠远 等，2019；白中科 等，2019）。

5.6.3 注重总体协调性与区域差异性的关系

乡村生态总体协调性和差异性是相互促进和支持的，差异性提供了生态系统内部多样性和适应性。总体协调性为乡村生态保护修复提供了宏观的指导和框架，确保各项修复措施能够在整体上实现城乡生态系统的平衡和稳定，关注生态系统内山水林田湖草沙等各个组成部分之间的协调和平衡，以及与乡村经济发展、空间布局与生态功能、自然与人文之间的融合与共生。区域差异性则要求根据不同乡村的实际情况，制定针对性的修复策略。不同地区的自然资源、生态系统、文化背景和民风民俗各有差异，例如，江南乡村地区普遍拥有丰富的水资源和生物多样性，而西部某些地区则面临耕地较少和水资源短缺等问题。因此，需要因地制宜，制定符合乡村当地实际的保护与修复措施。

5.6.4 实现政府主导与市场化

乡村政府在制定生态修复政策时，应充分结合相应的技术能力、对应的管理人才、前期调研和科学论证结果，加强实施路径与实际需求的对应关系，强化政策执行过程中的监管。另外，加速乡村生态修复市场化运作，逐步完善市场准入条件、竞争规则等，引导市场的健康发展，并充分考虑乡村政府、企业、村民等各方在生态修复市场化过程中的存在利益关系，注重生态效益、社会效益与经济效益的结合。

小 结

乡村是自然生态系统的重要组成部分，承载着生物多样性保护、水土保持、水源涵养等重要生态功能。生态环境是乡村人居生态环境高质量发展的基础，乡村生态保护与修复不仅关乎自然环境的可持续发展，还紧密影响着农村经济的繁荣、社会文化的传承以及农民生活质量的提升。乡村生态保护与修复能够有效防止生态退化，维护生态平衡，保障国家生态安全。本章节在传播生态文明理念的基础上，旨在提升全社会成员对乡村生态环境保护的认识与重视程度，激发社会各界共同参与环保行动的热情。本章首先对乡村生态保护与修复的基本概念、主要内容、原则进行分析，然后总结出乡村生态保护与修复的步骤，结合案例讲解乡村保护与修复的不同路径，归纳出待提升完善的工作等，引导全社会协同构建出和谐共生的环境保护新生态，引领社会各界在实现乡村经济繁荣的同时，兼顾社会福祉的增进与自然生态的保护，力求达到经济效益、社会效益与生态效益的共赢，为乡村可持续发展奠定坚实的基础。

思考题

1. 如何进行乡村生态保护与修复，实现"绿水青山就是金山银山"的目标？
2. 乡村土地整治与生态保护与修复之间存在怎样的关系？
3. 如何对乡村生态保护与修复进行全过程监管？

推荐阅读书目

生态修复理论与实践.李峰等.中国建筑工业出版社，2023.
国土空间生态保护修复范式与实践.高世昌.中国大地出版社，2023.
村镇环境综合整治与生态修复丛书.席北斗，何小松，檀文炳等.化学工业出版社，2019.
自然资源管理从0到1系列丛书.李炜，吴宇哲，李芹芳等.中国大地出版社，2019.

第 6 章
乡村植物景观营造

> **本章提要**
>
> 　　乡村植物景观是乡村人居环境和空间构成的重要组成部分，对乡村的生态环境和村民的日常生活产生直接影响。本章通过阐述乡村植物景观营造的相关概念及工作对象，系统分析了我国乡村植物景观营造面临的问题，在此基础上，提出乡村植物景观营造的原则目标、方法策略及实施步骤，并进一步探讨了乡村植物景观营造的未来发展趋势。
>
> **学习目标**
>
> 1. 学习了解乡村植物景观营造的相关概念及工作对象；
> 2. 科学分析我国乡村植物景观营造面临的问题；
> 3. 掌握乡村植物景观营造的原则目标、方法策略及实施步骤；
> 4. 深入了解乡村植物景观营造的未来发展。

　　乡村植物是乡村空间中唯一具有生命的景观元素，稳定的植物群落和良好的植物造景不仅能够提升乡村空间的景观品质，还有利于改善乡村生态环境和乡村人居环境。乡村植物景观能够将乡村地方特有文化、美学特色与生态系统有机结合在一起，承载和表达当地的历史地理、民俗文化、传统精神等，在改善乡村生态环境、体现美丽乡村园林风貌的同时，也能彰显地区经济建设与文化发展的层次水平。

6.1 概述

6.1.1 相关概念

（1）乡村植物

乡村植物包含乡村中自然分布植物，以及经人工长期栽培的植物，它们能够与当地村民长期共存、相互影响、相互协调（陈思思，2016）。乡村植物不仅是乡村生态系统的重要组成部分，也承载着乡村地域文化和传统。它们为乡村环境提供了丰富的景观资源，对于维护乡村生态平衡、促进乡村可持续发展和人们的文化情感交流起着重要作用。

（2）乡村植物景观

乡村植物景观是在乡村中人为种植或自然生长的植物所构成的景观，充分反映乡村的地域文化特色。与城市植物景观不同的是，乡村植物景观通常具有传统的农业形态、良好的生态基础、强烈的自然属性和独特的乡土文化内涵，既能满足村民的日常生产生活需要，又能表达乡村意境，体现乡村景观特色。

（3）乡村植物景观营造

通过对乡村空间进行植物选择、配置模式营建以及空间营造来创造景观，在此基础上，表达当地的地域文化特色，并提升乡村地区的生态环境质量。乡村植物景观营造是一个综合性的工程，它不仅可以改善农村环境质量，提升生态系统功能，还能为经济发展和乡村建设作出贡献。通过科学规划和有效管理，乡村植物景观将成为乡村振兴和可持续发展的重要支撑。

6.1.2 乡村植物景观营造的工作对象

6.1.2.1 地形地貌

在乡村植物景观营造中，地形地貌是一个重要的考虑因素，它对植物选择、布局和景观设计具有重要影响。适宜的地形处理和植物配置不仅可以丰富景观要素，还可以形成优美的空间景观层次，达到增强空间的艺术性和改善生态环境的目的。

①山地　该地形通常具有较大的高差和坡度变化，由于坡度较大，人工开垦过度，易造成水土流失，需要考虑植物的适应性和防止水土流失。通过栽植多年生树木来防风固土，提高生态承载力，并创造出具有山地特色的景观效果，同时也是村民经济收入的一大来源。

②丘陵　该地形具有较为柔和的坡度和起伏，因地形条件限制，自然资源开发程度低，生态环境敏感。该地形区域内植物可因地制宜地以茶树、果树、经济林木类种植为主，通过合理的植物选择和布局来打造丘陵特色的景观，增加景观的观赏度，营造出迷人的乡村风景。

③平原　该地形地貌相对平坦，适宜进行大面积的植物种植和景观营造。在平原

地形上，可以根据需要布置农田、绿化林带、道路景观等，选择适宜的植物，营造宜人的乡村景观。

④河流和湖泊　这是乡村地区的重要水域景观，也是生态系统的关键组成部分。在河流和湖泊的周围，可以进行湿地植物的种植和乡村湿地景观的营造，以增强水域景观的生态功能和美观度。

6.1.2.2　乡村文化

乡村文化是具有悠久历史和独特性质的传统文化，这种传统文化传承至今仍然发挥着重要的作用，是塑造乡村景观的前提。在乡村植物景观营造中，乡村文化是一个重要的考虑因素，它对植物选择、景观元素和设计风格具有重要影响。

①乡土植物　乡村地区有许多与当地文化和传统习俗相关的乡土植物。在乡村植物景观营造中，可以选择并保护这些乡土植物，如具有祈福、庆典、祭祀等象征意义的植物，以体现乡村文化的独特性。

②农耕文化　乡村地区的文化常与农业活动紧密相连。在乡村植物景观营造中，可以通过种植农作物和农耕相关的植物，来展示和弘扬乡村农耕文化。

③村落特色　每个乡村都有其独特的村落特色和历史文化底蕴。在植物景观的营造中，可以根据村落的特点选择适宜的植物，如根据村落的历史背景选择具有代表性的树木和花卉，以塑造村落的独特风貌。

④地方节庆　乡村地区常有各种地方节庆活动，植物在其中扮演着重要角色。在植物景观营造中，可以根据地方节庆的特点选择适宜的植物，如用于庆祝春节的梅花、春桃等，用于庆祝丰收的稻穗、秋果类植物等，以体现地方文化的欢乐和庆祝氛围。

6.1.2.3　乡村空间

乡村空间是指乡村地区的物理环境和空间布局，包括生活型空间、生产型空间和生态型空间等。通过科学合理的植物利用，结合周边环境，创造出令人愉悦的空间景观，同时提高乡村空间的美感和实用性。

①生产型空间　是乡村空间中从事生产、经营、农事活动的区域，是人们利用和改造自然最为频繁的空间，客观反映农业所带来的社会经济、产业结构生命力。从空间尺度范围来分，包括部分村落内部部分生产用地以及村落外围的农田、耕地、牧场、经济林等。其中，农田是传统村落中特有的村民从事生产劳动的场所，稻田、果园、菜园等一同构成的农田景观也是村落景观中的一部分，也是村落生产空间绿地景观重要组成部分。

②生活型空间　是乡村中可达度最高、最能展示乡村吸引力的空间类型。生活场景植物景观界定的范围是当地村民日常生活起居中使用频率最高的，满足村民物质精神需求的，承载村民的交际、娱乐、服务、交通、休憩、聚集等活动的一系列场所空间的植物景观。将这些植物景观按照村内的分布区域与空间功能再细分为：村口植

景观，即村落出入口的植物景观；庭院植物景观，即种植于宅前屋后、庭院内外的植物景观；水岸植物景观，即流经村子内部的河流或村内池塘、排水渠沿岸的植物景观；公共游憩空间植物景观，即存在于村落中那些为村民或游客提供游览、休憩、观赏或聚集的公共开放的广场空间或游园的植物景观；道路绿化植物景观，即穿越或围绕村落的道路沿线的植物景观。

③生态型空间 是保持乡村生态平衡、可持续发展的重要空间类型。其主要以自然原生环境为基底，人为干预相对较低，具有反映当地乡土原生生态状况、防治自然灾害风险等。乡村生态型空间更加强调与自然环境的和谐共生，通过合理的植物选择和布局，创造出生态多样性、自然景观和可持续的生态系统。该类型植物景观存在时间较长，植物组成多以自然的原生植物为主组成其生态基底。生态场景的植物景观主要包括村落内部或周边面积较大生态环境较好的湖泊或水库绿化、山林、防护林等。

6.2 存在的问题、营造原则与目标

6.2.1 乡村植物景观营造存在的问题

（1）"千村一面"现象突出

城市化进程的快速推进与经济建设的迅猛发展带动了乡村建设，不同乡村地区的植物景观在设计和植物选择上过于相似，导致了植物景观的种类单调、风格模式化、表达方式相互复制，缺乏差异性和特色，衍生出了景观特征雷同的"千村一面"现象。现有乡村植物景观营造中往往缺乏对乡土文化元素的深入理解和挖掘，导致植物景观风貌趋同，地域文化特色无法体现。原本应该具有自然、优美、和谐地域特色的乡村植物景观，却因为"千村一面"的现象而丧失了其独特性。这种景观风貌的流失不仅削弱了乡村地区的个性化特色，也导致了与乡村生产生活方式不相适应的局面。

（2）"城市化"与"公园化"倾向严重

乡村建设过程中，乡村地区的植物景观受城市景观的影响并逐渐趋同，二者之间的界限变得模糊，致使乡村原真性在对现代化、城市化景观的盲目追求中逐渐消失。在乡村树种选择上忽视地带性乡土植物，许多乡村不考虑立地条件而强行引种城市景观中的热门植物种类（品种）替代乡土植物，盲目移植种植高档城市植物树种，却不适合当地生长，造成了园林植物资源的浪费，同时也导致乡村景观缺乏特色；在植物配置上，部分新改造的乡村植物空间布置随意，缺乏与场地环境结合，同时，一些地区外来入侵物种肆虐，以致整体乡土风貌和乡村生态环境遭到破坏。乡村植物景观营造过程中，忽视原有的乡野气息和历史记忆，大量使用公园化规整修剪的植物材料，忽视了乡土植物的自然生长规律和乡村环境的特殊性，在设计风格上，模仿城市公园绿地植物景观设计风格，容易让人身在乡村而不知。

（3）乡村植物景观缺乏养护管理

相较于城市绿地景观的高投入、高维护，现有乡村植物景观营造往往表现出后期

养护管理的缺失。资金投入的不足、专业绿化技术人员的缺乏、对植物生长的监管不足，多种因素制约乡村植物景观后期养护管理，致使许多乡村植物景观建成后缺乏定期的巡查和维护，养护质量下降，植物的生长状况往往得不到及时的监测和调整，导致植物病虫害蔓延、生长不良甚至死亡，严重影响了景观的整体效果。

6.2.2 乡村植物景观营造原则

（1）乡土性原则

乡土性原则是乡村植物景观营造的基石，强调在规划设计中以本土植物为主、外来植物为辅，优先选用、充分利用乡土植物资源并模拟地带性植被群落，形成鲜明的地方特色。选择对当地环境适应性强的乡土植物可以确保其在乡村环境中的生长状况良好，从而减少维护成本以及对人工干预的依赖，实现乡村植物景观的可持续性和长期维护，降低对环境的负面影响。同时乡土植物承载着丰富的乡土文化和历史记忆，在乡村生活中扮演着重要的角色，与村民的生活紧密相连。遵循乡土性原则运用乡土植物，能够唤起村民的归属感和认同感，增强乡村的凝聚力和活力。

（2）功能性原则

乡村绿地承载着多样化的功能需求，功能性原则是乡村植物景观营造的关键指导原则，强调乡村植物景观功能的多元化，不仅应具备美学价值，更应完善其在生态、经济、社会等多方面的功能。例如，农田防护林主要起到防护作用，旨在保护农田免受风灾等自然灾害的侵扰；河流两侧的绿带则注重生态的维护和生物多样性的保护，确保河流生态系统的健康运行；农户的外部环境则更多地以美化环境和提高生产效益为主导。因此，规划设计乡村植物景观时，必须以满足这些不同的功能需求为前提，根据不同的立地条件对配置模式进行针对性的调整，以强调或突显某一特定的功能，从而实现乡村植物景观功能的最大化。

（3）特色性原则

特色性原则是乡村植物景观营造的灵魂。其强调在规划设计中要注重挖掘和展现乡村的特色和魅力，避免千村一面。植物景观营造中，应充分把握不同乡村独特的乡村景观特征，注重植物景观的个性化和差异化，选择具有地域特色的植物种类和配置方式。乡土植物通常与当地的历史文化紧密相连，承载着特定的象征意义，与当地的传统习俗或生活方式息息相关。故而特色性原则还强调在植物景观营造中传承历史文化，增强乡村的认同感和归属感。

6.2.3 乡村植物景观营造目标

（1）满足村民生活需求，创造宜居的生活环境

满足日常生活需求、营造舒适人居环境是乡村植物景观设计的首要目标。乡村植物景观的设计要考虑村民的日常生活需求，包括植物配置、植物的生态功能、景观布局等。这一目标旨在提高乡村居民的生活品质和幸福感，也可以提高乡村的吸引力和

知名度，有助于促进乡村的可持续发展。

（2）保护乡村的生态性，构建良好的生态环境

乡村生态植物景观营造是乡村景观建设的重要内容（任斌斌，2010）。乡村植物景观的设计应遵循景观生态学原理与适地适树的原则，选择适合当地气候、土壤和生态条件的本土植物，保证植物的生长与生态系统的平衡，保护和改善乡村的生态环境。

（3）传承地域的文化性，还原深厚的植物乡情

各类型植物景观融入居民的生活生产及社会文化传统中，与居民的民族信仰、生活需求等方面紧密相关（刘加维，2018）。植物景观的文化内涵可以体现乡村形象，在设计时必须尊重其所处环境的文化，把握植物景观的风格和主题，充分挖掘当地植物文化对植物造景的现实意义。通过实现不同表现形式的乡村植物景观体现地域文化特色，还原植物乡情。

6.3 方法策略与实施步骤

6.3.1 乡村植物景观营造方法策略

6.3.1.1 乡村生产型空间植物景观营造

乡村生产型空间是指提供生产经营服务的场地，主要包括耕地、园地、设施农用地、仓储用地等，是展示乡村农耕历史的重要体现。乡村生产型空间植物景观主要包含农作物种植景观和林果业景观。植物景观营造要最大限度地发挥景观资源的优势，同时综合考虑生产性植物景观的经济价值、旅游价值、观赏价值（图6-1）。例如，将农业与乡村旅游相结合，打造乡村特色产业，推动"三产"的融合，带动乡村经济发展（罗茜，2023）。

图 6-1 乡村油菜花田

（1）农作物种植景观

农业耕作地区在乡村占地面积居首，是乡村经济发展的基础。大面积的片林、农田的空间结构是乡村大尺度植物景观的象征（陈思思，2016）。在农田景观布局中，要保护好传统农田的肌理，通过合理搭配不同类型农作物，创造出具有层次感和丰富纹理的农田景观。根据不同农作物的生长特点和需求，合理组织种植空间。可以采用轮作、间作、套作等布局方式，提高土地的利用效率，通过选择不同种类的农作物，使农田景观更加多样化，提高农田的生态系统稳定性，促进生物多样性的保护，并减少病虫害的发生。

在田地附近的水沟、田埂、打谷场等处通过景观规划设计，增加一些具有服务功能的公共设施景观资源。将当地的文化元素融入农作物种植景观设计中，弘扬农耕文化和传统乡土风貌。利用当地的传统农作物、农耕工具等，整合农家乐、农业观光等要素，打造出富有农业特色的景观，展示农田生态系统及其地域文化内涵。除此之外，还可以在传统农业景观的基础上进行拓展，利用农作物进行科普教育，让人们能够参与这些生产性活动，体验采摘活动的乐趣，打造现代都市农业景观（表6-1）。

表 6-1 乡村生产型空间植物配置模式

植物模式	植物搭配	图 示
农作物种植景观	农作物混植	
林果业景观	果树+草花+乔木	

（2）林果业景观

林果业景观通过具有观赏性的林果业景点与村内道路相连接，来发展乡村旅游。根据当地的气候、土壤和市场需求，可以选择种植一些合适的经济作物和果树，考虑品种的生长特点、耐逆性和经济价值，以实现高产、高品质和高效益。在林果品种的选择和布局上，注意考虑不同植物的花期、叶色和果实颜色。定期修剪、施肥、病虫害防控以保证林果健康生长。同时，在进行林果景观设计时需要注意，果树种植区域生态敏感度较高，遭受破坏之后，会对其造成较大的影响。基于此，林果景观设计要在分析其景观特色的基础上，合理安排景点与观景场所，尽量使用原有道路，减少人为痕迹，展现真实的具有生产性气息的林果景观（表6-1）（梁俊峰 等，2020）。

6.3.1.2 乡村生活型空间植物景观营造

乡村生活型空间是以生活功能为主导的，满足人们生存和娱乐等需求的活动空间（张红旗 等，2015）。例如，居住用地、道路用地、基础设施用地、公共服务用地等人口密集的生活区域。乡村生活型空间植物景观主要包含庭院宅旁绿地植物景观、公共活动绿地植物景观、道路绿地植物景观。在进行植物景观营造时，应以提升人居环境、进行环境整治为主（图6-2）。根据当地的传统文化和村庄的特点，提升村容村貌并加强村庄风貌管控（罗茜，2023）。

图 6-2 北京房山区黄山店村乡村生活型空间植物景观

（1）建筑空间绿地植物景观

乡村建筑空间与村民息息相关，乡村建筑空间绿地植物景观营造是通过合理的植物配置和景观设计，在乡村居民庭院周围或宅旁宅间绿地进行合理的植物配置，增加庭院的美观度和实用性，为居民提供舒适宜人的生活空间，促进乡村生活的品质提升。根据建筑周围的现状空间布局，可以分为宅间空地、庭院绿地、宅旁绿地。

①**宅间绿地** 即建筑与建筑间的小型开放空间以及紧邻建筑的硬质地面，此类空间常常与建筑入口紧密结合，形成室内外空间的自然过渡，承载着休闲、停车、晾晒等多重功能，而且在设计宅间绿地时，需特别关注其与建筑内外空间的连续性，确保硬质铺装与周围环境和谐统一。在绿化方面，应充分利用宅间绿地的每一寸空间，实施"见缝插绿"策略。此外，建筑立面可配以垂直绿化，不仅能在视觉上产生扩张感，使绿化空间得到延伸，还能为居民提供更为丰富的视觉享受。

②**庭院绿地** 庭院空间通常起到连接作用，也是家庭活动和社交互动的场所。乡村建筑除了是村民日常室内外活动的场所以外，也有其独特的外形及历史内涵。因此在进行庭院绿地景观设计中，应将景观的观赏性与乡土文化的内涵相结合，注重乡村审美与装饰细节的把控。同时，必须兼顾采光、通风、安全及卫生等多重功能效果。依据乡村艺术审美与乡土经济的指导原则，对既有的绿化空间进行合理规划，可以适

度种植果树、庭荫树以及观花树种，这些植物不仅深受村民喜爱，且观赏价值高、寓意吉祥。对于硬质地面占比较大的庭院，应有效利用花坛与盆栽绿化。花坛绿化和盆栽绿化因其移动便利与组合多样，成为庭院中效率最高的绿化形式。甚至可将传统农耕工具如犁、石磨等创新性地融入其中，创造富有情趣的小景观。此外，屋顶绿化、墙面绿化及棚架攀爬绿化等垂直绿化方式也应得到充分利用。通过铁丝网、悬挂栽植槽、木栅格等结构，种植蔬菜花卉，形成绿意盎然的植物墙。在墙角处设置攀爬棚架，种植藤蔓植物，使绿色元素贯穿院内外。

③宅旁绿地　是建筑旁的小尺度绿地，主要用于园林绿化、蔬果栽植，既满足宅基地绿化功能，又满足日常邻里交流、家务劳动、儿童活动的功能。如今的乡村建筑形式既有传统样式，也有现代样式（罗茜，2023）。因此在宅旁绿地植物景观营造的过程当中，应当综合考虑民居建筑的外在样式、建筑材料、整体布局，确定植物种植位置和景观元素设置，根据当地气候和土壤条件，选择适宜的植物种类，考虑植物生长高度、繁茂度和花色搭配。在不同的活动区域，营造相应的景观。例如，集散区域设计花坛、绿篱、草坪等景观元素；通过植物绿篱、攀爬植物等，保护庭院的私密性，营造舒适的居住环境等，提供多样化的生活场所。同时，关注植物对光照、温度、水的需要，合理安排植物的位置，打造绿色环保、四季可观的庭院宅旁绿地景观（表6-2）。

表 6-2　乡村建筑空间植物配置模式

植物模式	植物搭配	图　示
宅间绿地	自然式地被+规则式灌木球+垂直绿化	
庭院绿地	规则式花箱+规则式灌木+乔木点缀+垂直绿化	
宅旁绿地	自然式草花地被+自然式灌木+乔木点缀	

（2）公共活动绿地植物景观

村落内的公共活动绿地是村民日常锻炼、游玩、交流活动的主要场所，是乡村集体记忆的承载者。通过植物景观设计营造宜人的环境，促进社区活动和文化交流。

休闲广场的植物分布可以分为绿地分散型休闲广场和绿地集中型休闲广场。对于绿地分散型休闲广场，可以结合异形树池和不规则绿地边界打破单调的硬质空间，使空间更加灵动活泼，更有趣味。巧妙利用植物的习性特征，通过植物群落的层次与疏密变化，营造不同类型的空间，满足人们的需求。植物选择以乔木和草本为主，冠大荫浓大乔木结合树池形成林荫空间，草花地被或观赏野草增加乡野气息。对于绿地集中型的休闲广场空间，植物种植比较集中，活动空间也比较完整，绿化面积相对大，可以形成完整的乔—灌—草植物群落。广场周围的座椅附近可栽植薄荷、艾草等草本植物，具有清新空气、驱赶蚊虫的效果；藤本植物与廊架围墙等组成独特的植物景观节点等（张万昆 等，2019）。

乡村公共绿地空间可分为中心绿化型绿地和组团型绿地。中心绿化型绿地规模较大，通常位于乡村比较核心的位置，且人流量大、景观视野好，兼具休闲游憩、生态绿化与乡村防灾避险的功能，植物选择以乡土树种为主，使用乔木与草坪结合而成的疏林地被，组织特色花木树种，结合山水自然景观，满足四季景观变化。组团型绿地空间与中心型绿地景观构建思路相似，不过由于组团型绿地面积较小，服务范围仅为附近的村民，就近为附近的老人和儿童提供休闲服务，因此在设计中要额外注重老人和儿童的需求，如在居民休闲活动的区域设置公共互动设施，通过集体活动、人景互动，为公共生活增添乐趣，丰富居民的日常生活。在追求功能与美感的同时，也要在安全方面采取措施，考虑使用人群的需求和相应的客观条件。例如，老人、儿童的身体素质，在设计中避免设计不易管理、生长周期长、有毒有害、有刺激性和易过敏的植物（张万昆 等，2019）；不宜采用枝叶密实的大灌木或小乔木，影响家长对孩子的看护；针对老人的下棋、打牌等爱好，可以布置树池与桌椅，树种选用冠大荫浓的庭荫树。

在植物选择上，要充分利用好当地的乡土植物物种，结合乡村田园景观、农耕文化、传统建筑等文化元素，营造特有的与当地文化气质相符的植物景观，如减少使用小叶黄杨等具有城市色彩的植物，可种植绣线菊、野蔷薇、厚皮香等乡土植物，提升景观观赏价值（表6-3）（胡思思，2023）。

表 6-3　乡村公共活动空间植物配置模式

植物模式	植物搭配	图　示
绿地分散型休闲广场	自然式草花地被+灌木+乔木树池	

（续）

植物模式	植物搭配	图　示
绿地集中型休闲广场	自然式草花地被+灌木+乔木	
组团型公共绿地	自然式草花地被+规则式灌木+乔木	
中心型公共绿地	自然式草花地被+灌木+乔木	

（3）道路绿地植物景观

乡村道路的设计应当与其实用功能相符，分级规划设计，并与村落规模相适应。乡村道路空间大致可分为交通型道路和生活型道路，两者在植物配置上各有特点。

①交通型道路　作为乡村的主要交通干道，其特点在于道路较宽，车流量较高。为保障行车安全及通行效率，乔木的株距不小于3m，分枝点高度2.5~2.8m。在道路两侧若有绿地或水系，应选择大型乔木作为主导，辅以花灌木、绿篱或草坪，形成四季常绿、景观多变的视觉效果。当道路两侧有建筑但仍有足够的绿化空间时，建议采用大型落叶乔木列植，以提供夏季遮阳而冬季又不妨碍日照的效果。若建筑距离道路较近，绿化植物应选用小冠幅的乔木，避免使用侧石作为硬性分隔，另用灌木进行柔性过渡。此外，考虑到行人的通行需求，在有建筑的道路两侧应设置足够的驻足和步行空间。

②生活型道路　更多地与村民的日常生活和游客的游览体验相结合。这类道路宽度相对较窄，两侧多为居民建筑。在设计过程中，为避免产生视觉上的压抑感，可根据空间大小散植乔木，间断种植灌木。利用不同花期的花灌木形成持续的观赏效果，同时创造曲折多变的空间体验。需要注意的是，在道路的转角处应避免种植大乔木，以免遮挡行人和行车司机的视线。此外，靠近建筑入户的地方，植物配置不应影响建

筑的采光和通风。切忌打破住宅与道路之间的连续性，可以丰富住宅的垂直空间，如利用常春藤、紫藤、藤本月季等藤本植物丰富栏杆、围墙等隔断物，以增加庭院与宅间道路之间的联系（胡思思，2023）。

在植物品种的选择上，为保持乡村道路空间的整体乡土风格特征，植物种类不宜过多。建议以乡土树种为主，乔木和灌木各选择2~4种，地被植物选择3~5种即可。此外，道路沿线上需要注重观景平台、公交站台、重要标识物的设计，保护与利用乡村道路沿途历史遗迹、古树名木等，可以打造独特的道路景观（表6-4）（梁俊峰 等，2020）。

表6-4 乡村道路绿地空间植物配置模式

植物模式	植物搭配	图　示
交通型道路	自然式草花地被+规则式灌木球+规则式乔木+植物组团	
生活型道路	自然式地被+自然式灌木+乔木点缀	

（4）滨水绿地植物景观

滨水河道，作为农村生态可持续性的重要标志，承载了运输、物能交流、环境保护及景观价值等多重功能。在乡村景观设计中，滨水河道的植物配置尤为关键。模拟潮湿地带稳定群落，选择耐湿植物，合理搭配营造河道两岸绿地植物景观（王怡芳，2018）。对于乡村滨水绿地植物景观设计，植物种类的选择与配置需综合考虑水系的整体效果，以达到景观的协调与统一。

①规则式驳岸滨水空间　植物景观设计的首要任务是强化生态防护功能。结合护坡设计以及当地的降雨洪汛季节特点，采用生态透水型地砖，并搭配草本与藤本植物，以美化护坡面。这种设计不仅考虑了生态需求，也兼顾了景观的美观性。同时，根据不同季节的水位变化，合理配置水生植物与耐水湿乔木，形成高低错落的植物景观，既增强了空间的层次感，也丰富了植物群落的多样性。在色彩选择上，以绿色为基础色调，适当加入其他彩色元素，营造出四季变化的景观效果，既符合生态原则，也满足了审美需求。

②自然式驳岸滨水空间　因其水位随季节变化而形成的半湿弹性缓冲区而具有特

殊性。这一空间通过合理的植物种植，可成为特定植物的栖息地。根据主要功能用途，自然式滨水空间可分为生态防护型、休闲游憩型和日常生活型。生态防护型滨水空间通常位于乡村人迹罕至的区域，如村子的外围空间，与农田林网相结合。在植物景观设计上，应在保留现状水岸植物的基础上，增加高大乔灌木、花果树等，既保护了生态环境，又丰富了植物种类。休闲游憩型滨水空间则更注重植物配置的丰富性和多样性，包括水生植物、地被草花、灌木、乔木等的混合搭配，以营造花色丰富的植物景观效果，满足游客的观赏需求。日常生活型滨水空间与村民的日常生活紧密相连，因此在景观营造上不仅要注重绿化美化效果，还要有效控制村民侵占河道空间的行为，禁止向河道内排放污水和倾倒垃圾，减少沿河违规扩建私有化的现象。这一类型的滨水空间在植物设计上更注重实用性和美观性的结合，如预留空地供村民设置活动亲水空间，打造具有乡村特色的景观设施，同时避免在水域条件好的地方种植过于密集的植物，以便村民观察水中倒影。此外，还应注意植物对观赏视线的引导，对景色不佳的景点进行视线遮挡，并在视线所及之处增加观赏型植物，以增加水面的景观效果，并体现乡村滨水植物景观的古朴自然特征（表6-5）（程艳红，2022）。

表6-5　乡村滨水空间植物配置模式

植物模式	植物搭配	图　示
规则式滨水空间	水生植物+色叶乔木+规则式灌木	
生态防护型滨水空间	水生植物+自然式草花地被+灌木+速生乔木	
休闲游憩型滨水空间	水生植物+自然式草花地被+观花灌木+植物组群	
日常生活型滨水空间	水生植物+自然式草花地被+规则式灌木+果树乔木	

（5）入口空间绿地植物景观

乡村的标志性入口，往往融合了独特的景观元素，如牌坊、寨门、花园、古树、桥梁等，这些元素不仅为人们提供了直观的乡村入口识别，还在空间上对乡村进行了明确的界定与分割，起到引导与指示的作用。这种独特的入口风貌，无疑为乡村的整体形象增色，提升了入口景观的吸引力，进而加深游客对乡村的整体印象与评价。针对入口空间的形态布局，可以将其分为绿化型和广场型两种植物景观设计模式。

①绿化型入口空间　以绿地为主导，缺乏大面积的硬质集散区域。这种设计模式在乡村中应用广泛，因其能够保持乡村的自然风貌，并与周围环境和谐相融。当绿地空间充裕时，设计师可运用草花地被、低矮灌木与乔木的组合，结合地形、道路、景石和入口建筑进行配置，将乡村的古树作为核心景观。此外，利用大型秋色叶乔木作为标识，结合精致的小品，能够有效提升入口的可识别性。而在绿地空间有限的情况下，例如，在旅游型乡村中，通过密植高大乔木如水杉、朴树、竹林等，能够巧妙地分隔乡村的内外空间，为游客带来一种豁然开朗的乡村体验。

②广场型入口空间　表现为乡村入口的高硬质化程度，通常与停车场、游客中心等公共服务设施相结合。在设计上，应避免过度硬质化带来的城市化倾向，应结合当地的场地条件和特色文化景观，以乡土树种为主导，选择树形优美、树冠浓密的常绿或落叶大乔木。通过设置树池坐凳，不仅能够为村民和游客提供集散与休憩的空间，还能够彰显乡村的自然与文化特色（表6-6）。

表 6-6　乡村入口空间植物配置模式

植物模式	植物搭配	图　示
绿化型入口空间	草花地被+灌木+乔木	
	草花地被+灌木/小乔	
广场型入口空间	乔木孤植	

（6）乡村停车场空间绿地植物景观

在设计乡村停车场空间的植物景观时，应以简洁干净、精致且富有乡土特色为主导，结合功能性与美学性，形成既实用又美观的植物群落。乡村植物配置应避免过于繁杂，以简洁精致的设计为主。

在停车场内部，可以通过植物配置划分不同的空间区域，如停车区、通道区等。在植物配置上，应注重韵律感的营造。可以通过不同植物的高度、形态、色彩和花期等特性，形成有节奏、有变化的景观效果。例如，可以在停车场内部一边种植小乔木一边种植花卉、草坪，形成高低错落、色彩丰富的景观。在停车场外部，可以密植高大乔木形成背景林，增加层次感和深度感。选择具有乡土特色的植物种类，以一两种基调树种作为主导，如常绿乔木，形成整体景观的骨架。在此基础上，适当插入花灌木或花卉草本，如观花灌木和地被花卉，以增加景观的多样性和丰富性。这些点缀植物的选择应注意高度适宜，避免过高或过矮，影响整体景观的协调性。这种内外空间的划分有助于提升停车场的功能性和美观性。

特别需要注意避免在转弯处种植枝叶密集的乔木或高大灌木，易遮挡行车视线，增加交通安全隐患，而应在转弯处应选择低矮、枝叶稀疏的植物进行配置（表6-7）。

表6-7 乡村停车场空间植物配置模式

植物模式	植物搭配	图　示
简洁型停车场空间	自然式地被+乔木	
景观型停车场空间	自然式地被+花灌木+乔木	

6.3.1.3 乡村生态型空间植物景观营造

生态型空间是保持乡村生态平衡、可持续发展的重要空间类型，能够为乡村提供生态产品和生态调节保育的空间。生态空间是生产与生活活动能够顺利进行的重要保障。

在乡村生态型空间植物景观的营造过程中，应当遵循保护自然生态环境的原则。为了保护乡村地区的"山水林田湖草沙"景观格局，必须坚持"生态优先"的原则。这意味着需要保护乡村独特的耕地、林地、植被以及周边水系等生态基质，并进行修复已经受损的生态景观。在尊重现有状况的前提下，需要对生态资源进行合理规划和利用。通过挖掘农村地区的特色生态资源，设计出具有生态价值的乡村景观。

①在进行山体植物景观营造时，需要考虑山体裸露和土壤污染的问题　为了保护和改善生态环境，需要采取生态种植的方式来修复土壤，并补充种植具有山体生态修复功能的乔木、藤本和草本植物。通过逐渐建立稳定的植物群落，可以强化山体景观效果，并实现山体的绿化覆盖（图6-3）。

图 6-3　北京市房山区黄山店村乡村山体植物景观修复

②滨水植物景观营造需考虑保护其生态完整性　在水环境污染比较严重的区域，通过清除水体中的固体废弃物，净化水体、提升水质，种植菖蒲、水葱、芦苇等具有净化能力的水生植物，兼顾河岸植物景观价值，建立水生植物净化系统，恢复水体自净能力。在水体生态条件较好的区域，可种植具有良好观赏性的本土植物，形成乔灌草的稳定植物群落，丰富河岸景观（表6-8）（胡思思，2023）。

表 6-8　乡村生态型空间植物配置模式

植物模式	植物搭配	图　示
山体植物景观	底层耐阴、保持水土的地被草本植物；中层耐阴小乔灌木；上层以常绿阔叶植物为基调，选用易成活、适应性强的植物	
滨水植物景观	分类搭配乔灌草种植区、灌草种植区、湿生种植区、水生种植区	

6.3.2 乡村植物景观营造实施步骤

6.3.2.1 现状调研阶段

（1）基础资料收集

①乡村发展概况　确定好乡村的类型模式及基本发展概况，包括经济、社会、人口等各个方面，方便后续进行植物景观营造。

②乡村资源与环境　首先，收集乡村的地理、气候、水文、土壤等自然资源方面的资料。同时，了解乡村的环境状况，包括空气质量、水质状况、土壤污染、生态环境等。其次，可采用深入乡村进行实地考察的方式，观察乡村的自然环境、资源利用情况、环境污染状况等，与当地村民进行走访交流，了解他们对乡村资源与环境问题的看法和建议。

（2）建立调研方法

乡村植物景观营造过程中的重点在于对乡村植物的调研统计，具体调研方法主要是从植物种类和植物分布两个方面对乡村现有的植物景观进行实地调研（表6-9）。

表6-9　乡村植物调研方法

调研类型	调研方法	调研内容
植物种类	现场踏勘、采集植物样本等	所辖范围内的植物品种、类型等
植物分布	系统采样法、随机采样法等	植物景观与各部分空间之间的关系

①植物种类　通常乡村中自然条件良好，植物资源丰富，具有发展潜力的乡土植物较多，可通过现场踏勘、采集植物样本的方式鉴定植物种类。可按生物学特征划分为乔木类、灌木类、草本类、藤本类、水生类进行统计，也可按不同应用类型划分为经济类、文化类和观赏类进行统计，特别需要对外来入侵物种进行甄别。

②植物分布　为深入细致了解乡村植物景观的分布，可以根据乡村空间的主体功能不同，可以划分为生活型空间、生产型空间和生态型空间，进而探究植物景观与各部分空间之间的关系，从而根据不同功能空间特点和需求来营造合理的植物景观。

根据地理位置和调查目的，可将调研区域划分为若干个样地，并在样地图上标注各个样地的植物种类和分布情况，随后采用系统采样法或随机采样法统计乡村植物的分布情况。

（3）调研总结分析

对上述调研成果进一步梳理，从树种构成、平面分布与空间构成3个角度对乡村的植物景观进行总结，从中探索乡村植物景观建设中的共性与不足。在此基础上，结合现场的调研问卷，从游客和村民的角度出发，站在使用者的角度对乡村植物景观进行评价分析，从而设计出满足村民需要和游客体验的乡村植物景观。

6.3.2.2　方案设计阶段

（1）确定目标定位及方法策略

基于调研结果，设定乡村植物景观营造的目标定位及方法策略。需要综合考虑多个因素，包括乡村的实际情况、发展需求、生态保护、景观美化、文化传承和经济发展等。

（2）确定景观结构与功能分区

根据目标定位及方法策略，确定景观结构与功能分区，综合考虑乡村的自然环境、经济发展、社会文化等多方面因素，确保各个区域和节点之间的协调性和互补性。

（3）筛选植物种类

在现有的植物基础上，进一步筛选出具有特色的乡土树种作为基调树种、优势树种、骨干树种和速生树种，并加入一些具有乡野气息的草花灌木以及特色植物。

（4）确定植物配置模式与空间营造形式

根据不同的功能空间确定植物的配置形式。常见的植物配置模式为自然式和规则式，其中自然式种植主要为孤植、散植与片植等，规则式种植包含对植、列植、树阵等。

（5）确定最终设计方案及图纸

植物景观设计通常分为初步设计（详细设计）和施工设计两个不同的阶段。初步设计（详细设计）需要绘制出种植设计平面图，图纸上应明确标注出常绿乔木、落叶乔木、常绿灌木、落叶灌木及非林下草坪等不同的种植类别，重点表示其位置和范围。应编制初步设计的苗木表，应标明植物的中文名称、学名、种类、胸径、冠幅、树高等，统计种植技术指标。图纸绘制常用比例为1∶1000~1∶300。施工图设计应满足施工安装及植物种植需要、满足设备材料采购、非标准设备制作和施工需要、满足编制工程预算的需要。

设计文件一般包括设计说明和图纸，种植施工设计图纸常用比例1∶1000~1∶500，局部节点施工图设计可采用比例1∶300。

（6）组织实施和管理

施工前必须做好各项施工的准备工作，以确保工程顺利进行。准备内容包括：掌握资料、熟悉设计、勘查现场、制订方案、编制预算、材料供应和现场准备。在施工阶段，要严格按照设计方案进行植物种植和配置。确保植物的质量和数量符合设计要求，并合理安排施工进度，确保植物在适宜的季节进行种植。

6.3.2.3　维护管理阶段

（1）日常维护及管理

在施工完成后，应建立长效维护管理机制，定期对植物进行修剪、施肥、病虫害防治等工作，确保植物景观的长期效果和可持续发展。

（2）追踪检测及成效评估

从植物种植开始建立详细的档案记录，包括植物的种类、数量、种植位置、生长状况等信息,这有助于追踪植物的生长情况和变化。根据设计目的和养护管理计划,制定科学的成效评估标准和方法。通过对比设计初期的植物景观和养护管理后的植物景观,评估植物景观的成效和养护管理的效果。

(3)成果宣传和教育

对乡村的植物景观进行成果宣传和教育,需要制定宣传计划、制作宣传材料、利用多种宣传渠道、组织活动、建立互动平台以及进行教育推广等。这将有助于提升公众对植物景观的认知度和参与度,推动乡村植物景观的持续发展和社会共享。

(4)总结经验教训

在项目完成后,可以收集乡村植物景观相关的各种数据和资料,包括设计文件、施工记录、养护管理日志、病虫害记录、外来入侵物种记录、公众反馈等,分析在设计、施工、养护管理等过程中遇到的问题和挑战。根据总结的经验和教训,再制订具体的改进方案。

6.4 乡村植物景观营造实践案例——江苏省南京市黄龙岘

6.4.1 黄龙岘村背景简介

黄龙岘村坐落于南京市江宁区江宁街道牌坊社区,地处南京丘陵地带,总体地势东北高、西南低,占地面积0.91km²,是典型的丘陵山水田园乡村(图6-4)。茶园、林地、水体和村庄建设用地构成了村落的主要景观特色,茶田约占地2000亩,四周环绕着茶山和竹林,黄龙潭则嵌入其中,形成了独特的"山—水—茶—林—村"格局。黄龙岘地区经过多年的发展,利用千年古驿道、仙竹亭、晏公庙等地方文化,充分发挥

图6-4 黄龙岘鸟瞰图

地方文化的作用，保护和传承优秀的民俗文化，发展千亩茶园、茶文化街，构成黄龙岘景区的"四道一湖四十景"，充分展示了黄龙岘特有的乡村文化风貌。

黄龙岘村虽历史遗迹众多，已有千年发展史，但村内的现状植物应用种类单一、季节性变化不明显、植物景观缺乏丰富的层次感和变化；一些节点的植物配置杂乱无章，缺乏统一的设计理念，导致整体观赏性和美感效果不佳；部分区域的乡村植物景观缺乏及时有效的养护措施，如晏湖、黄龙潭等地植物生长状况不佳，许多植物处于长期衰败状态。此外，茶文化村内植物景观城市化现象严重，缺乏乡村地域特色性。为解决这些问题，需要综合考虑景观的设计、植物配置、养护管理等，注重乡土特色和生态性需求，提高景观的品质和可持续性。

6.4.2 黄龙岘乡村植物景观优化提升

（1）生产型空间植物景观营造

黄龙岘茶文化村以其独特的生态环境和丰富的茶文化而闻名，在黄龙岘茶文化村的生产型空间中，黄龙潭被视为中心水系，周边环绕着大片茶田景观，广阔的茶田绵延而出，与潭水相映成趣。这片景观不仅展示了黄龙岘村丰富的自然生产资源，也彰显了其深厚的茶文化底蕴。以黄龙潭为中心的茶田区域植物景观的提升策略可以从以下几个方面入手。①梳理原有茶田肌理，考察茶园的布局、茶树的种植密度、茶树的生长状况等整体情况，确保新的景观改造能够与原有的茶园肌理相协调，达到更好的美学效果和生态效益。②针对黄龙潭岸边，利用柳树搭配鸢尾、黄菖蒲等水生植物，形成滨水岸边多层次的植物景观，增强滨水区域的立体感和美感。③运用色叶植物进行植物配置，营造季节变化的景观，使黄龙潭的植物景观四季皆景，为游客带来不同的视觉享受和体验（图6-5）。

图 6-5 黄龙岘植物景观效果图

（2）生活型空间植物景观营造

在生活型空间植物景观营造方面，黄龙岘茶文化风情街承载着黄龙岘村民的日常生活与文化传承，是生活型空间植物景观改造的重点。黄龙岘茶文化风情街的植物景观提升以展现4种生活图景为目标，分别为设计有儿童游园图景、街头游憩图景、乡村公园图景以及街巷品茶图景，并且依次以春夏秋冬分别对应四处图景形成别样的四季植物景观（表6-10）。

表 6-10　图景植物配置选择

图 景	植物配置选择		
	乔　木	灌　木	草本及地被
儿童游园图景	榆树、榉树、乌桕、楝、桃、紫叶李	山茶、油茶、石榴、紫荆、厚皮香、桂花、女贞	葱莲、野豌豆、芒、狼尾草、木茼蒿、紫菀
街头游憩图景	朴树、荷花玉兰、银杏、侧柏、水杉、椴树、刺槐	山茶、桂花、油茶、石楠、绣球、卫矛、野蔷薇	芒、木茼蒿、络石、紫堇、婆婆纳、马兰
乡村公园图景	合欢、乌桕、榉树、八角枫、枣、黑松、无患子	枸骨、紫珠、白鹃梅、粉花绣线菊	车前、半夏、明党参、灯芯草、芒、木茼蒿、狼尾草
街巷品茶图景	柿、柳、银杏、刺槐、枫香	雀梅藤、金银忍冬、鼠李	芒、野豌豆、黄花菜

①**儿童游园图景**　呈现童趣盎然、绿野盈溢的热闹春景。园内以空间再野化为主要种植风格，融入了丰富多样的植物品种，为儿童的游戏增添趣味性和想象空间（图6-6）。

②**街头游憩图景**　充满了迎接夏日的热烈氛围，让人们能够在炎炎夏日中找到远离城市的休闲与清凉。这片街头景观以淳朴、自然为种植风格，为游人们营造宜人的休闲氛围（图6-7）。

③**乡村公园图景**　植物配置以秋季色叶为主，呈现轻松、欢快的景象，展现出自然、野趣的种植风格，勾勒出秋日的美丽图景，为游客提供了一个放松心情、释放压力的理想场所（图6-8）。

图 6-6　儿童游园图景效果图

图 6-7　街头游憩图景效果图

④**街巷品茶图景** 冬季景观更多关注景观的休闲、静谧和宜人的特点，选择植物品种以营造出冬日里宁静舒适的氛围为目标，让植物在街巷中自然生长，增添乡野美感（图6-9）。

（3）生态型空间植物景观营造

黄龙岘东侧的晏湖驿站是进入黄龙岘村的一个入口，绕过晏湖，便可看到千亩茶园。作为村落的"门面"，需要保证晏湖生态系统的稳定性，由于晏湖具有季节性水位涨落的消落带，顺应季节变化，选择种植在汛期耐水湿，枯水期耐干旱的植物。消落带上部选择垂柳、落羽杉、枫杨；中部以山麻杆、芦苇、醉鱼草为主；下部以枸杞、水葱、萍蓬草等进行配置。形成生态结构稳定，具有观赏价值的消落带景观（图6-10）。

图6-8 乡村公园图景效果图

图6-9 街巷品茶图景效果图

图6-10 晏湖效果图

6.5 乡村植物景观营造的未来展望

6.5.1 生态友好与多样性的乡村植物景观

在城市化影响下，乡村生物多样性的环境条件和人为干扰强度发生了较大的变化，导致乡村生物多样性和人居环境质量快速改变。未来的乡村植物景观营造将更加强调对生态环境的恢复和保护，通过选择本土或适应性强的乡村植物进行种植，恢复被破坏的生态系统服务功能。

乡村作为人文自然共生地带，是生物多样性保护的基本场所，乡村植物景观是打造美丽乡村的关键物种。未来可通过结合水源涵养、土壤固持、生物栖息地提供等措施打造生态友好型乡村植物景观。倡导并实施多样性植物配置策略，避免单一物种的过度使用，构建多层次、多结构、多类型的植物群落，以增加生物多样性，降低病虫害风险，提高乡村植物景观的生态稳定性。利用乡村雨水花园、生态护坡等技术手段，在不破坏乡村主题自然基调的前提下打造具有自我调节能力的绿色基础设施，有效应对气候变化，减少资源消耗，实现节能减排。

6.5.2 重视乡村植物景观的地域文化特色

乡村植物景观作为乡村区域别具风格特色的典型代表，在改善和美化人居生态环境、展现独特风貌、激发地域活力、满足休闲游憩需求以及构建城乡有机联系等方面发挥着重要作用。

由于不同区域、不同类型乡村的功能需求和植物景观现状存在较大差异，未来乡村植物景观营造不能简单套用模式和方法，应在了解乡村植物资源、乡村景观风貌与乡村地域文化特色的基础上，深入挖掘乡村植物景观蕴含的美学和文化价值，充分利用乡村的乡土文化、村民喜好、风俗习惯、地域特点等，解析承载地域生态文化的乡村植物景观风貌特征，因地制宜地选择特色性的乡土植物。注重保护与恢复历史悠久的地域性乡土植物景观，最终打造成以乡土植物为主体的、稳定的、对环境友好的植物群落，重现乡村的自然和野趣。

6.5.3 数字技术在乡村植物景观营造实践中应用

数字信息化乡村是未来乡村发展的必由之路。未来的乡村植物景观在结合地理遥感信息、无人机航拍、VR虚拟漫游等新兴技术手段的加持下，可实现长期动态数据测量与景观评价研究，提升调研效率、完善丰富本土植物基础数据指标。

借助VR技术，以VR全景展示的乡村植物景观面貌，能够最直接地将乡土文化、植物景观特色展现在大众面前，带领乡村"走出去"。景观设计师可以通过VR技术能够更好感受植物配置在乡村中的实际运用情况、对乡村植物景观质量评价与营造效果进行研究（孙漪南 等，2018）。VR也可以在真实环境中叠加数字信息，帮助现场施工人员更准确地执行设计方案。

数字技术在乡村植物景观中的应用还包括后期植物的智能化维护、外来入侵物种和病虫害监测预警系统、生态环保监测设施等，通过物联网技术和大数据分析，实现对农田景观、绿化区域等的精细化管理。日常管理时，可采用无人机巡检、卫星遥感监测等手段，定期获取乡村生态环境数据，对外来入侵物种、植物群落演替、水土流失状况等进行动态监测，指导生态修复和景观再生工作。

小　结

本章对乡村植物景观营造的相关概念、面临问题和原则目标等进行了阐述，重点对其方法策略与实施步骤展开了详细介绍，并列举南京市黄龙岘的乡村实践案例进行辅助理解，最后结合当下热点话题，展望了乡村植物景观未来发展。

思考题

1. 乡村植物景观的形成受到哪些因素的影响？
2. 总结南京黄龙岘案例景观营造的特色，从中可以获得哪些启示？
3. 结合自身经历，列举2~3个有特色的乡村植物景观营造案例，并提炼它们的特点。
4. 结合未来乡村发展趋势思考如何更新乡村植物景观的内涵与营造手法。

推荐阅读书目

1. 乡村绿化美化模式范例. 李雄. 中国林业出版社，2023.
2. 植物景观规划设计. 苏雪痕. 中国林业出版社，2012.

第7章
乡村公共空间建设

本章提要

乡村公共空间是乡村居民最重要的交往场所，不仅是居民日常生活与公共活动的载体，也是维系乡村居民情感的纽带、传承村落文化的物质基础，在乡村发展建设过程中具有重要作用。本章将介绍乡村公共空间的含义，阐述其功能与价值，分析当前乡村公共空间所面临的困境，并提出乡村公共空间建设的原则和要点，以及公共空间的管理、维护和运营方法。此外，介绍了4种不同模式的乡村公共空间营造案例，为乡村公共空间建设提供参考。

学习目标

1. 学习了解乡村公共空间的功能价值；
2. 了解分析我国乡村公共空间营造的现实困难；
3. 掌握我国乡村公共空间营造的方法；
4. 了解各具特色的乡村空间建设实践案例。

乡村公共空间是乡村居民日常生产生活的核心空间场所，也是传承乡村传统文化的重要载体。正确引导公共空间建设，对于促进文化传承、激发场景活力、实现乡村公共空间可持续发展具有重要意义。

7.1 概述

7.1.1 乡村公共空间定义

乡村公共空间是指乡村聚落中所有居民能自由进出、自由聚集并开展人际交往与社会生活的公共场所（王东 等，2013），能够满足村民日常生活、交往活动和传播信息等需求，兼具"公共性"与"空间性"。与私人空间相对立，乡村公共空间是为乡村社会提供社会关联与人际交往的主要载体。

在广袤的乡村地区，乡村公共空间存在的形式多样，如井旁、桥头、溪边等节点空间，祠堂、庙宇等宗教空间，或组织红白喜事的广场空间等。这些居民聚集交流的场所空间，不仅承担居民生产、生活、交流、娱乐等功能，也是传承中国优秀传统文化、促进邻里和谐的场所，是凝结乡愁情结的重要锚点。

7.1.2 乡村公共空间功能价值

（1）乡村社区活动的主要载体

乡村公共空间是乡村居民最重要的公共交往场所，居民进行的各项社区活动都是在公共空间这个介质上完成的，因此乡村公共空间是乡村社区活动的主要载体。其承载着交友聚会、传统节庆、祭祀仪式等主要功能，在居民公共生活中处于核心地位。

（2）乡村聚落结构的核心骨架

乡村公共空间是乡村聚落结构的核心骨架，决定着乡村聚落的形态格局。聚落中的其他组成因素都在不同程度上与公共空间相连接，也因乡村公共空间而形成统一的整体。因此公共空间是乡村景观不可或缺的基础，也是连接乡村中所有因素的主线。

（3）邻里关系的交流桥梁

乡村公共空间为邻里之间提供了共同的聚集点，居民在此举行各类社交活动，并通过这些活动交流建立起深厚的族群联系，形成紧密的社会网络。友好的邻里关系为村民共同应对困难、分享资源和共建社区提供了有力支持。此外，公共空间为不同代际之间的知识分享、技术传递与文化传承提供了舞台，有助于传承与发展乡村传统文化，增强代际凝聚力。

（4）乡愁情结的重要锚点

乡村公共空间是乡村聚落的核心，是村民聚集交流的空间场所，也是在外村民产生乡愁的重要记忆锚点。乡村公共空间中的乡愁情结对于游子是一种特殊的感情，是大量背井的村民思念家乡故土时魂牵梦萦的重要节点，也是营造乡村诗意、唤醒乡土记忆、维护乡愁情境的常见要素（李梦豪，2022）。

7.2 乡村公共空间面临的现实挑战

7.2.1 族群关系与社交活动的变化导致乡村公共空间的"空心化"

乡村公共空间是维系血缘、地缘、民族信仰的乡村共同体的重要载体，是供村民聊天、红白喜事、民间互助行为、文艺汇演等乡村公共活动的重要场所。但随着经济社会发展，乡村中的族群关系与社交活动发生了巨大变化，乡村公共空间逐渐丧失其原有的功能并走向衰落，呈现"空心化"特征（图7-1）。主要体现在空间活力和文化价值这两个方面。

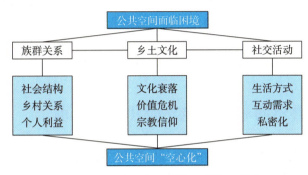

图7-1 乡村公共空间"空心化"示意图

（1）空间活力的空心化

乡村公共空间是乡村社会关系的反映，它不仅生产社会关系，又被社会关系所生产（包亚明，2002）。在传统的乡村社会结构中，血缘、地缘和民族信仰构成了乡村社会的基础，其中，血缘和地缘合一是乡村的基本状态（石亚灵，2023）。但随着城镇化推进、村落的转型撤并、传统生产生活方式的变革，乡村聚落的青壮年人口大量流失，血缘和地缘关系逐渐分离。随着人口流失、族群关系弱化，乡村公共空间的使用主体缺失，其发挥的功能价值减少、存在意义降低。而且族群关系的弱化导致村民社交关系的疏远，彼此之间交流互动与共同应对困难的需求减少，更加造成乡村公共空间场所功能的丧失与逐渐"空心化"。

社会经济的发展瓦解了乡村集体的紧密需求，村民不需再依靠社群集体力量来维持自我的生存、生产与生活，分散成一个个独立运作的小家庭单元，只关注于个体家庭的利益，导致村集体的社会约束功能弱化、族群信仰缺失等问题。加之村民个人利益至上，对于乡村公共空间的功能价值不重视，甚至将个人利益强加在公共空间中，将坝子、大树、水井等以往集体活动的公共场所划作私有，造成部分公共空间私有化。在此背景下，乡村公共空间被闲置，空间功能无法使用，其赋予的文化价值也逐渐衰亡。

此外，互联网技术的发展和数字文化的传播，使得村民的文化娱乐方式从公共领域退回到私人空间。随着生活多元化、"私密化"兴起，村民不再将乡村公共空间视作生活的"必需品"（郭明，2023）。大部分村民以家庭为单位活动在自家庭院中，邻里交流逐渐减少，加之村民对于公共事务的懈怠，公共空间使用率大幅降低。曾经被用于聊天交往和文化活动的大坝、大树、戏台等场所正在逐渐没落，失去活力。

（2）文化价值的空心化

族群关系和社交活动的变化同样也造成了乡土价值危机，乡土文化丢失，进一步造成乡土公共空间"空心化"。由于乡村的社会、经济、生产方式发生急剧变化，人们对于传统乡村文化认同感降低，乡村公共空间陷入价值认同危机。此外，乡村的没落加剧了乡村公共文化的衰落，导致集体记忆衰退，引发乡村社会的价值危机、伦理危机和治理危机（董磊明，2010）。宗庙、祠堂、戏台、戏院、街角巷口、河边树下、房前屋后等场所，是村民进行宗教祭祀、文化娱乐、生产生活的文化平台和公共场所，是乡村传统文化得以传承的物质载体。这些地方承载着乡村的集体记忆，是村民的物质和精神寄托，是乡村人际关系的纽带。但随着乡村人口变化和村民信仰观念淡化，这些公共场所的社会地位和功能逐渐弱化，大量宗庙、祠堂、戏台等被拆除或废弃，其所承载的乡土文化也日渐消失。

7.2.2 乡村公共空间难以满足新时代公众需求

乡村公共空间大多位于民居建筑包围的夹缝中，尺度较小、分布零散、配置简单。随着社会的快速发展，村民对于公共空间的需求正在不断演变和升级，传统的乡村公共空间难以满足新时代公众对于便捷性、舒适性和功能性等多方面的需求（陈铭，2023）。随着经济收入提升，村民的生活方式逐渐现代化，互联网的普及打开了村民的视野，要求更高品质的生活环境，而乡村公共空间发展缓慢，缺乏无线网络、健身器材、儿童游乐等现代化设施，同时在服务上也无法满足公众的多样化需求。例如，现代人高度依赖汽车出行，狭窄闭塞的公共空间难以满足汽车通行，且缺乏基本的停车场地，限制了现代人的可达性。电视、短视频等线上娱乐活动逐渐取代了传统的交流交往方式，在丰富多样的时尚潮流文化面前，枯燥乏味的集体活动难以引起村民的兴趣，导致村民参与公共活动的次数越来越少，公共空间逐渐被闲置。加之村集体治理能力的不畅与村民集体意识淡化，导致部分公共空间使用混乱、环境脏乱或杂草丛生，严重影响乡村风貌与村民使用。

此外，部分地区乡村公共空间分布不合理，导致村民使用困难（张诚和刘祖云，2019）。例如，在一些高山和偏远地区，行政村由数量不等、规模不同的寨子组成，每个寨子距离村委会较远，而文化空间多设置在村委会附近，导致大量寨民无法有效使用公共文化空间。

7.2.3 建设与使用者的脱离导致公共空间符号化、模式化

建设和使用者的脱离造成公共空间的设计和建设过程中缺乏村民参与，没有充分考虑使用者的需求和体验，使得公共空间的设计陷入符号化和模式化的陷阱。近年来，

在美丽乡村与乡村振兴指引下，乡村建设活动如火如荼。由于建设者对乡村的调研粗浅，缺少长期的访谈和田野调查，盲目模仿、照搬城市建设模式进行乡村公共空间建设，采用一些标准化的设计元素和功能布局进行简单化、机械化的规划设计，忽略乡村使用者的真正需求与传统生活习惯，与乡村原有风貌、自然环境和文脉历史相脱离，致使传统文化断层，场所精神弱化，乡村集体记忆退化，甚至破坏了原本独特的文化肌理，只留下符号化、模式化的公共空间。

另外，建设者过于注重乡村公共空间的外在形式和表现，而忽视了其实际的功能和村民的实际需求，导致乡村公共空间华而不实，缺乏实用性和可持续性。部分乡村为了发展旅游产业，盲目建设大而空的休闲广场，搭配城市化的活动服务设施，或者在公共空间中过度使用装饰元素和复杂的图案设计，重复套用其他地方景观标志、文化符号，导致各地的公共空间高度趋同，破坏了原有的乡土景观风貌，增加了建设和维护的成本，且不符合村民的审美、生活习惯和实际需求，导致公共空间的使用频率较低。为了追求形式上的美观，使用大量不可持续的材料和设备，对乡村的生态环境造成了严重的影响，甚至成为村民的负担。

乡村居民是乡村公共空间的主要使用者，但部分由政府和社会力量主导建设的乡村公共空间，采用自上而下的建设思维，没有以当地村民为中心，而是一味追求进度、效率和数量，或仿照其他乡村建设的成功案例，过度追求经济效益，完成政治任务（陈天琦，2023）。这样的公共空间缺乏村民认同、实用性较低，无法满足村民的日常生活和精神需求，而且外来文化不断入侵原生乡土文化，导致传统乡土文化遭受破坏，公共空间陷入文化认同危机，进而导致村民对乡村的认同感和归属感降低，乡村吸引力下降。

7.3 乡村公共空间营造原则与要点

7.3.1 乡村公共空间营造原则

（1）尊重历史，延续传统

乡村公共空间营造应当尊重当地的文化历史与传统生活习俗，因地制宜，使乡村聚落的传统文化能够得到更好的传承与延续。

我国幅员广大、地域辽阔，每个乡村聚落都拥有独一无二的历史沿革与传统文化，是乡村的根和魂。因此，乡村公共空间营造应当深入乡村居民生活之中，充分了解其独特的传统文化、生活习俗与民族特色，深入挖掘村落的传统文化与名胜古迹，对整个乡村聚落以及其周边地区的文化进行归纳整理。再基于历史、基于现状，合理规划乡村公共空间，使其能够与乡村聚落的传统文化相适配，形成内外融合、类型多样的传统文化保护空间，确保传统文化的传承与延续。

（2）统筹协调，因地制宜

乡村公共空间营造应当与乡村其他组成部分统筹协调，从乡村社会、经济、物质空间与生态环境的发展角度出发，因地制宜，统筹兼顾，合理安排。

每位居民对公共空间的范围与需求不同，在公共空间建设过程中容易产生诉求冲突，因此乡村公共空间营造不能孤立地进行，应当统筹协调多方利益诉求，寻求最优解，保证乡村营造能够促进邻里和谐，提高生活质量。同时，中国地大物博，每个乡村聚落所处的地理环境都不尽相同，在营造乡村公共空间的过程中，应当因地制宜，不断深入分析该乡村空间的形成机制，挖掘乡村自身的特色，做到量体裁衣、相地合宜。

（3）充分调查，以人为本

乡村公共空间营造应当充分考虑居民居住、生活、生产、娱乐等多方面的需求，并在规划设计过程中重视公众参与，统筹规划各空间类型的建设方向，使建设成果切实地为居民提供服务，保证建设成果的实用性。不能照搬自上而下的城市建设模式，避免乡村建设变成标准化、模板化、千篇一律的营造方式。因此，在设计时需要针对乡村进行充分的调查，考虑不同年龄和身体状况的人群需求，增设空间的实际使用功能，结合环境的可持续性和资源的节约利用，创造出符合居民需求和期望的公共空间。

（4）服务现代，面向未来

在进行乡村公共空间营造时，既需要融入现代设计理念与技术手段，提高居民的生活质量，又需要考虑乡村未来的发展方向，实现可持续发展。

随着社会的不断发展，乡村公共空间的功能和形态也需要不断更新，在人口流失、乡村"空心化"、人才聚集效应不足等背景下，乡村公共空间应提供休闲、娱乐、交流、停车等多样化的功能空间，做好内涵式公共服务和产品供给，促进乡村聚落的自我营造和发展。在建设中要充分考虑未来的发展趋势和需求，采用可持续的设计理念和环保材料，为乡村公共空间的未来发展留下足够的空间与可能。

7.3.2 乡村公共空间营造要点

（1）街巷与道路交通营造

在乡村聚落中，街巷与道路是外部公共空间最主要的形式，不仅具备交通功能，也是许多公共活动发生的场所，居民的日常活动或制度化仪式大多在街巷与道路空间中开展。乡村聚落的扩展通常都沿着道路或河流展开，最终形成以中心道路为主要脉络的空间结构，因此，街巷道路往往决定乡村聚落的整体空间布局。

乡村公共空间中街巷与道路的营造可以大致分为4个部分：街巷与道路尺度的控制，街巷与道路形态的控制，街巷与道路界面的控制，街巷与道路节点的控制。

①街巷与道路尺度的控制　日本著名学者芦原义信在《街道美学》中提出了不同街道尺度带给人的空间感受，依据街巷的宽度（D）与周边建筑高度（H）的关系，可得出应用于尺度控制的高宽比数据（表7-1）。乡村聚落中街巷与道路的功能不同，其D/H值也不同，在控制街巷与道路尺度时，对于原有街巷空间，应最大程度保留原始街道的尺度，而对于新建的街巷空间，最好能将D/H值维持于1~2，避免过宽的车行道路，保持令人舒适的街巷与道路尺度。

②街巷与道路形态的控制　乡村聚落中街巷与道路的形态往往受到多方面因素的影响。通常而言，自发形成的乡村聚落街巷与道路往往呈现的是自然的曲线，但受到

表 7-1　不同高宽比街巷给人的心理感受

高宽比值（D/H）	空间感受
<1	给人压抑的感觉，随着比值减少，压抑程度增加
=1	给人安定、平稳的感受
>1	给人一种疏远感
>2	给人带来宽阔的感觉
>4	街巷与周围建筑的相互关系变得非常微弱

聚落选址、气候、战争以及文化的影响时，也会产生规则的形态结构，如在珠三角地区，气候炎热潮湿，聚落为通风排湿，街巷往往呈规则式排列，以此形成凉爽的室外环境（王新征，2019）。街巷道路的曲与直会产生不同的感受，曲折的街巷空间更易让人停留，空间层次更为丰富，而直线的街巷空间使得视觉更为通透，便于观赏远处景观。在控制街巷与道路形态时，尽量采用多样灵活的街巷形态，避免呆板、单一。

③街巷与道路界面的控制　对于街巷空间而言，围合空间的界面主要是街巷两侧排列的建筑或墙体，其高度、材质、肌理、颜色及界面的开放与封闭程度都会影响空间给人的心理感受（王新征，2019）。中国传统的乡村聚落大多都属于以居住建筑墙体围合的封闭性街巷空间为主，以商铺、祠堂等公共建筑围合的开敞性街巷空间为次，二者交杂形成混合的界面形态。控制街巷与道路界面主要是通过控制建筑排布与更新建筑立面的方式来进行的。将街巷与道路两侧的建筑自然排布，形成凹凸的界面形态，能够增强街巷空间的层次感和围合感，吸引居民在这样的空间中活动。对建筑的立面材质进行合理更新，既要保留原有的传统特色，又要使其具有现代的时代特征，达到丰富街巷界面的目的。

④街巷与道路节点的控制　节点既能提供公共活动的场所，又能形成空间的节奏感，提升公共活动的质量与丰富度。乡村聚落的入口作为街巷空间的起点，通常都是街巷空间中较为重要的节点，它往往有着较为宽敞的空间尺度，以满足居民交通集散或仪式性的活动。部分乡村聚落街巷的末端也会成为较为重要的节点，布置祠堂或是寺庙，满足居民精神上的需求。除此之外，街巷与道路旁如布置有祠堂、庙宇、商铺等重要的公共建筑，那么它的周边也会成为重要的街巷空间节点。街巷道路与其节点串联形成乡村聚落中的街巷空间，在控制街巷与道路节点时，需在保持其交通畅通的基础上，通过节点形成空间的节奏感，实现空间的收放，以增加整个公共空间的丰富度。

（2）公共广场营造

广场空间是村民聚集的主要场所，设计者在营造公共广场时，不仅需要考虑广场的功能，也需要考虑当地土地资源的利用现状、村民的生活习惯以及该场地能否提升村民的生活质量与乡村公共空间活力。

公共广场的营造可以大致分为3个部分：公共广场乡村氛围的营造，公共广场形态的营造和公共广场功能的营造。

①公共广场乡村氛围的营造　广场空间与居民的生活联系紧密，进行空间营造时，应以居民的需求为导向，营造满足居民活动的公共广场。选址时，选择距离村民住宅

或重要公共建筑较近的场地，能增强公共广场与村民日常活动的关联性，提高使用频率。确定广场尺度时，需控制乡村公共广场的尺度，尺度适宜的广场给人以亲切感。广场的铺装材料应尽量选用乡土材料进行铺装，既能增加乡村特色，又能减少工程造价（严嘉伟，2015）。

②公共广场形态的营造　由于公共广场围合界面不同，广场空间形态多样，大致可分为四面围合型、三面围合型、L围合型和一面围合型。其围合界面具有虚实之分，实界面通常为重要的公共建筑物，虚界面则是视线能够穿过的树木、地被植物或休息设施等。当以建筑为主要围合界面时，可将周围的建筑作为公共服务建筑加以利用。当广场空间呈开放性时，则可通过植被、座椅、休闲设施围合，或改变地面铺装形式来形成围合界面，但铺装形式不应过于花哨，应与城市广场相区别。

③公共广场功能的营造　随着时代的发展，乡村居民对生活质量的要求不断提高，以往的公共广场空间已经难以满足现代乡村居民的生活需求。例如，以往的乡村没有停车的需求，但如今每逢佳节外出务工的年轻人归家探亲，需要车辆停放空间，由此对乡村公共空间产生了新的需求。因此设计者需对公共广场空间赋予新的功能，形成弹性的活动空间，满足未来发展的需要。但对公共空间赋予的新功能不能脱离乡村生活实际，而要贴近群众生活，控制建造成本，考虑村民的切身利益。

（3）宗教与仪式场所营造

仪式性活动是乡村公共活动中的特殊内容，主要包括婚丧寿喜、宗教活动、节日庆典与娱乐活动等，与乡村聚落内部的文化风俗、民族信仰密切相关。不同地域不同民族的习俗不同，这些活动形式差异巨大。

宗教与仪式场所的营造应当以人为本、以史为基，遵照当地的宗教仪轨、历史惯例与民族风俗，按照村民自治的原则进行建设，切勿将外来思想、现代思想强加于乡村宗教与仪式空间中。当然，宗教与仪式场所不仅是物理上的传统公共空间，也是居民寄托精神、抒发情感的文化空间，因此，可以在党和国家的大政方针指导下，有意识地引导宗教与仪式场所建设，促进公共文化空间建构，促进乡村文化交流与发展，保证宗教与仪式场所在乡村社会治理中起到积极的作用，发挥宗亲文化、传统礼制的积极作用。

（4）其他生态、生产、生活节点公共空间营造

乡村聚落是具有特定社会结构和自然景观的地域综合体，具有生产、生活、生态功能。在营造生态、生产、生活节点公共空间时，应当注意保护利用土地原有资源，把控乡村的开发程度，保护生态节点，改善乡村生态环境状况，避免在乡村建设过程中加剧三生空间的矛盾。同时，应当科学合理地布局生产与生活节点，优化平衡三生空间结构，打造布局合理、使用率高、生态节约的生产生活节点空间，形成宜居、宜业的乡村聚落。

7.3.3　乡村公共空间管理与维护

（1）公共空间日常管理

公共空间建设完成后，日常管理是决定能否真正满足居民需求的重要环节。社会

参与管理是实现乡村公共空间共治的重要方式，既能够让居民自主维护公共空间的基础设施，也能让公共空间切实的满足乡村居民的需求。①要激发广大村民的主体性，公共空间具有多种功能，居民在使用过程中就是在进行空间的管理；②发挥乡村内精英的代表性作用，通过他们的引导，积极鼓励居民参与，引导居民自觉遵守公共空间管理的规则；③加强乡村政府领导工作，组织开展各项公共活动，以此激发空间活力，实现公共空间的有序化组织化管理。

（2）公共空间清洁维护

公共空间的清洁卫生影响该场地的使用频率，干净整洁的空间环境能大幅度提升乡村居民的生活幸福度。①在建设公共空间时就需要考虑后期清洁维护的问题，选用便于清洁、能够长久使用的材料；②乡村政府组织安排村民，维护公共空间的清洁卫生；③健全空间规范管理机制，加强对公共空间的制度化管理，维护公共空间的干净整洁，建立舆论监督机制，对公共空间使用者的行为进行制约。

（3）公共空间运营

共同富裕离不开乡村振兴，乡村振兴离不开乡村运营（毛燕武，2023）。乡村运营是乡村聚落建设发展的重要方式。可在政府的组织领导下，成立集体农民合作社，或聘请乡村运营团队，对乡村各种资源进行调配运营，推进乡村共同富裕。

不同乡村聚落资源不同，公共空间的营造存在差异，传统文化也不尽相同，因此，在进行公共空间运营时需要因地制宜，不能简单地照搬模仿，应立足长远，充分调动政府、投资商、村民的积极性，打造具有本村特色的乡村公共空间。在引入外来资本运营的同时，为增加服务游客数量，通常会对乡村公共空间格局进行调整，有时会对传统布局造成破坏。而且迎合外来消费者而建造的活动空间并不符合村民的生活需求，在淡季时使用率低、空间浪费严重，还会导致各地乡村公共空间趋同，难以形成鲜明特色。因此，在乡村公共空间运营时，应考虑游客活动与居民活动的共同点，打造弹性公共空间，考虑乡村长远需求，做到可持续发展。

7.4 乡村公共空间建设实践案例

7.4.1 保护利用式——西藏山南市格桑村

格桑村位于西藏自治区山南市乃东区，地处温曲河谷地带，有着明显的垂直分异自然地理与生态资源，是西藏独特的粮食作物——青稞的驯化起源地，也是格桑藏戏的发源地。现状藏式传统建筑保存较好，农田、建筑、林网、水系等相互交织，形成典型的高原河谷传统藏族聚落形态。当前，村落老龄化"空心化"严重，主要靠农业种植和畜牧养殖为生，整体村落环境品质较差，市政基础设施相对落后，公共服务空间品质较低，无法满足村民日常活动及现代高质量生活需求。

格桑村的公共空间建设以保护利用模式为主，具体包括：①充分保护高原河谷生态、林网、水系，强化格桑湿地生态景观，利用湿地景观打造特色滨水景观；②硬化格桑村的主要街巷空间，沿街增设休憩坐凳、照明、环卫、排水等基础服务设施，连接周边国道、机耕道与林缘步道系统，沿线增设休憩活动节点，解决村民出行困难问题，提升日常使用舒适性与整体景观品质；③活化利用老村委会等危旧建筑，打造村史馆、藏戏传习所、手工艺文化传习坊、文化茶馆等公共服务设施，传承非物质文化遗产；④优化本命塔（白塔）周边环境，结合现状树林打造林间藏戏面具文化体验栈道，增设林下儿童活动设施、藏戏观演剧场、藏戏服饰林间秀场，传承并活化当地特色民族文化，提升公共空间品质提升；⑤结合现状水系设置生态净化溪流、天然泡池、洗衣池等景观节点；结合现状灌渠与田间道路，改造提升现状水磨坊建筑，优化水磨坊周边休闲活动与停车空间，为村民日常生活服务，营造藏民生产、生活文化场景（图7-2）。

图7-2 格桑村公共空间保护利用

第 7 章　乡村公共空间建设

图 7-2　格桑村公共空间保护利用（续）

7.4.2　更新改造式——重庆市柏林村

柏林村位于重庆市北碚区澄江镇西南部，背靠缙云后山，接壤温泉城，生态人文资源丰富，是近年来澄江镇通过缙云山综合整治和乡村振兴打造的新晋网红地。该村村民大多外出务工，村中仅剩年迈老人和儿童，是典型的空心村。柏林村原来的公共空间匮乏、周边的工厂污水严重影响了村庄的用水质量，村里垃圾随处可见。仅有村委会前的操场可以举行活动，且使用时间受限于村委会上班期间，与村民的活动时间相背，导致其使用率较低。该村于2021年被列入第二批重庆市传统村落名录后进行了更新改造。具体措施如下：

①整体保留村落原有肌理及村中的原石、土墙、青瓦、石孔桥、溪流、竹林等景

观要素，并将村周边的竹木、溪水、田园进行整合，夯实景观基底。②优化、修葺柏林村的道路空间，采用条石、瓦片、砾石等乡土材料进行路面改造，沿路增设休息、照明、标识等公共设施，提升柏林村道路空间品质。③对公共节点空间进行修复改造，在村口设置村民集会、休憩娱乐等复合功能的公共广场；在村内增设休闲长廊、休息亭、活动导航等，便于村民就近进行休憩、集会等活动。④改造村落院坝空间，清理废弃物品，优化植物景观，改善周围环境，方便村民日常交流活动。例如，在对王家大院进行改造修缮过程中，保留了部分毛石原色老屋，更新升级了部分川东民居，置入餐饮、民宿、书吧、研学、展示等新功能以发展乡村旅游，从而激活乡村活力，实现村落的活态传承（图7-3）。

柏林村通过更新改造盘活了乡村闲置资源，带动乡村经济发展，实现了传统村落从静态保护转向为活态传承，实现了村民、村集体、社会企业的三方共赢。

图 7-3 柏林村王家大院改造后效果

7.4.3 传承创新式——四川崇州市竹艺村

竹艺村位于中国竹编非遗小镇四川崇州市道明镇，背靠无根山，面朝川西平原，紧邻白塔湖。竹艺村拥有传承千年的竹编历史，但无法与现代产业发展接轨，竹编产业经济效益低下，大部分青壮年外出谋生，导致了竹艺村的"空心化"。为振兴竹艺村，当地政府充分挖掘竹编的文化内涵，打造道明非遗竹编产业品牌，并将竹编与乡村旅游融合发展，建设文创、休闲、娱乐、体验为一体的乡村旅游社区，推动道明竹文化以及林盘文化的推广和传承。

①与各大院校合作，借助高校先进新颖的设计理念，将道明竹编技术更新升级。2012年以来，道明镇先后与西华大学、中央美术学院等合作，建立了国内首个传统竹编研究实习基地，探索"学院+农户+基地"的产业模式。

②道明镇的非遗传承人丁志云等人不断更新竹编技艺，将竹编产品与时代潮流结合，添加诸多时尚元素，使竹编产品能够吸引大众的目光，远销各地。

③创新乡土建筑。竹艺村的建筑"竹里"代表中国乡村参加了第16届威尼斯国

际建筑双年展，其在设计中最大化保留了周围的林盘竹林和参天大树，通过参数化的"∞"的符号，实现对于空间、时间、场地的最大化回应。其建筑外立面与传统道明竹编结合，内部摆放了各种竹编文创产品，道明竹编与竹里建筑相辅相成。"竹里"建成后，为道明竹编提供了一个传播和交流的空间，并在其周边衍生了同类型的建筑，吸引了众多游客。

④依托于非物质文化遗产道明竹编，构建多样的景观装置或文创产品，摆放在村中的各个节点，引人观赏停留。例如，村口的"竹荪云朵"以云朵和熊猫为主题，高超的竹编技艺完美地再现了熊猫的憨态可掬和云朵的轻盈飘逸，让人们感受乡村休闲之感。

⑤竹艺村的许多公共空间都以竹子为主要元素，搭建了竹林小径、竹栈道、竹亭，将竹元素贯彻到每一个角落，让游客和村民可以在任何地方都能体验到竹文化。传承人的引领和竹编产品经济效益的提高，让村民重新拾起竹编技艺，也让游客有了更多近距离接触竹编制作的机会（图7-4）。

这些创新举措丰富了竹艺村公共空间的文化内涵和表现形式，让竹编工艺焕发新的生命力，再借力乡村旅游的生态产业链，实现道明竹编文化、林盘文化的传承和发展。

图7-4 竹里、竹艺公园与竹艺产品

7.4.4 引入发展式——浙江杭州市外桐坞村

外桐坞村位于浙江省杭州市西湖区，是西湖龙井茶的主要产地，毗邻中国美术学院、浙江音乐学院等高校，是"历史文化村+艺术创意村"一体化的综合性艺术村。其村落历史可以追溯到明朝时期,有逾600年的历史。外桐坞村原来发展缓慢,出现村民收入低下、房屋破败、基础设施落后、公共空间缺失等问题,后经数十年的乡村改造,从破旧山村转变为中国版的"枫丹白露"。

①采用数字技术,构建虚拟空间。通过数字技术将外桐坞村的几处代表景点构建成虚拟空间,游客通过手机或AR眼镜,在外桐坞村现场进行"元宇宙"时空"穿越"。通过挖掘村落历史和红色文化,构建富有教育意义的虚拟场景,便于游客进行体验和探索。②打造乡村IP形象,构建虚拟人物,通过对话式剧情和沉浸式AR场景,在虚拟人物的带领下感受村落的发展变化。通过数字手段,连接过去与现在,感受李白诗中的"朝涉外桐坞,暂与俗人疏。村庄佳景色,画茶闲情抒"的画面。虚拟技术的引入,突破了时空限制,让更多人了解到村落的基本情况。③依托艺术高校资源,引入艺术大家,开创艺术公社和艺术家工作室。将村中闲置的房屋建筑翻新成为学术交流、展览、艺术拍卖的新空间,作为艺术家们的工作坊。修建了日间美术馆,进行艺术展览,促进艺术文化交流,吸引外来游客和本地居民。④邀请中国美术学院对村落进行规划设计,统一村落风貌。建筑墙体艺术涂鸦,用乡土植物营造植物景观,废材利用构建景观小品,丰富村落公共空间形态。文化长廊采取了彩色亮化,以展示村情村史、民风民俗,还展示能人榜、美好家庭榜、道德模范榜和新外桐坞人等内容,方便村民或游客了解村落的历史文化,加深村民对村落的自豪感和归属感。⑤利用红色资源,构建红色产业,传播红色文化。通过修建文化景观纪念朱德总司令对外桐坞村发展的重要贡献。将一幢170年历史的建筑改建为朱德纪念馆,作为红色革命教育基地,记载朱总司令指导村落茶产业的故事以及生平事迹。在村落茶园修建元帅亭,摆放朱总司令和村民一起劳作的雕像,宣扬老一辈革命者的劳动精神,同时方便居民和游客休憩,观赏茶园景观。

外桐坞村将持续推进乡村数字化建设,携手众多青年艺术家,通过"AR+艺术"开启虚实交融的新世界,构建现实世界通往数字世界的艺术桥梁,成为中国"元宇宙第一村"。

7.5 发展展望

7.5.1 构建数字化与虚拟现实公共空间

随着信息技术的发展,数字化公共文化空间将成为乡村公共空间建设的重要方向。乡村网民规模的不断扩大和网络技术的不断发展为数字化公共空间创建奠定了基础(汪全莉和叶茂琳,2024)。

树立"互联网+"意识,利用互联网技术提高乡村公共空间实用性和分布均衡化,缩小城乡差距。利用互联网技术实现空间物理形态重塑,降低现代化建设对传统村落公共空间以及历史遗迹的破坏,保证乡村历史文化的活态传承与创新。完善乡村的信息化、数字化平台,促使村民主动参与数字化公共活动。利用网络大数据了解村民需求、人群活动情况，构建现代化、数字化、智能化的公共空间，提供完善的基础设施和多元化的公共活动，促进村民参与和共享。同时，还可以充分利用虚拟技术，重塑传统乡村公共空间活动场景。如在宗祠、戏台等传统公共空间应用虚拟技术，下载相关App扫描建筑空间图谱，生动再现祭祀、表演等传统仪式活动场景，打破时空界限，使漂泊在外的村民个体能同步体验乡村情感。采用三维、全息、全景方式展示乡村非遗技术、传统手工艺技术、民居文化活动等，让文化活起来。利用数字技术展示乡村传统生活、历史文化以及非物质文化遗产，让村民和游客可以更加直观地学习了解乡村情况。

通过数字技术，还可以提升公共空间的利用率和村民的活动参与度，线上和线下融合发力，逐渐提高村民自主参与建设乡村公共空间，增强村民与乡村的黏结性，强化村民对乡村的认同感和归属感。

7.5.2 多元主体共建、共治、共享公共空间

未来，随着乡村人群的多元化、社区活动的多元化及公共空间运营管理的多元化，乡村公共空间也降逐渐走向多元主体共建、共治、共享模式。治理主体大致分为上级政府、村两委、民间组织及乡贤、乡村村民、社团、高校、外来企业、民营资本等，各司其职、相互配合，共同参与乡村公共事务商讨、公共环境建设与公共空间运维（冯健和赵楠，2016）。通过多元主体的参与，开发乡村自然和文化资源，引入外来资本建设，借助高校等的技术支持，激活乡村历史文脉，促进村民自主参与，改善乡村人居环境。通过多元主体共同治理，改善乡村公共空间的设施和环境，提升公共空间的使用价值和社会效益，推动乡村社会的和谐稳定和可持续发展（图7-5）。

对于不同功能诉求、不同业态要求的乡村公共空间应选择合适的主体进行治理。村两委对于公共空间的建设主要起到监督其他主体运作，提供公共空间场地和设施，协调多元主体意见；外来企业主要提供资金，挖掘乡村开发价值；民间组织及乡贤协助村集体开展公共活动、治理公共空间；乡村村民是公共空间的主要使用者，提供公共空间和服务建设意见和使用需求。依据各主体的特点，梳理各方利益和机制关系，对各主体的治理分工与职责权限进行制度安排。规范创新公共空间治理权力，鼓励各主体在政府的引导下共同参与和主事，发挥村民主体作用，将公共空间治理纳入村规民约，村民自觉遵守。同时应积极完善工商资本与新型农业经营主体、农户之间的利益共享机制，通过有效的制度安排，最大限度地克服市场逐利性和个体自利性，维护、实现好群众利益。

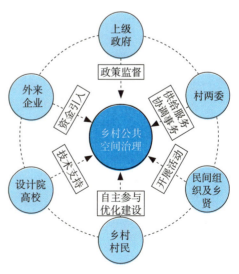

图7-5 多元主体共治公共空间

总之，乡村公共空间建设的未来是数字化、多元化相结合的未来。通过实体空间与虚拟空间的融合化、空间功能的多元化和专业化、传统文化传承与创新以及公共空间治理主体多元化，将为村民提供更加丰富、多样的文化生活体验，促进乡村社会的和谐、健康、繁荣与发展。

小　结

本章介绍了与乡村公共空间相关的知识，重点阐述了乡村公共空间的概念、功能、面临的挑战。乡村公共空间的营造主要从营造原则、营造要点、管理维护3个方面做了简单介绍，并介绍了我国乡村公共空间建设的实践案例，对未来乡村公共空间建设提出了展望。

思考题

1. 结合国内有特色的乡村聚落营造实例，思考如何应对乡村公共空间建设面临的挑战。
2. 试述乡村公共空间营造应当注意的原则与要点。
3. 试述乡村公共空间建设实践案例带来的启发。
4. 结合自身学习经历，思考我国乡村公共空间建设未来发展。

推荐阅读书目

田居市井——乡土聚落公共空间. 王新征. 中国建材工业出版社，2019.

第8章 乡村庭院环境设计与营建

本章提要

乡村庭院是村民日常生活的重要场所。基于不同地域气候和文化特征，乡村庭院在类型上多种多样，即承载了浓浓的乡土文化，也反映了不同地方文化差异。由于在思想认识和制度建设等多方面还存在一定的不足，目前我国乡村庭院的规划建设工作仍然具有很大的提升空间。除了根据具体的类型和功能需求，进行有针对性的规划和设计，确保庭院的美观性和实用性相得益彰。同时，科技进步为乡村庭院建设提供了更多的可能性和创新点。如何设计营造一个功能健全、舒适宜人、乡风浓郁的乡村庭院，从空间物质和精神层面上都满足村民使用需求，需要政府、规划设计师、乡村工匠、村民等多主体致力、共同缔造。

学习目标

1. 了解掌握乡村庭院的相关概念、分类与特征；
2. 学习了解当前乡村庭院环境营造面临的问题并思考解决路径；
3. 能够通过现地调查分析，以问题为导向，对特定乡村庭院开展方案设计；
4. 基于当前新时代发展特征，思考分析未来乡村庭院建设的发展方向。

8.1 概述

8.1.1 概念

庭院反映的是人们对居住的一种观念，是居住文化的一种积淀，它不仅在建筑史上有举足轻重的作用，更是表达了人们对生活的态度。乡村庭院主要指以家庭为基本单位，以住房建筑为中心，形成围合、半围合或开敞的范围区域，一般包括房屋前后以及周边的附属场地，有时还包括从事生产劳作的种植区域。本教材所探讨的乡村庭院是一个宽泛的概念，首先，乡村庭院的范围包括最接近日常生活环境的空隙地，即房屋前后以及房屋侧面之间的空间；其次，乡村庭院还包括庭院中的植物种植所划分的各个空间，以及在庭院中从事生活劳作的各种活动区域。乡村庭院是农村住宅的典型空间，可以说是村民生活和生产活动的核心场所。

乡村庭院是民居建筑的关键区域，同样是村民日常生活的重要场所，它承担了乡村居民日常活动需求的功能。乡村庭院通常有以下几个基本特征：

①自然环境　乡村庭院往往与自然环境紧密相连，可能有更多的绿色植物、花草树木，以及更开阔的视野。

②农业元素　乡村庭院可能会有一些农业元素和种植功能，如菜园、果园、花坛等，让人们能够亲近田园、体验种植的乐趣。

③多功能性　庭院可以用于多种活动，如休闲、娱乐、种植、养殖等，满足人们不同的生活需求。

④简朴风格　乡村庭院的设计风格一般较为简朴、自然，强调与周围环境的和谐统一。

⑤地方文化　庭院的布置和装饰可以根据当地风土风物进行个性化设计，展现独特的地方品位和风格。

乡村庭院作为乡村环境的基础，是研究乡村文化的重要载体。作为村民重要的居住环境空间，在高速城镇化进程和城乡一体化的背景下庭院功能和样式都发生了新的改变。乡村庭院景观设计对乡村人居环境改善和质量提升有着直接的积极意义，如何营建功能合理、富有地方浓郁乡土气息的庭院景观是乡村居住环境的基础。

乡村庭院景观是指在乡村地区，利用自然环境和人工元素，打造出具有乡村特色和美感的庭院空间。它融合了自然、文化和生活等多种元素，旨在提供一个舒适、宁静、富有乡土气息的户外活动场所。乡村庭院景观要素包括各种树木、花卉、草坪、水塘、假山、亭台楼阁等，以及农具、篱笆、石径、土墙等特色元素。这些元素相互搭配，形成了独特的乡村庭院风貌。乡村庭院景观不仅具有观赏价值，还能为人们提供休闲、娱乐和社交的空间。它可以是家庭生活的一部分，也可以成为乡村旅游的亮点，吸引游客前来感受乡村的自然风光和田园生活。总的来说，乡村庭院景观是乡村地区重要的景观形式，体现了人与自然和谐共生，以及乡村文化的传承和发展。

8.1.2　分类与特征

我国地域辽阔，各地的自然环境、历史背景、传统信仰等千差万别，孕育了千姿百态的地方文化。不同地域的人们，根据实际情况因地制宜、就地取材，衍生出丰富多样、特色鲜明的民居建筑形制和庭院样式。以下从功能、地域视角进行介绍。

（1）依据不同功能分类

①居住型庭院（生活型）　是指庭院所种植或养殖的所有材料不再被经济所主导，

而更多是为了满足庭院主人的生活需求、精神需求和情感体验。居住型庭院景观风格以庭院主人的需求和喜好为主,由于是无拘束限制的住宅环境,居住型庭院中往往摆放着方便屋主生产生活用具等物品。

②生产型庭院　指庭院以追求作物带来的经济效益为主,农户在庭院和周边进行养殖和种植,以带来经济收入。根据各区域不同的产业类型,形成本地区特色生产型庭院。种植型、养殖型、种养结合型、加工服务型等庭院都体现了不同区域产业经济特点。生产型庭院已经成为农民创收致富的重要手段和有效途径,也应成为各地政府大力发展的庭院类型之一。

③服务经营型庭院　更多是指农家乐、乡村民宿、乡村工作室和店铺4种服务经营型的庭院,随着乡村旅游的发展,越来越多的民宿和农家乐应运而生(图8-1)。服务经营型庭院最大的特点在于空间的服务性,院落中所有空间打造更多是为了满足游客的需要,一般要兼顾当地的人文资源、文化特色和自然环境,为消费者提供独特的经营和生活方式,体验乡村餐饮和生活等经营服务。不同服务经营类型在庭院功能和景观营造方面也会有所侧重。

图8-1　改造后的服务型民居(张清海　摄)

创意农业　将农业生产与创意设计相结合,通过种植特色农作物营造田园风光。

乡村旅游　利用乡村庭院的自然风光、历史文化和特色产业等资源,吸引游客前来体验和休闲。

民宿业　将乡村庭院改造为具有特色的民宿,提供给游客住宿和体验乡村生活的机会。

手工艺品制作　利用乡村的传统手工艺制作特色手工艺品,如刺绣、编织、木工等,销售与展示。

文化节庆活动　在乡村庭院中举办具有地方特色的文化节庆活动,如民俗表演、手工艺大赛等,吸引游客参与和体验。

这些不同服务发展模式,不仅可以促进乡村经济的发展和传统文化的传承,还可以改善乡村环境、提高农民收入和增加就业机会等。同时,也为城市居民提供放松身心、亲近自然的休闲方式,促进城乡交流和互动。

（2）依据不同地域分类

依据不同地域特征大致可以将乡村庭院类型分为平原型、山地型、水乡型和其他型，由于南北气候、民风民俗、植物资源等差异影响，同一种乡村民居类型在不同地区可能会呈现不一样的建筑和庭院风格特征。

①平原型庭院　东北平原、华北平原、长江中下游平原是中国三大平原。平原地区的乡村大多土地肥沃，居民以农业为主要生计来源，生活与农业息息相关，传统农耕文化浓厚。由于地势较为平坦，起伏和缓，因此平原村落的民居比较集中，乡村规模较大，乡村住宅分布比较均匀，形态多呈组团状布局，居住集中，排列较为单一。平原地区院落根据当地的生活生产方式、地理气候特征、习俗审美等因素呈现不同的差异，主要以合院形式为主，可按4个方向的聚合关系分成3种基本模式：四合院，院落四周都有单体建筑围合；三合院，院落3个方向由单体建筑围合，另一方向由院墙构成；二合院，两个方向为单体建筑，另两个方向由院墙或围廊构成，南方许多民居为避免西晒而不设东西厢房，就属于这种形式。如图8-2所示，典型的北方四合院格局以及江南地区围合式庭院景观。因此，平原地区庭院形态规整，多传统方形合院形式，功能齐全，有些平原地区庭院中另外搭建大草棚、猪圈、牲口棚等，在院里院外种植瓜果蔬菜，体现了农家生活气息。

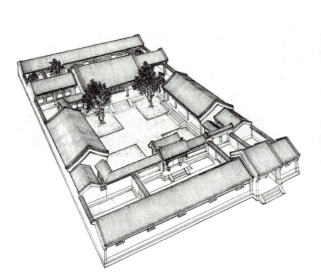

图8-2　合院式庭院（左图：潘谷西，2015；右图：张清海 摄）

②山地型庭院　我国山地和高原主要集中分布在西部地区，东部地区主要为平原和丘陵。本教材所指的山地型庭院指广义上的山地庭院，包含山地、高原、丘陵地区。山地型乡村主要特点高差较大，乡村规模一般较小，村民居住分散，住房依山就势，乡村周围有很好的山地森林自然景观（图8-3）。部分山地型乡村气候潮湿多雨，地形复杂多样，再加上经济条件的制约，需要尽可能地减少人工工程与土石方开挖。因此，山地型乡村庭院的营建中，不论从选址布局、院墙搭建，还是细部构造设计都具有明显的整体性和适应性，形成了具备抵御不良自然环境因素的系统。以顺应自然的方式，

充分考虑营建场地的各种空间环境因素，因势利导，转化不利因素为地域特色。山势的多变使得山地庭院并不囿于传统方形合院的形式，而更多的是依据地形环境所产生的三角形、扇形等多变的庭院形态，充分体现了山地民居因地制宜的建筑特征。川西、云南、贵州山区庭院多是这种类型。

③水乡型庭院　一般指依江、河、湖、海、塘等水域而居的乡村庭院（图8-4），其中尤以江南水乡庭院最负盛名。江南水乡型庭院特指江南水乡所处的长江三角洲和太湖水网地区，雨量充沛，因此形成了以水运为主的交通体系。居民的生产生活依赖水，这种自然环境和功能需要，塑造了极富韵味的江南水乡民居的风貌与特色。江南地区气候温和，无严寒酷暑，雨量充沛，夏季主要为东南风，而且附近出产优良石材及黏土砖，这些都对江南民居风格的形成产生影响。因此，根据江南水乡特有的丘陵环境、水系景观、小桥流水、江南园林等因素，江南水乡型庭院呈现细密别致的美，在庭院布置中保留了江南风格的材料、装饰、营造方式等，独具江南地域特色。

④其他类型庭院　除平原型、山地型、水乡型常见地域以外，也有一些如密林型、窑洞型等特殊类型乡村庭院，因自然环境、人文环境、社会环境、宗教信仰等方面因素，形成独具特色的庭院风貌。

图8-3　山地民居庭院（张清海　摄）

图8-4　水乡民居庭院（张清海　摄）

图 8-5　不同类型窑洞（引自 https://baike.baidu.com）

图 8-6　森林型民居（姜卫兵 摄）

窑洞型　窑洞型乡村庭院主要分布在中国北方地区（图8-5），如陕西、河南、河北、山西等省份。随着城乡一体化和现代化建设的推进，一些窑洞型乡村庭院面临着保护传统文化与改善居住环境的平衡问题，需要在发展中注重文化传承和生态环境保护。

森林型　该类型乡村庭院主要分布在中国森林密集的地区，如大兴安岭、阿尔山等地区。周围环境多为茂密森林和山间草地，空气清新，生态环境优美，植被丰富。居民多以林业、畜牧业为主要生计来源，生活与森林密切相关，传统林业文化得以保留。森林型乡村庭院社区多为分散式居住，庭院建筑多以木质结构为主，与自然环境融为一体，建筑风格朴实自然。独特的森林景观和优美的生态环境，吸引着游客前来休闲度假，促进当地旅游业发展（图8-6），随着生态保护意识的增强，一些森林型乡村庭院注重生态环境保护和可持续发展，同时也面临着生活设施改善和产业转型的挑战。

（3）依据不同形态分类

乡村庭院空间主要由围墙、建筑及周边植物围合而成，根据不同的围合形态，可将乡村庭院大致分为3种类型：围合式、半围合式、开敞式（图8-7）。不同高度围墙形成开敞和闭合的不同院落形态。

①**围合式庭院** 通常采用高于1.8m的围墙或密闭的植物形成围合空间，人的视线和行动均不能自由穿梭，庭院私密性较高，如四合院、环形土楼。部分院落四周没有植物或围墙围合，但是由于周围住宅分布密集，庭院被其他建筑遮挡，因此间接形成围合式庭院。

②**半围合式庭院** 常采用植物、花池、栅栏、矮墙等通透性好或低于视平线的材料围合空间，人的行动受阻，但庭院内外视线交流不受影响。若采用砖砌围墙，高度一般位于30~150cm或镂空形式，不遮挡视线。

③**开敞式庭院** 通常采用低于30cm垂直要素如砖石砌体，或与外部路面形成高差的形式划分出庭院的范围，或无围挡，依靠地面材料差异形成空间。开敞式庭院私密性较低，视线通透性好，除住宅外周围没有任何形式的遮挡，人的视线和行动可自由穿梭，庭院内的陈设可一览无余。

另外，根据庭院使用者的主体差异，又可以分为独居型和合居型，即一院一户和一院多户，大多数的村落庭院以独立一户式居住类型为主，部分传统村落庭院有多户或十几户甚至上百户的情况，如北方四合院、福建土楼等传统民居（图8-7）。

图8-7　围合式群体居住院落代表——福建土楼（陈宇　摄）

8.2　乡村庭院环境营造面临的问题与解决路径

8.2.1　面临问题

（1）认识层面

乡村庭院环境营造的表现形式在很大程度上反映了乡村居民的生活品质、精神文化需求以及审美追求。随着城市化进程加速，城市边界不断拓展，乡村居民开始逐渐脱离乡土这个空间。部分对乡土气质产生厌倦心理的村民和村干部在参与美丽乡村建设过程中盲目攀比，一味对乡村庭院进行现代化、城市化改造，使得乡村庭院丧失了乡土特色，逐渐与城市社区庭院趋同。此外，一些村民和村干部在乡村庭院规划管理方面知识匮乏，对庭院价值认识不足，且缺乏自主营造和维护庭院的积极性。这些因素共同导致了一系列问题，如乡村庭院居住环境脏乱差、庭院空间资源被严重浪费、不能充分激发乡村庭院活力等。

（2）制度层面

目前，我国各级政府职能部门对乡村美丽庭院建设的重要意义仍存在认识不足的问题，针对乡村庭院建设的专项资金和人员投入相对有限，且缺乏健全的制度。尽管已有部分政策文件、实施意见及标准导则为乡村庭院建设提供了指导，但这些文件尚未形成全面、系统的乡村庭院规划体系，仍需进一步完善。一些地方政府在积极推动美丽乡村建设的过程中，未能充分将美丽庭院建设纳入整体布局中，导致乡村庭院规划滞后。此外，部分地方职能部门虽已将乡村庭院建设纳入考核范畴，但缺乏长效的督促检查机制来巩固和扩大建设成果。因此，考核期过后常常出现庭院荒废、杂草丛生，严重浪费了人力、物力及财力资源。

（3）建设层面

乡村庭院规划设计与村落整体环境不协调。一方面，部分乡村庭院规划过于追求形式美，形态各异、风格杂糅，忽视了与村落整体环境的融合；另一方面，一些乡村庭院规划缺乏科学性和系统性，导致庭院功能布局混乱，各类生产生活设施堆放杂乱，庭院空间利用率不高，与优美的乡村环境格格不入。此外，乡村庭院建设实施成果见效差。由于缺乏前期论证和与村民的充分沟通，设计存在诸多漏洞，为后续实施工作带来了困难。有的未能充分结合乡村实际情况因地制宜进行适应性调整，导致规划内容空洞，缺乏实际可操作性。还有一些没有严格按照规划设计的标准来完成工作，导致乡村庭院的实际建成效果差强人意。

（4）效益层面

当前在推动乡村庭院建设的实践中，部分地区政府部门存在筹措资金能力不足的问题。这就造成了很多乡村地区庭院建设由于缺乏资金保证，进展缓慢。反之，如果在庭院建设上投入资金过多，会对乡村财政造成较大负担，进而影响美丽乡村建设的整体进程和最终效果。此外，一些乡村庭院在建造、改造过程中未能充分考虑当地实际需求和资源条件，导致建成后使用率低，无法达到预期的经济效益。还有一些乡村庭院缺乏科学的管理和长效的监督机制，最终被荒废。有的乡村庭院建设项目过于追求短期效益和形式美观，忽视了村民的实际需求，不仅存在破坏原有景观与功能的风险，还可能对乡村的长远发展造成负面影响。

8.2.2 问题解决路径

（1）认识层面

①认识乡村特色和文化价值 保护乡村特色：在庭院建设中注重保护和传承乡村特色，如建筑风格、乡土文化等，避免千篇一律。挖掘文化价值：深入挖掘乡村的历史文化价值，将其融入庭院建设中，提升乡村的文化内涵和品质。

②提升环保意识 加强环保教育：通过举办讲座、展览等形式，提高乡村居民对环保重要性的认识，引导他们在庭院建设中注重生态环保。推广绿色建材：鼓励使用

环保、可持续建筑材料，减少庭院建设对环境的影响。

③**实现传统与现代的融合** 挖掘和保护传统文化：对乡村的传统建筑风格和元素进行深入研究，将其融入现代庭院设计中，实现传统与现代的和谐统一。创新设计理念：鼓励设计师和乡村居民共同探索适合当地环境条件的现代庭院设计，既保持传统韵味，形成特色，又体现现代审美。

④**制定长远规划** 明确发展目标：根据乡村的整体发展规划，明确庭院建设的目标和定位，避免盲目建设和资源浪费。强化规划引领：制定详细的庭院建设规划，明确空间布局、功能分区等，引导乡村庭院有序发展。

（2）制度层面

①**制订和完善相关政策法规** 明确政策导向：政府应出台相关政策，明确乡村庭院建设的方向、目标和要求，为乡村庭院建设提供明确的政策指导。完善法规体系：建立健全乡村庭院建设相关的法规体系，包括规划、设计、施工、验收等环节，确保庭院建设的合法性和规范性。

②**建立激励机制和保障措施** 资金扶持：政府可通过设立专项资金、提供贷款贴息等方式，对乡村庭院建设给予资金支持，激发乡村居民参与庭院建设的积极性。土地政策：优化土地政策，保障乡村庭院建设的用地需求，如提供土地流转、宅基地退出等政策支持。税收优惠：对参与乡村庭院建设的单位和个人给予一定的税收优惠，降低建设成本，提高投资回报。

③**加强监管和评估** 建立监管机制：建立健全乡村庭院建设的监管机制，加强对建设过程的监督和管理，确保庭院建设的质量和效果。定期评估：定期对乡村庭院建设进行评估，了解建设进展、存在的问题和困难，及时调整政策和措施，推动庭院建设的持续发展。

④**推动公众参与和社会参与** 公众参与：鼓励乡村居民积极参与庭院建设，通过民主决策、社区议事等方式，增强居民对庭院建设的认同感和归属感。社会参与：引导社会资本参与乡村庭院建设，鼓励企业、社会组织等参与庭院建设，形成政府、市场、社会协同推进的良好局面。

（3）建设层面

①**制订科学合理的规划方案** 考虑乡村整体环境：在规划乡村庭院时，要充分考虑乡村的自然环境、地形地貌、气候特点等因素，确保庭院设计与乡村整体环境相协调。结合乡村发展定位：根据乡村的发展定位和发展目标，合理规划庭院的功能布局、建筑风格等，使庭院建设符合乡村发展的整体需求。

②**注重庭院设计的多样性和个性化** 尊重传统文化：在庭院设计中融入乡村地方传统文化元素，体现乡村特色和历史底蕴，增强乡村庭院的辨识度和吸引力。创新设计理念：结合现代审美和生活需求，创新庭院设计理念，注重庭院功能的实用性和美观性的平衡。

③**加强规划与设计的衔接与协调** 规划引领：通过制订详细的规划方案，明确庭院建设的目标、定位和要求，引导设计师和乡村居民按照村民要求进行庭院设计。部门协作：加强政府、设计师、施工方、乡村居民等各方之间的沟通与协作，确保多元

主体之间的顺畅衔接和有效实施。

④引入专业设计团队和人才　培养专业人才：通过培训和教育，提高乡村居民对庭院规划与设计的认识和技能水平，培养一支具备一定专业知识和实践经验的管理团队。引入外部专家：积极引进外部专家和设计团队，为乡村庭院建设提供专业的技术支持和指导，推动庭院建设水平的提升。

（4）效益层面

①推动庭院经济多样化发展　发展特色产业：结合乡村资源和优势，发展具有地方特色的庭院经济产业，如特色种植、养殖、手工艺品等，提高庭院经济的附加值和市场竞争力。培育头牌企业：通过培育庭院经济龙头企业，带动庭院经济产业链的延伸和拓展，形成规模效应和品牌效应，提高庭院经济的整体效益。

②加强庭院经济与市场对接　建立销售网络：通过建立线上线下销售网络，拓宽庭院经济产品的销售渠道和服务水平，提高产品的知名度和市场占有率。强化品牌建设：注重庭院经济产品的品牌打造和推广，提升产品的品牌价值和市场影响力。

③提高庭院经济管理水平　强化成本控制：通过科学管理和技术创新，降低庭院经济生产成本，提高经济效益。优化资源配置：合理配置庭院经济资源，实现资源的高效利用和循环利用，提高资源利用效率。

④加强政策扶持和金融服务　出台扶持政策：政府可出台相关扶持政策，如财政补贴、税收优惠等，降低庭院经济建设的门槛和风险。提供金融服务：金融机构可为庭院经济建设提供贷款、担保等金融服务，解决庭院经济建设中的资金瓶颈问题。

8.3　乡村庭院环境营造原则

8.3.1　地域性原则

广大乡村庭院空间作为乡村人居环境的一个重要组成部分，承载着丰厚的地域特色文化，是乡村村民与自然和谐发展的成果。因地制宜的庭院环境处理方式、就地取材的物料选择是乡村原生居民长期形成的营造智慧，是乡村气质的重要展现。因此，好的乡村庭院环境规划设计需要以乡村立地条件和实际情况为依托，从地域特色出发，充分尊重不同乡村的历史文化属性，从当地传统文化当中汲取灵感，将本土的建造智慧传承下去，保护和发展同步进行。

8.3.2　乡土性原则

乡村庭院环境作为乡土文化的一个重要载体，有必要也有责任对乡村的生产生活方式、民俗风情、文化底蕴、产业特色加以保护和发展。因此，乡村庭院环境规划设计和经营既要充分尊重乡村原始的自然生态环境，深入挖掘并弘扬乡土文化，增强乡村居民的认同感，又要与现代文化进行整合，满足现代人的生活需求和精神需求，引导村民保护和传承乡村优秀精神财富，确保乡土文化保持鲜活的生命力。同时，选用乡村原生天然物料和乡土植物建设庭院景观，也能够减少建设成本以及管理维护成本。

8.3.3 经济性原则

与城市居民相比，乡村居民作为乡村庭院经济的利益主体，往往更加注重庭院绿化景观的实用性，即在进行乡村庭院环境营造时，更加偏向于结合生产开展乡村庭院种植栽培、禽鱼养殖、简单手工加工或结合乡村优势产业开展商业项目，发挥庭院经济效益。前者即在乡村家庭院落空间种植可食用景观植物或有经济价值的果树、作物等，在美化庭院、改善乡村生态环境的同时，满足自给自足的消费需求，同时还可以将多余农副产品进行直接售卖或加工售卖。后者即依托乡村家庭院落空间打造经营场所，如乡村民宿、乡村工作室、农家乐等，开展餐饮住宿、旅游休闲、民俗文化体验、康养服务等经营性活动，将乡村庭院土地最大化利用，实现庭院经济创收，进一步带动乡村经济增长。

8.3.4 功能性原则

乡村庭院作为乡村居民日常生产生活息息相关的场所空间和环境设施，是村民走出住宅接触自然的第一个室外环境，是相对人为化的自然空间。它承载了村民的大量日常活动需求，具体包括通行、停车、休闲娱乐、文体活动、交流交往、晾晒、纳凉、晒太阳、聚餐聚会等各类活动。伴随乡村居民生活水平和生活条件的日益改善，更多的村民已开始关注自身居住环境的品质提升。优先考虑乡村庭院环境的日常生活、生产的功能性需求，从庭院的平面布局、空间结构、材料使用等都要体现庭院的功能性，设计营造一个功能健全、舒适宜人的乡村庭院，从物质空间的层面上满足村民使用需求。

8.3.5 美观性原则

乡村庭院环境在塑造乡村整体生态环境及村容村貌中发挥着至关重要的作用，庭院空间作为村民与自然交流最直接的场所，其美观性直接关联着村民的生活品质与幸福感。因此，在遵循乡村整体规划定位的基础上，还应注重庭院内部环境的形式美、色彩美、意境美等，通过叠山置石、设计水景、铺设道路、栽培植物、点缀小品等营造优美的乡村庭院环境，进而促进乡村人居环境的改善，为乡村居民带来更加舒适美好的居住体验。

8.4 方法策略与实施步骤

8.4.1 设计内容与方法

8.4.1.1 设计要素

乡村庭院空间中的设计要素主要为植物、景观建筑和景观小品3类。

（1）植物

乡村庭院应避免城市化的景观倾向，注重本土植物的应用，以降低维护成本并保持乡村气质，如南方的木棉、棕榈、凤尾竹、三角梅等，北方的胡桃楸、毛樱桃、枸杞、黄花菜等，以及发扬中国传统文化树种，如玉（玉兰）堂（海棠）富（牡丹）贵（桂花），梅兰竹菊四君子等。另外，通过种植具有季节性变化的本土植物，如春天的桃花、夏天的荷花、秋天的菊花和冬天的梅花，感受四季变化。乡村庭院树种也可选用当地的果树苗木等经济树种，绿化环境的同时，也能获得一定的经济效益，如黄桃、茶、柑橘、杨梅等经济苗木。

在不同区域可针对性设计种植（图8-8）。入口区域可对植石榴、蜡梅、柿子树等，地面铺青石板或老砖，增强传统文化氛围。中心区域根据庭院尺度大小和功能安排，可选择牡丹、菊花、芍药、荷花、竹子、桂花、茶花、樱花、银杏等，形成遮阴或开敞活动空间；也可选择枇杷、无花果、李子、桑椹、薄荷、紫苏等可食用的果树和草药植物，提供生活所需。围墙或围栏等可结合垂直绿化，选择爬山虎、金银花、木香、凌霄等，也可以选择葫芦、丝瓜等藤本植物，南方树木上自然寄生的蕨类植物也能展现地域特色。围墙可采用青砖或灰砖建造，与爬墙植物结合，展现传统与自然的和谐。另外，尺度较小的庭院可以结合盆栽植物营造自然氛围，如盆栽牡丹、菊花盆景、梅花盆景，以及季节性花卉等。

图 8-8　不同形式庭院植物设计（谢哲城，高亦珂，2021）

图 8-9　不同形式乡村庭院的门、墙设计（张清海　摄）

图 8-10　乌镇竹星院（引自：https://www.gooood.cn/）

（2）景观建筑

亭廊等景观建筑作为结构元素，其造型应注重地域特色。材料可优先选用地方竹质、木质或石质等材料搭建，搭配以葡萄、紫藤等攀缘植物点缀，既为村民提供休憩遮阴的场所，也可丰富庭院空间。院墙与门、廊、建筑等元素共同围合成院落空间（图8-9）。墙在庭院构成元素中占比例最大，是限定空间最有效的形式。墙不仅限定空间，还可以通过绘画、镂空设计或悬挂乡村特色物品（如谷物、玉米、辣椒）展示当地文化和增添乡村气息。门窗的设计既要承载传统美学，又要满足现代审美需求，通过与庭院景观风格的一致性设计，营造多层次庭院意境。

浙江乌镇横港村乡建项目——竹星院&落雨听风，就是将一座民宿后院打造成追"竹"星星的院子。如图8-10所示，场地位于民宿的北侧，面积约220m²，进深7m，一个稀松平常的乡村角落。从后院到河边道路中间有一片17m进深的荒地，荒地旁是一小片竹林。设计将院落、荒地以及竹林打通，在整合的空间中，增加折线形的分割墙，创造多样的流动空间。同时，分隔墙将院子划分成两部分，即开放的公共庭院和内部的私密空间，满足住客多维度的需求。院中还设计了观星盒子，增添场地的趣味性。人们可以躺在观星盒子竹椅上，仰望夜空，沉浸在这种"艺术介入乡村"的体验中。

（3）景观小品

乡村庭院景观小品设计，不仅是为了美化环境，更是为了保留乡村生活的真实与自然，让现代人在快节奏的生活中找回心灵的宁静和情感的交流。在庭院中搭建简易的休闲设施，如手工木质长椅、竹制小桥，或是一角的花草围绕的茶几，这些都是乡村景观中不可或缺的元素。同时，传统的农具如水井、碾子、手推车等，不仅诉说着往日乡村生活的故事，也成为景观中一部分。通过巧妙的设计改造，这些物品能够融入现代生活，成为连接过去与现在的桥梁（图8-11）。富有乡村特色的休闲设施与景观小品既能反映乡村文化底蕴，又能满足现代休闲的综合景观需求。水体设计结合观赏性与实用性，在条件许可的情况下可通过引入活水或设计具有动态美的水景，增强庭院的生机与流动性。庭院空间中山石的设置，可与水体、花木合理搭配，相得益彰。铺装通过使用具有传统象征意义的图案和根据功能空间选择合适的材料，不仅提升了空间层次感，也增加了庭院的质感和美观度。

图 8-11　景观小品的运用（黄铮，2018）

通过恢复和再现农业生产景观与农民生活景观，让游客和居民在体验乡村日常的同时，感受到乡村文化的魅力和深度。赋予每个角落以生命，让每一处设计诉说着情感的故事，这样的乡村庭院景观小品，可以丰富乡村的文化底蕴，为乡村旅游增添魅力。

8.4.1.2　功能与空间

空间是功能的载体，规划设计的目的就是营造系列空间满足多样的功能需求。乡村庭院空间设计一般应具有3个基本功能，即活动区、休憩区和生产区。

①活动区　是乡村庭院中充满活力的核心区域，是家庭成员和邻里互动、日常生活和举办传统节日活动的场所。活动区通常位于房屋的南侧或东南侧，以便有充足的阳光，适合开展各类户外活动和日常聚会。结合乡村生活的独特性，可以融入传统元素，设计为一片多功能的开放空间。

②休憩区　布局讲究与自然和谐共生，通常选在院落的隐蔽角落或后院，享有优

美的景观和足够的隐私。也可利用竖向景观和植被的屏障，如用传统的竹篱笆或苍翠的树篱环绕，不仅保护了私密性，还融入了乡村的自然风貌。种植庭荫树，如梧桐或银杏，形成浓密的树荫，或结合使用廊架和凉亭，采用传统的木结构和瓦顶，周围可种植芍药、菊花等传统花卉，增添雅致风情。此外，布置一两件古朴的石凳或竹椅，青石板或鹅卵石铺就的步道，以及小型鱼池，感受乡村庭院的古朴与雅致。在小型庭院中，休憩区可以巧妙与活动区融合，创造出静谧角落。

③生产区　家庭园艺不仅能满足家庭对新鲜蔬菜的需求，还能让家庭成员体验耕种的乐趣（图8-12）。菜园可以根据庭院的大小采用露地或箱式等不同种植形式，种植各种时令蔬菜和药草，如白菜、萝卜、豆角、葱、姜、蒜等，既实用又能增加庭院的绿色生态感。利用自然石或老砖制作的围墙，竹制的支架和围栏，增添乡土气息的同时，也起到实用作用。部分庭院有一定的家禽动物的饲养功能，相关饲养场所要保证通风良好，尽量与卧室等休憩空间保持一定距离。

每一种功能可以位于不同的空间，也可以是混合空间。乡村庭院空间的营造可采用空间分隔、空间对比和空间渗透等方法。空间分隔可利用自然材料和传统建筑手法，如植物绿墙、曲径通幽的建筑回廊、具有地方特色的漏窗等，创造多层次的空间体验。空间对比可通过精心设计的不同尺度大小、竖向高低变化、开闭空间以及色彩和材料的对比，如通过迎门墙和前院后院的设计营造出空间序列变化。空间渗透巧妙地借用周围自然景观，通过各式门窗和院落间的视线穿透，形成了一种内外交融的庭院布局，既展现了乡村庭院的包容性，又增强了与自然环境的和谐共生。

通过设计，每一个功能区都紧密贴合家庭成员的生活习惯和需求，不仅提升了庭院的使用价值，也让庭院成为家庭生活中的一个重要组成部分，增强了家庭成员之间的互动和生活的乐趣。

图8-12　庭院中的园艺种植（张清海　摄）

8.4.2 营造机制与方法

8.4.2.1 营造机制

（1）利用政策红利

随着乡村振兴战略和农村人居环境整治的深入推进，打造宜居生态的乡村生活空间是社会和学术界共同关注的重要议题。乡村庭院空间是乡村居民主要的核心生活空间，同时也是传统村落空间中的基本单元，它不仅承载了村民主要的生活、邻里交流等行为，也承载了居民在自然和社会环境之间长期磨合得到的生活智慧。因此，营造适宜居民生活和生产、景观优美的乡村庭院是建设乡村美好人居环境的重要举措之一。

2024年1月国家市场监督管理总局、全国妇联共同发布了《乡村美丽庭院建设指南》，该标准以"绿水青山就是金山银山"理念和"千万工程"为指引，以系统规范美丽庭院建设体系，为各地科学推进和指导乡村美丽庭院的新建、改（扩）建与管理提供依据为目标，在浙江安吉县美丽庭院建设模式基础上，吸收各地成功经验，结合相关政策文件，提供了乡村美丽庭院在基本原则、庭院布局、庭院风貌、环境卫生、家风文明、庭院经济、长效管理等方面的指导，提高了标准的科学性、适用性、可操作性。另外，在乡村振兴道路上各地也需要积极探索适宜的政策制度，充分调动村委及村民的积极性，加快开展乡村最美庭院创新示范，共同营造宜居宜业的和美乡村。

（2）尊重村民意愿

美丽乡村建设不仅是一种政府行为，同时也是一种公众行为，乡村庭院设计的基本原则是庭院属于村民，任何设计都必须将村民设定为主体，营造过程中更加需要尊重村民意愿，突出使用主体的需求，解决村民的实际问题。美丽乡村建设行动只有得到乡村居民的广泛认同，才有实施的价值和可能，设计团队在工作时应保持尊重村民意愿，以协作者的身份进入村庄，在系统性规划设计过程中切实做到以设计师为组织人和协调人，积极发动村民参与到乡村规划设计、建设与运营的各个流程中来，培养村民的主体参与意识。

（3）促进庭院经济

庭院经济是指村民以自家院落空间及周围空地为基地，结合居民自身的发展优势和庭院结构特点，从事种植业、养殖业、相关服务业或是多种模式结合的家庭庭院经济形式。构建新的庭院经济模式不仅可以对乡村土地进行规划，使其得到更合理的利用，还可以完善农村产业链，拓展农户的收入来源，从而促进三生融合发展。庭院经济的类型受多方面因素限制，与乡村的地理、气候、资源、文化、社会条件相关，也受庭院结构和农户自身条件影响，因此庭院经济的类型也有所不同，根据庭院经济功能和构成形式的不同可划分为以下两种类型：

①**种植、养殖型庭院经济** 这是较传统且应用广泛的模式，指依据乡村的地理和气候条件，选择可种植的区域性经济作物或可养殖的牲畜和家禽，也可将种植业与养殖业相结合的经济模式，既能充分利用庭院空间，并增加种植、养殖业产品的附加值，

从而实现庭院物质的循环转换。

②综合型庭院经济　依托传统种植业以及养殖业，挖掘当地人文历史资源，如当地的民俗特色、文化遗产以及当地特色手工艺术等，打造综合旅游观光、民俗文化、农家体验为一体的综合型"庭院经济"模式，既可以传承当地传统民俗文化，又可以为当地农户增加新的创收渠道。

（4）促进多方参与

"共同缔造"是源于"参与式规划"理念，因而参与主体与"参与式规划"类似，主要指人民群众，具体包括以政府、规划师、村民以及各种非政府组织等。从广义上而言，推进社区规划、乡村规划与建设活动实践的群体和组织，都可以作为共同缔造的参与主体，目的都是为了营造美好环境与推进和谐社会的共同发展。

村民是乡村使用者的主体，随着人口结构的变化，需求的多样化，乡村治理机制的完善，村民主体的回归是趋势，也是"共同缔造"的必由之路。以共同设计的方式引导村民参与公共事务，有助于"共同缔造"的实施与落地。其中政府机构主要承担的是统筹者和协调者的作用；规划团队主要承担的是设计者和沟通者的作用，在空间维度，规划团队是重要的空间设计者，通过规划用地方案和空间场所的推敲，提供最优的设计方案供探讨；村集体和村民主要承担的是主人翁和监督者的作用；乡贤和社会团体主要承担的是共建者和支撑者的作用。

（5）重视长效管理

创新治理模式，加强长效管护。建设运营是乡村庭院共同缔造的重要落脚点，也是乡村振兴行动真正见实效的根本环节。在建设运营的过程中，有条件的可以成立建设发展平台公司，对乡村建设的建设施工过程、招商引资过程、宣传推广的全过程进行把控，并成为政府部门、规划师、村民、乡村工匠协调共建的主要平台。

同时，评比管护是乡村庭院后期维护的重要一环，也是村民参与乡村建设管理、分享建设成果的重要途径，更是村民参与共同缔造的重要抓手。让村民参与到评比管护中，更能激发村民"主人翁"的意识，有助于将乡村庭院打造得更美好。如江苏溧阳市创新形成了如"百姓议事堂""微民生""三资监管""五最评比"等治理机制，处理多层次乡村事务，形成了多维度乡村治理的有效抓手。

8.4.2.2　营造方法

（1）加强整体性统筹

发挥规划引领作用，使庭院环境融入乡村整体大环境。以往村庄建设的重点主要针对村内的基础设施和公共空间治理，庭院空间往往被认为是私人空间而被忽视，缺乏整体规划。乡村庭院作为村庄整体环境风貌的重要组成部分，需要统筹规划庭院空间融入乡村整体风貌中。发挥规划引领作用，拆除庭院内违章搭建及影响村庄风貌的构筑物及设施，根据当地自然条件、气候及建筑风貌特色等内容，系统规划庭院风貌改造方案；同时根据村民实际需求及产业发展特色，制订若干庭院改造方案模式库，供村民比选，做到因地制宜、因户施策。乡村庭院施工的预算往往有限，因此合理规划，优先考虑功能性和必需性，可以有效控制成本。可以先建设基础设施（如排水系统和围墙及道路等），然后根据预算逐步添加植物和装饰。

（2）开展适应性设计

突出乡土建筑材料、植物材料应用，区别城市化景观。乡村庭院在设计过程中需要注重乡愁记忆的表达，打造出能够展示纯朴自然的味道，文艺传承的乡风环境。①要做到"因地制宜、就地取材、变废为宝"，需要考虑各地区不同的气候和地形条件，多雨地区需要重视排水系统的建设，山区和丘陵地带则要考虑地形对庭院布局和结构稳定性的影响。多利用废弃水缸、木桩、磨盘、石臼、石槽等作为绿化载体，尽可能选择本地适生种类品种的绿植，院落内部及房前屋后多栽种瓜果蔬菜、多年生花卉等。在院墙材质选择上，建议使用当地乡土材料，甚至是部分废弃二手材料，如废砖废瓦和破旧花瓶、轮胎等。通过一定的设计手法，"变废为宝"使这些废旧材料展现出新的面貌，选用不同材质堆叠的方式，可以打造出别样的风景。②在施工过程中，应考虑对环境的影响，尽量减少对当地生态的破坏。选择适应当地环境的植物，减少对水资源的需求和维护成本。③利用雨水收集系统和太阳能照明等绿色环保措施，可以提高庭院的可持续性。

（3）引导在地化建设

①<u>鼓励当地有经验建设队伍、村民参与施工建设</u>　乡村建设需要引导乡贤能人参加乡村规划与建设，增加村民凝聚力。从前期调研到方案设计再到规划论证，全程让乡贤、村民了解、参与，让"村庄管家"、新乡贤参与村庄治理。加强基层党建，树立党员干部先行典型，发挥示范带头作用，引导群众做好设计单位和施工单位的带路人、介绍人、收集人。听取村里老人对村庄历史的描述和展望，注重引导新乡贤和村里的能工巧匠出谋划策。

②<u>搭建"乡村工匠+专业施工队伍"的联合建设平台</u>　乡村工匠作为长久以来乡村环境的营建者，他们对于村庄风貌的本质有着更为精准的把控，这些把控大到空间肌理、建筑样式，小到巷道铺装、景观小品等各个细节均有体现。在他们的创造下，村庄庭院风貌既可远观，亦可细品，保障了"共同缔造"的实施效果。

（4）突出地域性特色

融合地域乡土文化展示，并突出产业特色。突出地域文化为导向，尊重乡土记忆，注入新功能，激活乡村活力（图8-13）。乡土文化的继承不是要原封不动地保留那些相对落后的传统农业生产方式，而是要将那些经过长时间积淀具有物质或精神价值的农业文化遗产保护好、发展好，它们是传统风格庭院景观的魅力所在，因此需要注重乡土文化的保护传承，还原村庄传统风貌，传承、挖掘本地传统特色文化，如使用地方传统的园林设计理念，保留或复兴传统的建筑风格和装饰模式，以及利用当地的民间艺术和手工艺品，以此增强庭院的文化价值和吸引力，最终要能引得起共鸣、说得出故事、忆得起乡愁。另外，功能健全、简洁舒适的现代庭院是多数村民所向往的，乡村庭院景观设计应采用多样化风格手法，以乡村立地条件和实际情况为依托，符合乡村发展规划和定位，注重乡土文化继承和发展，尊重乡村民众诉求，结合村庄产业特色，营建出符合乡村自身风格的庭院景观。

| 传统水井的保护利用 | 传统农耕文化的展示 |

图 8-13　乡土文化的继承与发扬（张清海 摄）

8.4.3　管理养护要点

与城市庭院的管理相比，乡村庭院的管理具有鲜明的独特性。

①**规模与布局**　乡村庭院通常比城市庭院拥有更大的空间，这为种植更多种类的植物、设置不同功能区域提供了可能。因此，在管理乡村庭院时，应充分利用这一优势，规划出既适用于家庭日常活动，又能满足农业生产需求的布局。

②**植物种植与管理**　乡村庭院的植物种植选择通常更倾向于乡土植物，如蔬菜、果树以及其他能够提供食物或药用的植物。这要求管理者不仅要掌握基本的园艺知识，还需要了解这些植物的特性和养护方法。

③**水资源管理**　合理利用和节约水资源是非常重要的。有条件的可以通过建立雨水收集系统、使用滴灌和喷灌等现代灌溉方法来有效管理水资源。此外，合理规划庭院的地形地貌，如设置小型蓄水池或沟渠，也有助于提高水的利用率和保持庭院生态的平衡。

④**生活垃圾处理和循环利用**　注重废弃物的处理和资源的循环利用。可以通过建立堆肥系统，将家庭和庭院产生的有机废弃物转化为肥料使用。同时，合理分配庭院空间，设置废物分类收集点，促进废物资源化利用。通过建立保洁员工作制度和垃圾清运管理制度，做到生活垃圾日产日清，村庄环境卫生管护有效。

⑤**病虫害防治**　乡村庭院由于其开放性和多样性，病虫害问题可能更加常见。因此，需要掌握病虫害防治基本知识，定期检查植物健康状况，采取物理、生物和化学相结合的方法进行防治，尽量减少化学农药的使用，以保护庭院内的生态环境。

⑥**设施与设备的维护**　乡村庭院可能会配备农具和设施，如温室、喷灌系统、工具房等。这些设施和设备的正确使用和定期维护是保证庭院正常运行所必备的，管理者应当熟悉这些设备的操作方法和保养要求，定期进行检查和维修。

⑦**社区协作与交流**　在乡村地区，庭院管理还可以是一个社区协作的过程。通过与邻里交流种植经验、共享资源和工具，甚至组织共同的庭院改造和维护项目，不仅可以提高各自庭院的管理效率，还能增进邻里之间的感情。

8.5 乡村庭院环境缔造实践

8.5.1 案例 8-1 江苏溧阳市竹箦镇陆笪村

（1）现状简介

陆笪村位于宁杭发展轴沿线，溧阳市域北部，瓦屋山休闲旅游度假区南侧，通过竹陆路可与溧阳乡村旅游主环线相连，从而快速到达溧阳天目湖、南山竹海、曹山慢城、瓦屋山、长荡湖等旅游片区。原陆笪集镇撤并后与陆笪村庄组成一个自然村，一条陆笪河穿村而过，陆笪集镇和村庄分别坐落在陆笪河的南北两侧，从而形成隔水相邻的布局状态，村庄外围自然资源多样，分布着丰富的农田、沟塘要素，与村庄空间有机融合（图8-14）。

图 8-14 改造实景航拍（江苏省城乡规划院提供）

（2）实践要点

搭建"乡村工匠+专业施工队伍"的联合建设平台 由专业设计团队负责技术保障，聘请本地乡村工匠队伍和专业施工队伍组成的施工方，同时确保乡村工匠队伍的工程量超过一半，发挥乡村工匠的"土法上马"本领，鼓励传统营建工艺，挖掘本土材料，在乡村建设中的细节处多出亮点。

突出陆笪村传统村落特色 保留乡土文化，尊重乡村民众诉求，打造山阳面馆、馄饨店、四季团子店、转角路小店等服务型乡村庭院（图8-15）。

山阳面馆

四季团子店　　　　　　馄饨店　　　　　　转角路小店

图 8-15　改造后庭院实景（江苏省城乡规划院提供）

（3）借鉴意义

盘活乡村闲置农房院落，进行经营性业态活化，村民争当起了"小掌柜"，满足新时代村民对美好生活的向往。2020年4月，江苏省住建厅公布首批江苏省传统村落名单，竹箦镇陆笪村榜上有名，这标志着陆笪特色田园乡村试点建设取得了初步成效。自2019年3月启动建设以来，仅一年时间，陆笪走出了传统村落的特色之变，吸引了一批又一批的游客前来一睹风采。据不完全统计，2019年以来，已有2万人左右到陆笪村参观学习，其原汁原味的改造方式让人惊喜，其特有的风貌风情让人找到了乡愁，成功的经营模式让人看到了"精神焕发的农村"，实现了乡村"干部能带头，群众有劲头，村庄有看头，种田有奔头"的目标。

8.5.2　案例8-2　江苏江阴市南闸街道陶湾村

（1）现状简介

陶湾村坐落于江阴西部秦望山的环抱之中，其建筑风格独特，以苏南20世纪90年代的传统建筑为主，这些建筑共搭山墙面，形成了条带状的联排建筑形式，赋予村庄一种独特的韵律感。

（2）实践要点

在陶湾村村民院落空间改造中，着重对宅前屋后、菜地、花坛等空间进行了精心整治。营建中多利用乡土材料，如废弃水缸、木桩、石臼、石槽作为绿化载体，尽可能选择乡土绿植，庭院空间多栽种瓜果蔬菜、多年生花卉等。村史馆及竹刻工作室等公共服务院落空间改造中，利用青砖、黄石、瓦片等当地乡土材料进行围合处理，在保留村庄

图 8-16　陶湾村房前屋后改造实景（江苏省城乡规划院提供）

原有风貌的基础上，满足了村民的日常出行需求，提升村民的生活质量（图8-16）。

（3）借鉴意义

为满足村民日常通行需求，陶湾村庭院设计延续了开敞式院落空间的传统特色，塑造了干净、整洁的陶湾村村庄形象，为村民营造了一个更加宜居的生活环境。

2023年7月，陶湾村顺利获批第十一批省级特色田园乡村，如今的陶湾山清水秀、田绿村美、活力提升，村民幸福感提升，收入渠道拓宽——有了自己的村史馆、活动室、书屋，有了活动广场和步道……村庄闲时管理提供45个岗位，忙时逾百个，2022年共带动80户农民增收约350万元。

8.6　乡村庭院环境建造趋势与展望

2024年中央一号文件中共中央、国务院《关于学习运用"千村示范、万村整治"工程经验有力有效推进乡村全面振兴的意见》（下文简称"文件"）中明确提出了要"提升乡村产业发展水平""提升乡村建设水平"，乡村庭院是乡村整体环境的重要组成部分，对于乡村振兴有着重要作用，同时乡村庭院环境在一定程度上反映了乡村振兴的成果，如图8-17所示，浙江省湖州市八里店镇的西山漾国家城市湿地公园和周边的居民区相互融合。"文件"中还提出了要实施乡村文旅深度融合工程，推进乡村旅游集聚区（村）建设，培育生态旅游、森林康养、休闲露营等新业态，推进乡村民宿规范发展、提升品质。

乡村庭院环境的未来展望包含了对自然生态、社区融合、技术应用等方面的考虑，旨在提升生活质量、增强生态系统的健康，并促进社区的健康与持续发展。

（1）自然生态：绿色可持续

未来的乡村庭院及其周边环境建设将深度融入生态设计原则，包括采用本地植被、恢复自然生态系统和提高生物多样性，这些设计不仅减少了对外来物种的依赖，还有助于恢复和维持地方特有的生态平衡。自然资源的有效利用，通过雨水收集系统、太阳能发电、地热能利用等方式，乡村庭院将更加高效地利用自然资源，减少对化石燃料的依赖，降低碳排放。此外，未来乡村庭院设计中还需要将重点放在资源的可持续方面，在庭院建设和装饰中，优先选择可持续采集或回收的材料，如再生木材、本地石材等，减少对环境的负面影响；庭院中可采取堆肥等废物循环再利用措施，将厨余和庭院废物转化为肥料，用于土壤改良和植物生长，实现物质循环，减少废物排放。水资源的节约与保护方面设计雨水收集系统，收集屋顶和硬质铺地的雨水用于庭院灌溉和其他非饮用水需求，减少对地下水和市政供水的依赖。通过建立智能灌溉系统，乡村庭院能够根据植物的实际需求和天气状况来调整水分供给，减少水资源浪费，并通过生态设计如建设雨水花园等措施，增强地下水补给，保护水资源。在庭院设计中整合太阳能板或太阳能照明设施，利用可再生能源为庭院照明和电力需求提供支持。通过自然通风、遮阳和绿化等被动式设计减少对空调和取暖设备的依赖，降低能源消耗。

（2）社区融合：共同缔造

乡村庭院环境将鼓励社区内共享空间和资源，促进居民间的交流和互助，增强社区凝聚力。通过社区居民的参与式设计可以有效地增强社区的归属感，这种参与

图 8-17 乡村庭院和周边环境的相互融合（引自：新华网 https://www.news.cn，翁忻旸 摄）

感让居民对自己的居住环境有更深的情感联系，从而增强了对社区的认同。与此同时，村民共同参与的设计过程往往需要村民之间的沟通与协作，这为各村民之间提供了相互认识和建立联系的机会。在共同讨论和解决问题的过程中，村民之间的相互理解和尊重得到加强，有助于建立和谐的邻里关系。此外，一处建成的乡村公共庭院可以作为开展教育与科普的场地：开发针对儿童和家庭的环境教育项目，如家庭园艺活动、野生动植物观察等，鼓励家庭一起种植蔬菜、果树或本地植物，教授儿童如何照料植物，同时了解食物的来源和重要性。引导儿童和家庭成员一起观察家庭庭院或周边环境中的植物和动物，记录它们的变化，培养观察和记录的习惯。促进家庭成员共同参与，以乡村庭院为依托的平台，从小培养儿童的环保意识和责任感。通过举办开放日活动或社区参观学习，将这些庭院作为实践生态生活方式和技术的展示平台，增加社区成员对可持续生活方式的了解和参与，培养下一代的环境意识。

（3）技术应用：智能智慧

在未来的乡村中，新的智能技术可以广泛应用于乡村庭院中，提高管理的效率和便捷性，这些技术会在多个方面体现出创新和进步，不仅能提升生活品质，还能促进可持续发展和环保。例如，智能灌溉系统，利用物联网技术实现智能灌溉，根据植物的实际需要和天气预报自动调节水量，既节约水资源又保证庭院植被的健康生长；太阳能利用，在庭院设计中集成太阳能板，用于供应庭院照明、水泵和其他小型电器的能源。这不仅减少对传统能源的依赖，还能降低能源费用；雨水收集和循环利用系统，通过设置雨水收集系统，收集屋顶和庭院的雨水，经过过滤和存储，用于灌溉、冲厕等，进一步提升水资源的利用效率；智能庭院管理系统，通过安装传感器和摄像头，结合移动终端应用，实现对庭院环境（如土壤湿度、光照、温度等）的实时监控和管理，甚至远程控制庭院内的设施。数字化技术如AR和VR在文化传承和展示上的应用，为保护和传播地方文化提供了新途径，增强了社区的文化认同感。新技术为乡村经济注入活力，有助于促进乡村旅游和本地产品的发展，实现乡村振兴和可持续发展目标。通过这些新技术的应用，未来的中国乡村庭院不仅可以成为展示现代科技与传统文化融合之美的示范，还能在促进生态平衡、提高生活质量和推动乡村振兴战略中发挥关键作用。

小　结

本章对乡村庭院的概念、分类和特征进行了分析阐释。从认知、制度、建设、效益层面探讨乡村庭院环境营造面临的问题，明确了乡村庭院环境营造的基本原则，提出了乡村庭院环境营造的机制和方法，包括利用政策红利、尊重村民意愿、促进庭院经济、促进多方参与、重视长效管理的营造机制等。最后，对乡村庭院环境缔造的未来趋势和展望进行了一些探索和预测，以期为未来乡村人居生态环境建设提供有价值的思考。

思考题

1. 我国乡村庭院景观风貌是否受到时代变迁而改变？
2. 总结各地建设乡村庭院的策略，从中可以获得哪些启示？
3. 结合自身经历，列举2~3个有特色的庭院建设案例，并提炼它们的特点。

推荐阅读书目

美丽乡村庭院设计导则. 严少君，孙丽，徐斌等. 中国林业出版社，2022.
乡村景观改造图解. 许哲瑶，杨小军. 江苏凤凰美术出版社，2023.

第9章 乡村建筑营建

本章提要

本章以乡村建筑的建造、设计为主线，介绍当下中国乡村建筑营建的历史过程、设计方法、建造流程、研究技术以及政策法规。内容主要包括中国乡村建筑研究的对象、历史及其发展历程，乡村建筑营建的基本原则，乡村建筑营建的方法与实施步骤，乡村建筑营建实践案例4个主要部分。

学习目标

1. 了解中国乡村建筑从传统到现代化的转型过程；
2. 理解乡村建筑营建的历史背景、发展阶段及其特点；
3. 掌握乡村建筑营建的基本原则；
4. 学习乡村建筑营建的方法与实施步骤。

乡村是人类居住的重要空间，乡村建筑营建能够反映乡村居民的生活与价值取向。随着城乡一体化发展，乡村建筑营建已经成为推动区域发展与改善居民生活质量的重要途径。在这一背景下，对乡村建筑营建的深入研究，具有现实和长远意义。

9.1 概述

9.1.1 中国乡村建筑内涵

乡村聚落，作为人类文明的重要组成部分，自古以来承载着物质与精神的双重属性。它们不仅是农业生产的场所，也是村民日常生活的背景，以及与自然和谐共生的田园风光的体现。这些村落因其悠久的历史和独特的生活方式，展现出独特的人文品质和可识别性。随着现代规划设计理论的发展，人们开始更加重视乡村聚落及其建筑的历史价值和美学意义。城市化进程和产业结构的调整对乡村的生产和生活方式产生了深远的影响。尽管现代村落已无法完全复制古代的形式，但它们仍然保留并反映了传统村落的基本特征和结构。在乡村聚落的建设与发展中，我们应当借鉴传统建设的有效经验，以此为基础，制定符合现代需求的发展规划。这种发展不应以大规模的拆除和重建为代价，而应注重生态的可持续性，以及对原有肌理的补充和扩展。在现代规划实践中，人们开始反思规划的真正意义。规划不应是一种强加于人的理想，而应是一种贴近实际、贴近民众生活的过程。乡村生活的丰富性和多样性不是简单的规划可以一次性塑造的，而是需要时间的积累和沉淀。

乡村聚落的多样性源自村民的集体记忆和个体在乡土民俗规则中的创造性表达。正如村落中的个体建筑，尽管它们可能遵循相似的院落形式，但在形制、规模、位置、材料和细节上都有所不同，这些差异共同构成了聚落的丰富性。

在当前的城镇化背景下，我们可以通过观察村民自发的建筑活动，理解其需求和智慧。这种自发性建造活动反映了村民对自身生活环境的深刻理解和适应。乡村规划的关键是要确保在建筑、经济和社会等各个领域的协调发展。保护村落的内在价值和自主性，强化村民的凝聚力，以及恢复村民对家园的认同感，是规划过程中的重要方面。通过这样的规划，促进乡村聚落的可持续发展，同时保留其独特的文化和生态价值。

9.1.2 中国乡村建筑的发展历史

（1）新中国成立后的缓慢更新时期

在新中国成立之初，国家面临着重建和发展的双重任务。乡村建筑营建在这个时期以恢复和维护为主，更新速度相对缓慢。政府推行了一系列土地改革政策，确立了土地集体所有的制度，为乡村建设奠定了基础。同时，乡村建筑的营建注重实用性和经济性，以满足基本的居住和生产需求。

（2）改革开放后的快速更新时期

1978年改革开放政策的实施，为中国乡村建筑营建带来了前所未有的发展机遇。随着经济的快速发展和人民生活水平的显著提高，乡村建筑开始呈现出多样化和现代化的趋势。政府加大了对乡村基础设施建设的投入，推动了农村住房条件的改善和公共设施的完善。

（3）加入WTO后的乡村建筑试验

2001年中国加入世界贸易组织（WTO），标志着中国更加深入地融入全球经济体系。这一时期，乡村建筑开始受到国际环境的影响，出现了多种建筑风格和设计理念的试验。乡村建筑营建开始注重可持续发展，探索绿色建筑、生态建筑等新型建筑模式。

（4）移动互联网时代的快速更新时期

随着移动互联网技术的普及，乡村建筑营建进入了一个新的快速发展阶段。信息技术的应用极大地提高了建筑设计和施工的效率，同时也为乡村建筑带来了更加开放和创新的设计理念。乡村居民能够更加便捷地获取建筑知识和信息，参与乡村建设的决策过程。

（5）新时代的乡村振兴

进入新时代，中国提出了乡村振兴战略，旨在全面推动农业现代化、农村繁荣和农民增收。乡村建筑营建在这一战略指导下，更加注重质量和内涵的提升。政府鼓励传统村落的保护和利用，推动乡村文化和历史建筑的传承。同时，乡村建筑营建也更加重视生态保护和可持续发展，努力构建人与自然和谐共生的美丽宜居乡村。

9.1.3 中国乡村建筑的现代化发展

（1）城市化进程中乡村建筑的处境

当前，我国城市化进程中存在一种现象，以城市兼并城郊的农田为代价，将城市空间的同心圆效应扩展至城郊乡村，使得这些地区逐渐转变为城市扩张的潜在用地。

在城市化进程中，城郊村庄的规划通常遵循两种策略：一是将村庄用地作为城市扩展的区域，建设"新城"；二是推动"新农村"建设，改善农村地区的基础设施和居住条件。21世纪兴起的"新城"运动，本质上是城市现代经济活动空间需求的一种回应。

历史上，许多大城市因在高速发展阶段，由于过度密集化带来的压力，采取了建设"新城"的方式来拓展空间，将郊区村庄转变为城市的新区，以期转移部分城市功能。然而，我国的"新城"建设过程中，出现了明显的近域扩散现象，即城市郊区化。这种扩张仅仅扩大了城市用地，但未能实现生活与就业的平衡，导致人口在城郊之间频繁流动，城市蔓延现象严重，反而加剧了城市的密集化问题。"新城"建设以及"农转居"项目并未能有效解决当地农民在身份转变后的生存问题。这些项目往往依赖于国家补贴，试图通过简单的方式改变农民的生活和生产方式（图9-1），但这种做法并未得到当地居民的普遍认同，甚至引发了对政府建设行为的抵制。我们应深入思考城市化进程中的规划策略，以及如何平衡城市发展与农村地区的生态环境保护、农民权

图9-1　浙江萧山南阳镇东风村运河两侧迥异的安置小区与现存村落（左）（google earth，2012年11月获取），萧山新街镇的高层安置小区（右）

益等问题。通过田野调查，探索更加可持续、人性化的城市化路径。

当前城市化模式在推进过程中，不仅对城郊地区的优质农田造成了侵蚀，破坏了生态环境，而且通过城市空间的同心圆扩展，将乡村地区转变为城市扩张的潜在储备地。这种现象在新城建设中尤为显著，盲目追求城市形象的宏伟，而忽视了对城市风貌的深入思考和本土文化的尊重。在新城建设中，往往存在对宽阔道路、夸张广场和大草坪的过度追求，对流行风格的模仿则缺乏对当地乡村格局历史的关注，这种强硬推进的新城建设模式，忽略了地方特色和历史文脉，值得我们进行深入的批判性反思。

对于新农村的建设，学术界尚未形成一套完整的理论体系。在实践中，倾向于总结典型村庄的经验，形成可学习的样板。然而，在理论上，往往从社会经济、土地利用、城乡规划等角度进行探讨，但忽视了对当地村庄格局、乡土建筑和历史风貌的考量。规划设计过程中，简单化地创造新图案，导致了"千村一面"的现象（图9-2），这不仅改变了当地人长期形成的生活方式，也破坏了文化传统。因此，在城郊村庄被彻底重写之前，有必要对其自身的发展历史，尤其是改革开放后的历史，以及内在规律进行深入的解读和分析。

图9-2　千村一面的乡村住宅

（2）城市化进程中乡村的自发性转型

随着城市化的推进，乡村地区面临着转型的挑战和机遇。乡村的自发性转型是指在没有或少有外部干预的情况下，乡村地区根据自身条件和需求，自主进行的经济、社会和文化结构的调整。乡村建设本身带有天然的自发性，城市建设中自上而下的他组织方式往往并不适用。与此同时，材料体系、文化价值标准的变化，使得传统的乡土营建法则逐步失去话语权。当代城郊农村的人居环境面临一种自发的转型，如何重新认识当代乡村的人居环境并引导其建设是亟待解决的问题。

随着城市化的影响，乡村地区的经济结构可能从传统的农业为主转向多元化产业，包括特色农业、乡村旅游、家庭手工业等。乡村社会结构可能因人口流动、教育水平提高和信息技术普及而发生变化，促进了社会阶层的多元化和社会网络的扩展。乡村文化和生活方式可能受到城市文化的影响，出现新的文化形式和生活方式，同时也可能在保护和传承传统文化的基础上进行创新。乡村的空间形态可能因顺应新的生产和生活方式需求而发生变化，包括住宅、公共设施和交通网络的更新。

浙江萧山南沙地区的若干村镇的乡土住宅（图9-3）具备新中国成立后至今的，尤其是改革开放后，中国城郊农村的聚落和住宅的一些特征和模式，并且反映了这个历史时期的外部条件。萧山南沙地区的乡土住宅样本虽然只是千千万万的中国当代乡土建筑和聚落大家庭中的一分子，它们的形式反映了当代中国农村乡土社会的生态、规则和文化，为新城镇化提供一些微观而乡土的视角。

图 9-3　浙江萧山南沙地区农村住宅多样的外观
a.南阳镇农民住宅　b.新街镇农民住宅　c.瓜沥镇农民住宅　d.义蓬镇农民住宅

（3）乡村的新城镇化发展模式

改革开放以来，中国经历了持续的自主工业化转型，从一个以小农经济为主体的农业国家，转变为一个拥有多个超大型工业和经济中心的现代国家。然而，城乡二元结构并未因此打破，城乡之间的隔离反而更加显著。在一些发达地区，乡村文化和精神逐渐流失，田园景观也遭到重新塑造。

党的十五届三中全会提出"新型城镇化"的新战略，其内涵与以往有所不同。新型城镇化不是简单地将乡村作为城市的"储备用地"，也不是简单地将小城镇扩张为大城市。其更深层次的意义在于逐步利用城镇化消除城乡二元结构，使小城镇成为特大城市与大城市之间的"缓冲"地带（图9-4），既是农业制度改革的保障，也是工业与人口的承接地。乡村不再仅仅是人口和土地的储备输出地，而是成为承载人口和生产的现代化低密度宜居小城镇群和村落群。

以浙江萧山地区为例。自1978年改革开放后，工业化转型步入快车道，经过近30年的发展，形成了纺织印染、机械汽配、钢构网架等六大主导行业。工业的快速发展对城市化提出了迫切要求，萧山城镇不断向周边乡村扩展。同时，萧山的农业也从传统的粮、棉、麻向特色农业转型，尤其是花木种植在全国享有盛誉，逐步发展为城郊型、都市型和现代化的农业。

萧山地区拥有蓬勃的高密度小规模工业化集群、田园化的乡村人居景观、自发建造的乡土住宅和聚落（图9-5），以及集中化管理和生产的农业种植产业。这些特征组合成一个稳定的系统，相互支持、相互依存，极具活力。在新型城镇化的发展时期，

图9-4　浙江萧山地区城市与乡村过渡地区建筑

图9-5　浙江萧山新街镇的当代乡土住宅和田园景观

萧山地区完全有能力和条件走出一条属于自己的"新型城镇化"道路，为中国其他地区的乡村提供反思和借鉴。

新型城镇化发展模式是指在城市化进程中，针对乡村地区特有的社会、经济和文化背景，采取的一种更加注重可持续发展、生态保护和社会融合的城镇化策略。这种模式强调在乡村地区实现经济多元化、社会和谐与文化传承，同时促进城乡一体化发展。鼓励乡村地区发展多种经济形态，如现代农业、乡村旅游、手工艺品制作等，以适应市场需求和提高经济活力。加强乡村地区的基础设施建设，如交通、通信、供水和供电等，以提高乡村地区的可达性和生活质量。政府应为乡村提供完善的教育、医疗、文化等社会服务，缩小城乡服务差距，提升乡村居民的生活质量，进而推动城乡在经济、社会、文化等方面的交流与融合，形成互补互利的城乡发展格局。

9.2　中国乡村建筑营建原则

中国乡村建筑的营建原则与目标是为了确保建筑在满足基本功能的同时，能够和谐地融入当地的社会文化及自然环境中。

9.2.1　坚固、实用和美观基本原则

在中国乡村建筑营建中，坚固、实用和美观构成了三位一体的基本原则，它们共同定义了建筑的功能性、目的性和审美价值。

坚固性是基础，它要求建筑能够长久地站立在自然环境中，不仅要能够抵御风吹雨打，还要能够具备一定的防震、防洪等功能。这需要建筑在结构设计上遵循科学合理的规范，选用耐久的材料，并考虑到地质条件和气候特征，确保建筑的安全性。

实用性则是乡村建筑的核心，它强调建筑的设计和布局应当以满足居住者的实际生活需求为首要目标。这不仅包括提供舒适的居住环境，还包括为农业生产活动提供必要的设施支持，如足够的储藏空间、便捷的交通连接，以及适宜的工作区域。实用性还涉及建筑的可持续性，如通过节能设计减少对资源的消耗，以及利用当地材料和技术以降低建造和维护成本。

美观性是提升建筑品质的重要方面，它不仅体现在建筑的外观设计上，更是一种对内部生活环境的精心打造。乡村建筑的外观设计应当尊重并融入当地的文化传统和自然景观，反映地区特色，同时满足时代审美观念。内部布局的和谐、光线的充足、色彩的搭配，以及装饰元素的巧妙应用，都能够提升居住者的生活质量，增强他们对家的认同感和满足感。

综上所述，坚固、实用和美观的原则是中国乡村建筑营建的灵魂，它们相互依存，共同塑造出既安全稳固、功能全面，又美观大方的乡村建筑，为乡村的可持续发展提供了坚实的基础。

9.2.2　自组织和他组织相结合原则

自组织是乡村社区建筑发展中的一种自然生长过程，它源于村民对环境的自然适应和对传统文化的传承。这种自发的组织方式通常基于世代相传的建筑技艺、地方材料以及对当地气候和地形的深刻理解。自组织的建筑特色往往体现了地区的文化身份和历史连续性，如村落中的宗祠、庙宇，以及民居的布局和风格，这些都是自组织过程的产物，它们记录了社区的记忆，成为乡村独特风貌的象征。

与自组织相比，他组织则更多地体现在外部力量对乡村建筑的塑造上。这通常涉及政府规划部门或专业建筑设计团队根据现代城市规划理念、建筑技术标准和法规要求来设计建筑和基础设施。他组织的目的是为了引入现代生活的便利性，提高居住环境的质量，同时满足社会发展和经济增长的需求。这种方式往往注重功能分区、交通系统、公共空间和环境保护，以及灾害防范等现代城市规划的关键要素。

将自组织和他组织相结合，是一种既尊重传统又面向未来的发展策略。这种结合有助于保留乡村建筑的传统风貌和社区的历史脉络，同时引入现代技术和理念，提高生活质量，确保社区的安全和可持续性。在实践中，这意味着在规划设计和营建过程中，既要考虑保护和继承传统建筑的特色，又要充分利用现代建筑技术和规划方法来改善居住环境，创造出既符合现代生活需求又不失地域特色的乡村建筑。通过这种融合，可以促进社区的经济、社会和文化可持续发展，实现乡村与城市、传统与现代的和谐对话。

9.2.3　地方化与全球化相结合原则

地方化在乡村建筑的设计中占据着至关重要的地位，它强调建筑应当尊重并展现所在地的自然条件、文化传统和历史脉络。地方化的实践意味着建筑师和设计师需要深入研究当地的地理特征，如地形、气候、植被等，以及这些特征如何影响建筑的布局、结构和材料选择。同时，文化元素如当地的艺术、手工艺、民俗和宗教信仰等，也应当在建筑设计中得到体现，使得建筑本身成为地域文化的载体（图9-6）。此外，历史背景的融入不仅能够唤起共鸣和记忆，还能增强场所的精神性，为乡村建筑赋予更深层的意义。

然而，随着全球化的步伐加快，乡村建筑也必须面对全球化的挑战。可持续技术的发展、环保材料的使用以及对全球气候变化的适应，都是当前建筑设计不可忽视的重要因素。可持续技术可能包括太阳能利用、雨水收集系统、高效的隔热和保温措施等（图9-7），这些技术有助于减少建筑对环境的影响，实现能源的自给自足。环保材料的选择则注重低污染、可回收和本地获取的原则，以减少建筑全生命周期中的碳排放。而对全球气候变化的适应则要求建筑能够应对极端天气事件，保障居住者的安全和舒适。

在设计乡村建筑时，建筑师需要巧妙地将全球化的要求与地方特色相结合，创造出既符合现代可持续标准又不失地域特色的建筑。这不仅是技术上的挑战，更是对建

20世纪50年代的草舍　　　　　　20世纪70年代的平房

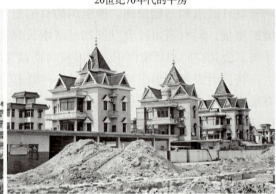

20世纪90年代的楼房　　　　　　新世纪的农民新居

图 9-6　浙江萧山地区乡村建筑的演变过程

图 9-7　浙江萧山地区太阳能热水器与坡屋顶的结合

筑师创造力和敏感性的考验。他们需要在设计中寻找平衡点，确保新技术和材料的引入不会掩盖或破坏当地的文化特质，而是与之和谐共存，甚至能够相互促进，共同塑造出具有时代感的乡村建筑新风貌。这样的建筑不仅能够满足当地居民的实际需求，还能成为当地文化交流和社会发展的平台，为乡村带来活力和希望。

9.2.4　低能耗与高效能相结合原则

随着全球资源的日益紧张，以及人们环境保护意识的提升，乡村建筑的设计和建造越发重视能源的有效利用。低能耗与高效能成为设计和评估乡村建筑时的核心原则，它们倡导通过被动式设计策略来降低建筑的整体能源消耗，同时提升建筑的运营效率。

被动式设计策略是一种以非机械的、自然的手段来调节室内环境的方法，它强调利用建筑本身的形式、结构和材料来实现能源效率的最大化。例如，通过合理的窗户布置和建筑朝向，可以有效地利用自然光照，减少对人工照明的依赖。提高保温性能，如使用高绝热性能的材料和构造，可以显著降低采暖和制冷的能源需求。此外，屋顶花园、绿色墙面等绿色建筑技术也有助于调节室内外温差，提供更舒适的居住环境（图9-8）。

图 9-8　乡村建筑屋顶绿化（新华网 http://www.xinhuanet.com/）

使用可再生能源是另一种减少对外部能源依赖的有效手段。在乡村建筑中，可以安装太阳能光伏板或太阳能热水器，以利用太阳能作为电力和热能的来源。风能、地热能和生物质能等其他形式的可再生能源也可以根据当地的资源条件进行开发利用。

低能耗与高效能的建筑不仅有助于减轻环境压力，还能为居民带来经济上的实惠。通过减少能源消耗，居民可以节省大量的长期运营成本，这对于提高生活质量和实现经济可持续发展具有重要意义。此外，这些原则的实施还有助于提升社区的整体环境质量，提升健康生活方式，同时也为乡村地区的可持续发展树立了良好的典范。

低能耗与高效能的设计原则不仅符合当代建筑的环保和可持续发展趋势，也为乡村建筑的未来提供了一个更加绿色、经济和宜居的方向。

9.2.5　经济性与舒适性相结合原则

经济性在乡村建筑的设计与营建中占据了重要的位置，它要求建筑师和建设者在项目规划阶段就充分考虑成本效益。这意味着建筑的设计、材料选择、施工技术和长期维护都要在预算范围内进行优化，以确保整个建造过程的经济可行性。经济性的追求不仅涉及初始投资的合理性，还包括对建筑生命周期内持续成本的控制，如能源消耗、维修保养和最终的拆除或回收。

舒适性则从居住者的角度出发，关注其生活体验和幸福感。这包括室内环境的物理舒适度（如温度、湿度、光照和通风）、空间布局的合理性、家具和设施的功能性，以及室内外设计的美观性和和谐性。舒适性的高标准不仅提升了居住者的生活质量，也有助于增强他们对家的归属感和社区的认同。

在追求经济性和舒适性的过程中，设计师和建设者面临着如何在有限的资源条件下最大化居住者的生活质量的挑战。这要求他们在设计时寻找创新的解决方案，比如利用当地可获得的材料和技术、开发节能高效的建筑系统，以及通过精心设计的空间布局来提高居住环境的整体品质。例如，开放式的厨房和客厅可以提供更宽敞的社交空间，而合理的窗户布置可以确保充足的自然光照，减少对人工照明的依赖。

此外，考虑到乡村地区可能面临的经济限制，建筑师可以采用一些低成本但高效的建筑技术和方法，如使用本地材料、推广自然通风和采光，以及采用简单的建筑形式来降低施工难度。同时，通过社区参与和自助建设的方法，不仅可以降低劳动成本，还能增强社区成员之间的联系和对项目的投入感。

经济性与舒适性的平衡是乡村建筑营建的重要原则，它要求在控制成本的同时，不断提升居住环境的品质，以实现在有限资源下的生活最优化。通过这种平衡，乡村建筑不仅能够满足居民的基本需求，还能为他们提供一个健康、舒适和幸福的生活环境。

9.3 乡村建筑营建方法与实施步骤

9.3.1 调查研究阶段

（1）乡村聚落的历史沿革与文化溯源

乡土住宅是乡土建筑的一种重要存在形式，建筑学界对乡土建筑的研究由来已久。乡土建筑（vernacular architecture）领域的研究是在20世纪70~80年代逐渐繁荣起来的。以刘敦桢、梁思成、龙庆忠以及刘致平为代表的研究者，借鉴了西方的古典建筑测绘的建筑研究方式，对我国西南、西北等地区的典型民宅进行了调研，这些测绘的工作成了我国乡土建筑研究的起点。在20世纪末，研究方向从单体研究逐步开始向聚落研究拓展。20余年来，社会学、人文地理学、传播学、生态学等学科的研究与乡土建筑渐渐形成了交叉和交汇，这些学科的方法、技术、观念等都为乡土建筑的研究提供了理论与方法的支持（段威，2015）。

（2）乡村建筑的测绘与社区访谈

乡村建筑的测绘与社区访谈主要以田野调查、问卷访谈等形式进行。田野调查是指以实地调查、观察和交流为主要手段，深入了解和掌握调研对象的实际情况、问题和需求的一种调研方法。该调研方法通常需要设计人员亲自到设计对象所在的现场，进行实地考察、采访和观察，以获取更真实、全面、深入的调研数据和信息。乡土建筑的人居环境需要现场各种感官的综合体验。这不仅需要实地考察测绘具体的样本，还需要研读场地所处的环境。此外，对乡土建筑形式规律、生成机制的研究必须要将诸多样本与其所处的环境、人文背景相互关联起来思考，只有在现场和乡民交流，才能真切地把握影响建筑形态生成的重点因素（段威，2015）。

问卷访谈是指通过运用相关评估模型（如层次分析法、相关性分析法、李克特量表法、语义差别法等）制作访谈问卷表格，并且进行实地调研与问卷发放，多角度采访设计区域的各类人群，尽可能获取更多与设计相关的有效信息。在与被访谈者交流过程中，还可以进行结构化访谈、非结构化访谈等形式。最终，将所收集的问卷数据根据相关评估模型计算问卷评价结果。

（3）乡村建设用地的踏勘与评估

近年来，全国各地农民自建房安全事故多发频发暴露出立法滞后、执法不严、行业安全监管松软等诸多问题。目前，各地方政府也陆续出台了相关法规和政策来推进农村自建房的安全工作。例如，《江西省农村村民自建房管理办法》要求村民自建房选址应当符合乡镇国土空间规划、村庄规划，充分利用原有的宅基地、村内空闲地和荒山、荒坡，禁止占用永久基本农田和生态保护红线内区域，严格控制占用耕地、生态公益林地、天然林林地和自然湿地，避开地质灾害易发区、河道行洪区等危险区域，禁止高陡切坡建房及无防护措施切坡建房，不得在法律、法规规定的禁止建设区域选址建设住宅。

（4）乡村建筑的国家及当地规范的调查

农村住房建设要适用《土地管理法》及实施条例、国务院的《关于加强农村宅基地管理办法》以及当地政府相关法规的具体细则。例如，《四川省农村住房建设管理办法》要求农村住房建设应当遵循规划先行、先批后建、因地制宜、生态环保的原则，符合安全、适用、经济、环保、美观的要求，严格执行抗震设防要求和建设质量安全等标准，满足村民生活生产需要，体现当地历史文化、地域特色和乡村风貌。

（5）乡村建筑的建设指标评估与建筑策划

乡村内民居室内外居住环境影响其在乡村振兴背景下乡村的改造策略和改造方向。乡村建筑的建造过程是一段持续性的过程，在其前、中、后期，针对当地村民的使用后评估有利于优化改造内容，体现了"以人为本"的思想。同时，在建设之前进行项目前策划，积极听取村民对于现代建筑材料、空间、建造方式等需要借鉴的部分和传统风貌需要保留的部分的意见，发掘乡村潜在的文化资源，在增强村民对家乡认同感的同时，有助于乡村品牌打造，提升经济效益的规划目标（杨芳霖，2023）。

9.3.2 设计编制阶段

设计编制阶段是乡村建筑营建过程中的关键环节，它涉及从概念到实施的详细规划和设计。在这一阶段，设计师需要综合考虑乡村建筑的功能需求、文化特色、环境影响以及经济和可持续性等因素。

编制建设工程勘察文件，应当真实、准确，满足建设工程规划、选址、设计、岩土治理和施工的需要。编制方案设计文件，应当满足编制初步设计文件和控制概算的需要。编制初步设计文件，应当满足编制施工招标文件、主要设备材料订货和编制施工图设计文件的需要。编制施工图设计文件，应当满足设备材料采购、非标准设备制作和施工的需要，并注明建设工程合理使用年限。引自《建设工程勘察设计管理条例》（2017）第二十六条。

(1) 制定设计目标、任务和期限

由建设方编制工程项目建设大纲，向受托设计单位明确建设单位对拟建项目的设计内容及要求，其内容主要有建设规模、功能要求、工艺要求、设备设施水平、装修标准等。引自《民用建筑设计术语标准》第2.3.9条。

设计期限的设定应考虑到项目的复杂性和实施过程中可能出现的延误。设计工作及设计时间范围包括：自设计条件具备开始，正式实施方案设计、初步设计到全部施工图设计完成，通过施工图审查并完成改图，并向建设单位提交设计文件的全过程周期。引自《全国建筑设计周期定额》一、总说明（四）。

(2) 编制可行性研究报告

通过对项目有关的工程、技术、环境、经济及社会效益等方面条件和情况进行调查、研究、分析，对建设项目技术上的先进性、经济合理性和建设可行性，在多方案分析的基础上做出比较和综合评价，为项目决策提供可靠依据。

(3) 建筑方案设计阶段

方案设计阶段主要是对拟建的项目按设计依据的规定进行建筑设计创作的过程，对拟建项目的总体布局、功能安排、建筑造型等提出可能且可行的技术文件，是建筑工程设计全过程的最初阶段。根据设计任务书和各项设计基础资料，按规划等审查部门的限制条件进行方案设计；若建设单位直接委托时应进行正式方案设计；若投标中标应进行实施方案设计。

进行方案设计时，建筑布局应使建筑基地内的人流、车流与物流合理分流，防止干扰，并应有利于消防、停车、人员集散以及无障碍设施的设置（图9-9）。应根据地

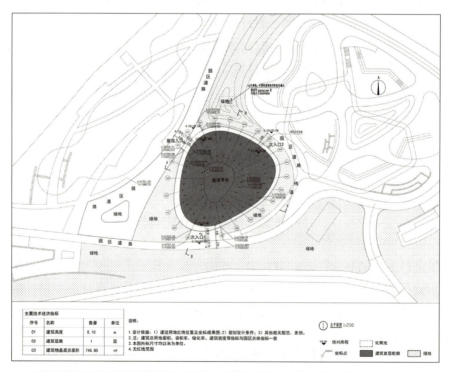

图9-9 天津市蓟州区环秀湖科普馆总平面图（图片来源：北林风景建筑研究中心段威工作室）

域气候特征，防止和抵御寒冷、暑热、疾风、暴雨、积雪和沙尘等灾害侵袭，利用自然气流组织好通风，防止不良小气候产生。根据噪声源的位置、方向和强度，应在建筑功能分区、道路布置、建筑朝向、距离以及地形、绿化和建筑物的屏障作用等方面采取综合措施，防止或降低环境噪声。建筑物与各种污染源的卫生距离，应符合国家现行有关卫生标准的规定。建筑布局应按国家及地方的相关规定对文物古迹和古树名木进行保护，避免损毁破坏。建筑平面应根据建筑的使用性质、功能、工艺等要求合理布局，并具有一定的灵活性。根据使用功能，建筑的使用空间应充分利用日照、采光、通风和景观等自然条件。对有私密性要求的房间，应防止视线干扰。建筑出入口应根据场地条件、建筑使用功能、交通组织以及安全疏散等要求进行设置。引自住建部《民用建筑设计统一标准》第5.1，6.2条。

（4）建筑初步设计阶段

此阶段是在方案设计文件的基础上进行的深化设计，解决总体、使用功能、建筑用材、工艺、系统、设备选型等工程技术方面的问题，符合环保、节能、防火、人防等技术要求，并提交工程概算，以满足编制施工图设计文件的需要。根据方案设计的书面批复进行初步设计、编制初步设计方案、技术指标、完成初步设计会审后的修改，直至满足进入施工图设计必须达到的设计深度。引自住建部《民用建筑设计术语标准》第2.3.14。及《全国建筑设计周期定额》一、总说明（四）2条。

（5）建筑施工图设计阶段

施工图设计阶段是设计过程的最后阶段，它涉及将初步设计方案转化为详细的施工图纸。这些图纸将作为施工队的依据，因此需要非常精确和详细。在这一阶段，设计师需要与施工队紧密合作，确保施工图纸能够清晰地传达设计意图，并解决施工过程中可能出现的任何技术问题。

在已批准的初步设计文件基础上进行的深化设计，提出各有关专业详细的设计图纸，以满足设备材料采购、非标准设备制作和施工的需要引自住建部《民用建筑设计术语标准》第2.3.15条。根据初步设计的书面批复进行施工图设计，完成包括室外总体设计、管线综合设计在内的全部施工图设计（图9-10）。全部施工图设计文件必须达到设计深度并通过施工图审查引自住建部《全国建筑设计周期定额》一、总说明（四）3条。

9.3.3 施工建造管理阶段

（1）施工的前期准备阶段

工程项目中使用的施工图纸及其他有关设计文件应合格有效。施工前应进行勘察说明、设计交底、图纸会审，并应保留记录。施工前应对施工管理人员和作业人员进行技术交底，交底的内容应包括施工作业条件、施工方法、技术措施、质量标准以及安全与环保措施等，并应保留相关记录。工程采用的主要材料、半成品、成品、构配件、器具和设备应进行进场检验。涉及安全、节能、环境保护和主要使用功能的重要材料、产品应按各专业相关规定进行复验，并应经监理工程师检查认可引自住建部

乡村人居生态环境

首层平面图

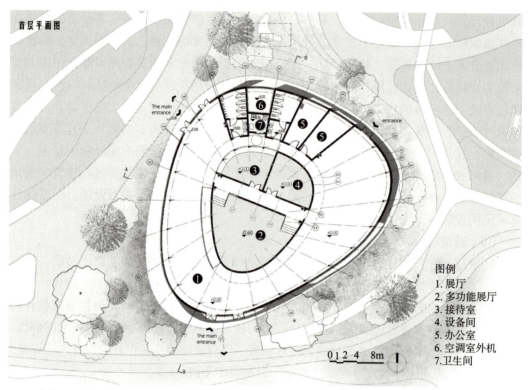

图例
1. 展厅
2. 多功能展厅
3. 接待室
4. 设备间
5. 办公室
6. 空调室外机
7. 卫生间

夹层平面图

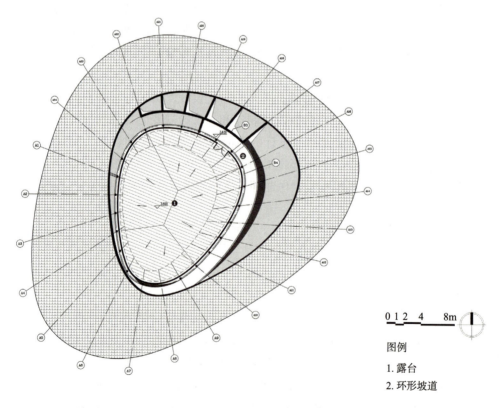

图例
1. 露台
2. 环形坡道

图 9-10　天津市蓟州区环秀湖科普馆平立剖面施工图（图片来源：北林风景建筑研究中心段威工作室）

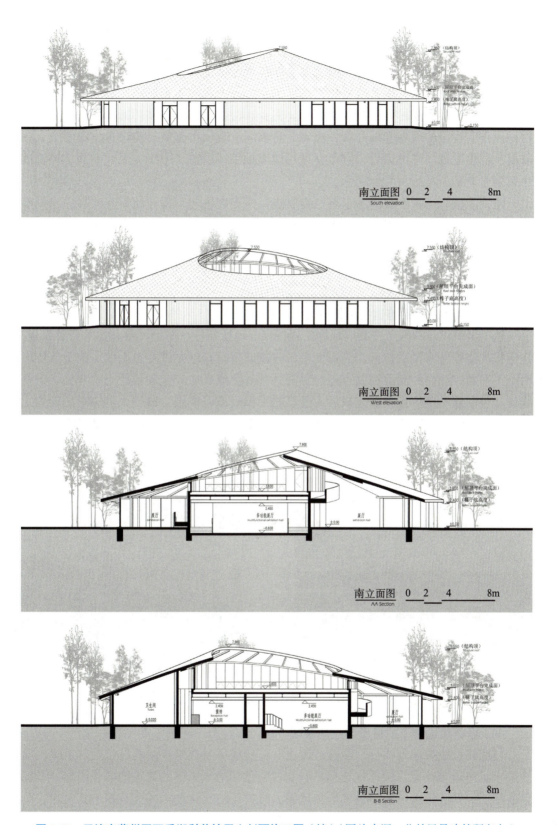

图 9-10 天津市蓟州区环秀湖科普馆平立剖面施工图（续）（图片来源：北林风景建筑研究中心段威工作室）

《建筑与市政工程施工质量控制通用规范》3.1条。

（2）报批及施工图审查阶段

在乡、村庄规划区内进行乡镇企业、乡村公共设施和公益事业建设的建设单位或者个人应当向乡、镇人民政府提出申请，由乡、镇人民政府报城市、县人民政府城乡规划主管部门核发乡村建设规划许可证。在乡、村庄规划区内使用原有宅基地进行农村村民住宅建设的规划管理办法，由省、自治区、直辖市制定。建设单位或者个人在取得乡村建设规划许可证后，方可办理用地审批手续引自《中华人民共和国土地管理法》第五十九、六十、六十一条。

建设单位应当将施工图送审查机构审查，但审查机构不得与所审查项目的建设单位、勘察设计企业有隶属关系或者其他利害关系。建设单位应当向审查机构提供下列资料并对所提供资料的真实性负责：作为勘察、设计依据的政府有关部门的批准文件及附件；全套施工图；其他应当提交的材料引自住建部《房屋建筑和市政基础设施工程施工图设计文件审查管理办法》第九、十条。

（3）施工监督与实施过程中的变更与洽商

施工组织设计和施工方案应根据工程特点、现场条件、质量风险和技术要求编制，并应按规定程序审批后执行，当需变更时应按原审批程序办理变更手续。施工单位应对施工平面控制网和高程控制点进行复测，其复测成果应经监理单位查验合格。重要线位、控制点和定位点测设完成后应经复测无误后方可使用。监理人员应对工程施工质量进行巡视、平行检验，对关键部位、关键工序进行旁站，并应及时记录检查情况（图9-11）引自住建部《建筑与市政工程施工质量控制通用规范》第3.1.4、3.3.1、3.3.3条（住建部，2022）。

图9-11　天津市蓟州区环秀湖科普馆施工过程

（4）乡村建筑施工的特点与注意事项

村庄建设应按规划执行，新建、改建、扩建住房与建筑整治应符合建筑卫生、安全要求，注重与环境协调；宜选择具有乡村特色和地域风格的建筑图样；倡导建设绿色农房。保持和延续传统格局和历史风貌，维护历史文化遗产的完整性、真实性、延续性和原始性。引自国务院《美丽乡村建设指南》第6.1条。

传统的乡村施工团队比较类似于城市里的装修队，由工长联络筹集，包括泥瓦工、钢筋工、架子工、木工、水电工等，施工的顺序按程序化要求，与一般的现代建筑的建造程序相似，但整个施工过程没有专业的图纸，只有一些模糊的尺寸作为共识，他们的施工技术都是在与同行的交流中学习和更新的，新的工艺和设备也往往是在小圈子中逐步蔓延开来的，大多数工匠的生产活动都是兼职，这种业余的弹性工作机制，使得竣工后的工程质量得不到持续的保证，建造中的各个环节也常常出现衔接问题，构造做法、结构做法等常常出现前后矛盾的现象，施工质量缺乏保证（段威，2015）。

由于乡村建筑施工有其特殊性，包括地形地貌的复杂性、当地材料的可获得性、施工队伍的专业水平等。因此，在施工过程中，需要特别注意这些特点，并采取相应的措施来确保施工的顺利进行。

9.3.4 运营实施阶段

（1）建筑功能的前期策划与落实

乡村振兴背景下开展乡土建筑保护与更新，其项目立项前期的建筑策划工作能够为建筑师提供一套科学、可行的乡村建筑设计实践方法指南。有关乡村建筑策划的主要内容囊括了乡村建筑的上位条件和内外部信息的获取、信息处理、策划构想、评估反馈等环节。面对城市空间与乡村环境的差异性，设计者需要立足于乡村空间宏观特性的基础，不断调整建筑实践设计，为此有必要在建筑设计流程实施前期开展建筑策划工作。乡村建设的建筑策划方法体系包括功能、形式、经济、时间、社会、技术6个方面，可以分为上位输入、条件调查、分析和需求界定、策划构想和评价反馈5个策划环节（党雨田，2019）。

策划前期首先要明确乡村空间特征内容，其主要包括5个方面：建筑项目类型、空间功能特征、项目参与者、建设活动的组织参与特征、项目的外部环境特征（党雨田，2019）。

依据建设服务目标与服务对象，乡村建筑建设类型分为拆迁整治类项目、公共服务建筑、村民住宅与新农村建设、乡村个体商业项目、商业开发项目、文物保护利用更新六类。这些乡村建设类型在建筑功能上具有差异性与多义性（赫曼·赫茨伯格，2003），还具有生活方式与生产方式结合的功能特征、空间模糊特征、空间规模特征。

乡村建筑策划需要考虑多元主体，其分别为项目主导决策者——地方政府，项目使用者——村民，项目操作执行者——乡村设计师，在策划期间需要充分了解三者在项目中的意图、关注点、决策路径及特征。乡村建设项目的受益更侧重于公共利益与社会效益，所以有必要让村民这一群体参与项目的决策，并且要避免村民群体的从众效应对策划内容的负面影响，特别考虑乡村的弱势群体，以及考虑建设项目的示范性，平衡好项目的效益。

在乡村项目建造施工阶段需要着重考虑传统建造过程的协作行为特征：从帮工到雇工，以及建造活动的附加价值。附加价值主要以建造技术传承价值与乡村产业价值，以及乡村社会组织功能为主。乡村建设项目的外部环境特征内容主要由土地、基础设施、自然环境、社会环境四项特征组成。土地特征一项包括土地性质与分类，土地流转。基础服务设施包括开展水处理与垃圾处理，以及能源方面内容。自然环境特征主要涉及生产活动的保障，乡村用地材质，植物多样性与乡村自然景观。社会环境特征主要包括人口规模与分布特征，集市空间活动的考虑，以及影响建筑形式的社会习惯力量、堪舆观念。

（2）乡村建筑运营的一般模式

不同乡村建筑类型有着不同的运营维护者，其侧重点也不同。在乡村中的盈利型建筑项目中（如私立幼儿园、餐厅、乡村度假地等），运营维护者通常是项目的投资人（业主），其拥有策划阶段的最终决策权，更关注于项目的投资回报比；公共建筑项目的运营者可能是政府，也可能是村民，更加关注于项目能否维持日常运营和维护以及运营的成本。运营和维护对于建筑在乡村的正常使用至关重要，运营维护者应在策划初始阶段即加入策划团队中并提出运营要求和建议，避免建成后因运营问题无法使用。故设计者在项目前期策划阶段需要考虑建筑的运营维护方面内容（党雨田，2019）。

（3）乡村建筑的媒体传播分析

随着我国互联网入网门槛的大幅度降低，以及乡村互联网设施的不断完善，"网红空间"也延伸至乡村地域，涌现出了大量的网红乡村建筑。"网红建筑"在当地经济发展、文化传承等方面都扮演了重要的角色。网红建筑营造在乡村片区活化中产生了积极作用——人流吸引、文化服务、经济辐射等综合效益，并且采用积极活化策略：使用人群的精准定位，物质、精神需求的满足匹配，与需求相符的乡土空间场所营造，配套设施体系的完善，有效的媒体传播推广，高效的运营管理服务（张昊和王其琛，2022）。

网红建筑与网红村落能够促进乡村地区居住空间的优化、特色的保护和彰显，同时推动乡村经济发展，实现村落传统产业到第三新兴产业的转变。浙江省美丽宜居示范村首批试点文村的更新设计由著名建筑师王澍打造，被称为"很艺术的村落，很酷的房子"（图9-12）。文村原产业主要以第一产业为主，主要产业类型为养蚕。村庄位于低丘缓坡区域，村内耕地很少，收入主要靠在外打工。因靠近山区，村内具有良好的自然风景资源。后来通过乡村振兴建设宜居示范村庄，文村因其设计风格的独特性，一度被媒体持续关注，从而成为富阳较早的网红村。因美丽民居建筑成名之后，已经吸引了大量社会资本的关注，加之村庄相继举办的各类音乐节、美食节，这些都为文村带来了大量人气。由此，独特的乡村设计理念和景观风貌为文村带来了巨大的关注流量，仅2017年，村委接待的参观考察团及游客数量就逾3万人次以上，这还不包括散客和旅游观光团。文村引入了社会资本注入，形成"政府主导、企业协同"的新乡村治理模式。依托新杭派民居与当地的自然生态资源，积极发展旅游经济，整体塑造文村"艺术旅居"品牌形象，构建乡村度假群落集聚体。可以说文村更新由政府主导、企业协同的多元参与机制将文村传统村落建设与乡村产业振兴充分结合起来并落到实处，实现了村民收入增长和乡村产业可持续发展。与此同时，传统乡村空间得以有机更新和活化利用，与乡村生活有机结合，并成为传统文化展示和传承空间（袁泽平和潘兵，2019）。

（4）运营阶段的建筑改造与适用

面对使用过程中的乡村建筑如何开展基于策划的改造更新是运营阶段的重要内容。

图 9-12　浙江文村整体环境与建筑风貌（图片来源：中国美术学院）

建筑策划的最终目标是导向设计的生成，其与设计的结合更加紧密。面对正在投入使用的建筑空间进行改造设计策划需要考虑两方面内容：一为建筑要达成的目标；二为达成该目标的策略和方法。

建筑空间服务的是人，在乡村建筑更新改造利用中，应从用户行为出发进行空间功能构想，以用户的需求出发，进行方案设计。空间的使用目的占据主导地位，空间的布置、设备和装置由使用目的决定。空间的使用者通常为多样化的人群，这类空间称为目的系空间，空间构想更偏向于同时满足不同使用者的多种使用需求。空间的使用者占据主导地位，空间的布置、设备和装置由使用者的身份特征决定，这类空间称为人系空间，空间构想更偏向于符合特定使用者的行为需要。随着既有建筑的功能变化，在经济可行的前提下对旧建筑进行改造和功能置换：①旧的建筑具有的某些特性对新功能的实现具有帮助。例如，利用祠堂本身的纪念性和文化教育意义而改造为纪念馆；②旧的建筑通过植入功能可节省经济成本或时间成本，例如，废弃的校园通过修缮改造为村委会办公楼；③旧的建筑对于村民具有特殊的场所意义，或具有精致的值得保存的历史价值和观赏价值，例如，将百年古民居改造为民宿。

空间的功能由基本功能和附加功能两个部分组成。基本功能是满足建筑立项时需要的最基本功能，根据空间使用者、管理者、投资者直接要求得到空间内容，这一过程建筑师引导各方表达诉求，应明确为"不可缺少的必要功能"；其次建筑师根据村庄自身的特征构想建筑附加的功能，这部分功能更加灵活，具有更强的公众性和趣味性，是当前激活乡村社会生活的触媒。在面对建筑各部分空间的功能统筹构想时，整合能够分时利用和互相促进的活动内容，减少建筑的投资，提高空间的利用效率。

9.3.5 使用后评估阶段

（1）评估建设效果和影响

在基于乡村建筑策划的建筑设计中，施工后如何进行有效的建筑使用后评估越发重要，这也是对前期建筑策划中空间构想与实体技术构想的印证。在乡村建筑改建或更新后，对于实际使用情况是否能够达到预期、对于之后阶段的改造有无可借鉴参考的优缺点等反思环节通过使用后评价（post-occupancy evaluation，POE）开展。

普莱瑟等人在其著作《使用后评价》（1988年）中定义："使用后评估是在建筑建造和使用一段时间后，对建筑进行系统的严格评价过程，主要关注建筑使用者的需求、建筑的设计成败和建成后建筑的性能。所有这些都会为将来的建筑设计提供依据和基础。"使用后评估是对建成环境及使用的评估，是对建筑评价标准的研究，是一个合理设计的标准，对中国的乡村建设更新设计发展具有重要的意义。

居民是乡村生活最直接的体验者，他们对于自身周边居住环境的感受和评价对于改造策略的实施以及改造成果的反思有着重要的参考作用。

根据使用者日常活动的范围，适用于乡村建筑更新设计后与改造建成环境的评价模块可分为3个部分：①以所评估村内环境为主的民居外部环境；②民居自身环境；③特殊场所评价，例如，村落广场、廊桥、传统历史保护建筑等地域性特征明显的传统环境。3个评价模块均以使用者评价作为主要评估方式，并辅助以由利用工具进行的实地环境测量。民居外部环境着眼于村内的室外环境，包含安全性、健康性、自然性和通达性四个评估项，每个评估项由其评估因子决定。

评价流程分为前期、中期和后期3个阶段，在前期准备环节，第一步应确定评价目标，包括调查地点和主要问题。第二步需要进行实地调研，把握场地的基本情况，在调研中确定样本数量、样本分布，以及制定之后实施评价的合理调查方式。实地调研可以田野调查的方式进行，以掌握场地基本现状为目的。在选取样本时，需保证样本数量适中，在空间上分布均匀，并考虑场地内居民年龄、性别、受教育程度等实际状况。在完成实地调研后，根据场地现状确定评价量表的框架，并填充评估问题。问题中具体内容的选择以评价目标为基准，依据第二步实地调研的结果进行细节调整。调查流程中期是实施评估的环节，首先根据量表中的评估问题进行实地物理环境测量，若涉及室内环境则包括温度、湿度、热环境、通风、采光等可能对人体舒适性造成影响建筑的实际性能测算，并根据实地物理环境测量中显现的问题，调整和补充评估项。在最终的评价量表成型之后，在所选样本范围内进行使用者调查，以问卷调研、有结构或无结构访谈等方式进行，并在获取原始数据之后进行初步的数据整理。

调查流程后期以数据分析和得出结论为主要目标。在确保数据的信度和效度的前提下，得出评价结论。通过结合流程中期进行的物理环境测量，能够更好地分析问题出现的原因、程度以及可行的解决方式，并将这些措施运用到评估场地下一阶段的改造活动。除主体进行的使用者调查之外，在前期和中期分别增加了田野调查和针对建筑性能和室外环境的物理测量环节，以便从多维度、广视角来得出建成环境的现存问题和现象的成因，从而"对症下药"地提出解决策略。

（2）总结经验和教训，完善设计方案

乡村是一个整体，是一个复杂的系统，建筑既提供了可供使用的空间和场所，也是文化的传承方式、财富的创造和积累过程、产业发展的物质资料、社会组织形式的反映。空间是建筑师的手段和操作对象，但乡村建设的目标绝不是简单地盖一座什么样的房子、营造一个什么样的空间，而是一个多目标的过程。在设计前期明确建设项目的各个目标及其相关因素，需要建筑师对乡村社会系统的各个组成要素及其相互作用机理有系统性的认知和掌握。

乡村建设既具有市场行为的属性，也具有社会公共事业的属性。建筑师的职责包括协调多方利益，将乡村建设的空间营造作为手段而非目的，工作的核心聚焦在建设目标和策略对社会、经济和文化的影响以及对各方利益的平衡，以提出符合最大化公共利益的方案。建筑师群体应提升自身的设计和工程咨询能力，不仅要根据政府或投资人的委托进行设计，而且承担顾问和咨询者的职责，依据经验和对各种信息资料的收集处理开展综合性的研究和咨询服务（党雨田，2019）。

在后评估视角下，建立起适用于评估乡村建设的方法和技术体系与工具集，包括社会学的乡村研究和田野调查方法、数理统计和分析工具、多目标科学决策方法等。在建筑策划与后评估的视角下，建立起适用于乡村建设的方法和技术体系与工具集，指导后续的建筑更新设计。

当代乡土建筑更新改造设计应从村民生产生活习惯及精神需求出发，合理组织功能空间（马波，2019）。在对传统农居进行设计与优化时，应充分认识到庭院空间是农村居民生产、生活的重要场所，是传统文化复兴的外在体现（汤辉 等，2021），应深入探索当代村民对庭院空间的生活需求以及生产需求，而庭院空间的社交需求承载着浓郁地域乡土气息和文化，因此，应根据不同家庭的生产活动与社会关系进行调整，有差别地设计庭院空间及其周围建筑布局，有助于形成特别的乡土建筑格局。

乡村公共空间承载着村落历史文脉，在村落规划与设计过程中，应注重村落公共空间的设计。乡土建筑是体现地域特征的建筑。农村住宅庭院空间应根据不同地域气候特点和生产、生活需要，采用不同的建筑形式。如北方地区冬季气候寒冷，应建设封闭式合院；岭南地区具有热带、亚热带季风海洋气候特点，气候炎热潮湿，乡土建筑需要通风、散热，因此建筑总体布局紧凑，形成窄巷，以利于通风与遮阳。单体平面开敞，开间小，进深大，通过敞厅和天井实现通风降温（彭毅，2014），也有通风、防潮的干阑式建筑（何志江，2014）。乡土建筑立足于当地的环境因素、气候因素、地理地势等特点，形成具有地域特征和乡土文化气息的建筑风格（卓见，2018）。因此，对乡土建筑设计和改造时，应在建筑布局、朝向等方面回应当地气候特征，真正做到因地制宜。最后乡村建设注重低碳、绿色乡土建筑，通过乡村规划促进人类与乡村自然环境的和谐共生。

（3）全生命周期的策划与评估闭环发展

乡村振兴背景下有必要开展有关于乡村建设的建筑策划与后评估机制，完善乡村建筑全生命周期发展。"前策划—后评估"理论作为从建筑策划、建筑设计到使用后评估的一套完整理论，理论发展逐渐从独立研究、分段研究向全流程闭环方向发展。使用后评估的意义不仅是对评估本体建筑问题的反馈和修正，更重要的作用在于为同类建筑的策划设计输入条件提供分析依据和参考借鉴。

乡村建筑"前策划—后评估"闭环机制是指其前策划与后评估结合起来，为乡土建筑设计提供了一个闭环反馈机制。首先是决策内容闭环，其次是数据闭环，最后是信息流实现闭环，有助于设计质量的提升。前策划与后评估是乡村建设全过程工程咨询的重要环节，是建筑行业变革推进的重要方向。从"前策划—后评估"的闭环视角来看，乡村建筑建成环境使用后评估的研究有3个聚焦，分别为环境行为视角的设计反馈、绿色建筑性能评估反馈设计、全生命周期视角的建筑性能评估。

9.4 乡村建筑营建实践案例

9.4.1 浙江余村"花海竹廊"设计

（1）项目概况

场地位于余村入口一条通往花海的观景道路上，道路笔直单调，周围大片花田与荷塘，缺少停留和观赏体验的场所。当地政府期望在此新建一座遮阴花廊。

（2）建筑设计

方案以中国传统的墨竹绘画为灵感，取竹枝轻舞之意象，设计了一个舞动的竹廊，打破现有僵直的道路（图9-13）。设计时，长廊围绕着路蜿蜒，并将几个分支伸到花海中，加强游人与场地的互动。采用竹构的网架结构，解决了路边基础地方有限的问题，并利用竹梢遮阴，在竹枝交叉处顶部抬高为圆形采光口，让阳光、空气、雨水进入，同时模糊内外边界（图9-14）。

图 9-13 浙江余村"花海竹廊"

图 9-14 竹廊空间结构

(3) 使用后评价

游人进入花海竹廊，起初较为低矮狭窄，步行数十步后豁然开朗。收放之间，创造了游走于中国古典园林中的空间体验。长廊探入花田的部分设有休息平台，供游人休憩停留，还能将视线从景框般的竹枝洞口引向优美的风景。目前该乡村构筑物已经成为余村风景的一个核心地标。

9.4.2 天津蓟州区环秀湖湿地科普馆建筑设计

(1) 项目概况

环秀湖科普宣教馆位于天津市蓟州区下营镇内，是为解决当地发展滞后问题，协同京津冀的新发展规划，重点在保护湿地生态系统，合理利用湿地资源，开展湿地宣传教育和科学研究而建设的（图9-15）。

图 9-15 天津蓟州区环秀湖湿地科普馆

(2) 建筑设计

科普宣教馆西部紧挨湿地栈道景观，东部为场地内的湿地科普区。在设计上顺应景观岛屿式布局，与预留椭圆形的建筑用地红线充分结合，形态上更具亲和力。

为了让建筑与环境和谐统一，控制建筑整体高度不高于周围居民建筑的最高高度，提供了屋顶一侧向大坝倾斜的二层平台，既可以远眺远山，又可以俯瞰湿地景观。此外，建筑立面利用连续的玻璃幕墙，自然地将室内展览过渡到室外花园，使观展者/游客以另一种方式与自然联系在一起。

从室外看向建筑，玻璃幕墙和重组竹饰面虚实结合，兼顾耐久性和乡土特色。屋顶使用24根长度不同的钢椽子环绕，分别支撑于内外两圈的圈梁之上，每根椽子放置角度均不相同，共同围合成屋面的曲线造型。房顶的木瓦屋面顺着椽子缓缓向下伸展，使建筑变得修长，同时也与周围绿地共同围合出外廊空间。

进入室内，游览路线沿着圆环展开，游人沿着室内环形坡道上去，可以欣赏阳光顺着玻璃幕墙照入室内，为坡道带来的光影变化。到达二层平台，游人可沿着由东到西的环形天窗向外远眺。

(3) 使用后评价

依托全域化旅游产业布局政策，节假日儿童在家长的陪同下，体验乡野湿地风光，科普生态知识，品味乡土美食，制作乡土手工艺品，寓教于乐的同时，提高乡村人居环境品质，增强乡村振兴示范效应。科普馆满足了京津两地城市人群参与生态文明科普与探索的需求，同时也满足了本地村民的就业需求，这让位于天津与北京交界处的古村振兴迎来了新的发展机遇（图9-16）。

图 9-16 天津蓟州区环秀湖湿地科普馆室内外空间

9.5 中国乡村建筑营建未来展望

中国乡村建筑营建的未来展望是一个多维度、跨领域的话题，它不仅关系到乡村的物理空间，还涉及社会、经济、文化等多个层面。未来乡村建筑的发展趋势是：设计从封闭走向开源，主体从政府走向民间，土地从集体走向多元，营建从工坊走向工业，意识从地方走向全球。

（1）建立开放共享的规划设计模式

未来的乡村建筑设计将更加注重开放性和共享性。设计过程中，将鼓励社区成员、设计师、建筑师以及相关利益相关者共同参与，形成一个开放的设计平台。这种开源的设计模式能够促进创新，提高设计的适应性和实用性，同时能够更好地反映乡村居民的实际需求和文化特色。

（2）建立新型的乡村建筑营建制度

乡村建筑营建的主体将逐渐从政府主导转向民间主导。民间组织、社区团体以及村民自身将扮演更加重要的角色，他们将更直接地参与到乡村建设的决策、规划和实施过程中。这种转变有助于提升乡村建设的民主性和透明度，同时也能够激发乡村社区的活力和创造力。通过社区参与，确保建设项目能够满足社区居民的实际需求，同时提升社区的凝聚力和自我管理能力。可持续发展原则将指导乡村建筑在设计、材料选择、施工和运营等各个环节实现环境友好和社会公平。而政府将提供更多的政策支持和法规保障，以促进乡村建筑营建的健康发展，包括提供财政补贴、税收优惠、技术支持等激励措施，同时也包括完善相关法规，规范乡村建设行为，保障农民权益。

（3）创新土地利用与管理的方法

土地使用和管理的多元化是新型城镇化发展的重要组成部分。除了传统的集体土地所有制外，将探索更多土地利用和管理的新模式，如土地信托、土地股份合作等。这些新模式能够更灵活地应对乡村发展的需求，促进土地资源的合理配置和有效利用。

传统的集体土地所有制在保障农民土地权益方面发挥了重要作用，但在快速城市化和乡村转型的背景下，其局限性也逐渐显现，如土地流转不灵活、土地利用效率不高等问题。未来应探索土地使用和管理的新模式，通过将土地使用权委托给专业的信托机构管理，实现土地的集中经营和规模化管理，提高土地利用效率。允许农民将土地承包权转化为股份，参与到土地的经营和管理中，享受土地增值带来的收益。建立和完善土地流转市场，促进土地使用权的合法、有序流转，满足不同经营主体对土地的需求。建立土地储备制度，对乡村地区的土地资源进行合理规划和储备，以应对未来的发展需求。

（4）培育专业的乡村建筑营建技术团队

乡村建筑营建方式将从传统的手工工坊式向现代专业化生产转变。利用现代科技和专业化手段，可以提高建筑效率，降低成本，同时保证建筑质量和安全性。此外，专业化生产还有助于推动乡村建筑产业的现代化和标准化。未来的乡村建筑将更加注重将现代科技与传统文化相结合。利用现代建筑技术，如绿色建筑、智能建筑等，同时保留和弘扬传统建筑风格和技艺，创造出既现代又具有地域特色的乡村建筑。

（5）扩展乡村的文化视野

在全球化的背景下，乡村建筑营建的意识正在经历一场深刻的变革。这种变革不仅要求乡村建设满足本地居民的实际需求，而且要将视野拓展到全球环境、气候变化和可持续发展等全球性议题。这意味着乡村建筑的设计和建设必须更加注重生态保护、节能减排和资源的循环利用，以实现与自然环境的和谐共生。为了适应这一趋势，乡村建设需要采取一系列策略，包括加强国际合作以引进先进的理念和技术、制定政策以引导绿色低碳的建筑设计、推动技术创新以研发适合乡村特点的节能材料、加强教育培训以提升从业者的专业技能、鼓励社区参与以确保设计方案的本土适应性，以及建立监测评估体系以确保建设活动的环境和社会可持续性。通过这些措施，乡村建筑营建将能够在全球化的浪潮中，既保持其文化特色，又实现对环境的尊重和保护，为乡村人居生态环境的可持续发展贡献力量。

小　结

本章深入探讨了乡村建筑营建的多个方面，从历史发展到现代实践，再到未来趋势的展望。介绍了乡村建筑营建的基本原则，包括坚固、实用、美观的结合，自组织与他组织的协调，地方化与全球化的融合，以及低能耗与高效能、经济性与舒适性的平衡。通过具体的实施步骤和实践案例，解读了乡村建筑营建的全过程，包括策划、设计、施工管理到运营实施。通过本章的学习，我们应能够深入理解乡村建筑营建的复杂性和重要性，以及如何通过创新和可持续的方式来营建乡村建筑、改善乡村人居生态环境，促进乡村振兴。

思考题

1. 美丽乡村的本质内涵是什么？
2. 当代乡村建筑的设计目标是什么？
3. 如何理解自组织的乡村自发性建造的决策过程？
4. 未来的中国乡村建筑的发展趋势是什么？
5. 在全球文化视野下的中国乡村建筑的使命是什么？

推荐阅读书目

从传统民居到地区建筑. 单德启. 中国建材工业出版社，2004.

乡土建筑：跨学科理论和方法. 李晓峰. 中国建筑工业出版社，2005.

乡土中国. 费孝通. 人民出版社，2015.

建筑与文化人类学. 潘曦. 中国建筑工业出版社，2020.

萧山自造：浙江萧山南沙地区当代乡土住宅的历史、形式和模式研究. 段威. 清华大学出版社，2015.

第10章
乡村人居生态环境规划设计教学实践案例

本章提要

　　本章重点是将理论与实践相结合，通过具体的规划设计案例，指导学生如何将乡村人居生态环境的理论知识应用于实际的规划和设计中。首先，在案例选择上，精选具有代表性的乡村人居生态环境设计案例，涵盖不同地理、文化和经济背景，确保案例的多样性和广泛性。同时，引导学生识别案例中存在的人居生态环境问题，如水资源管理、土地利用、生物多样性保护等。其次，介绍乡村人居生态环境规划设计的基本原则，如可持续性、生态平衡、居民参与等。再次，详细阐述规划方法论，包括规划步骤、工具和技术，以及如何评估规划方案的可行性和效果。最后，探讨如何将规划方案转化为具体的实施策略，包括政策制定、资金筹集、社区动员等。通过深入分析每个案例的规划过程和实施结果，总结成功经验和教训，为学生提供宝贵的学习资料。通过本章的学习，学生应能够掌握乡村人居生态环境规划设计的基本流程和关键技能，为未来的职业生涯打下坚实的基础。

学习目标

1. 实地学习了解乡村人居生态环境的发展现状；
2. 系统剖析乡村人居生态环境建设面临的问题和困境；
3. 提出基于现实条件的乡村人居生态环境提升的思路和主要工作内容；
4. 合作完成乡村人居生态环境提升的规划设计；
5. 选择条件成熟的设计内容，开展实践探索。

10.1　辽宁本溪连山关乡村振兴工作营

10.1.1　相关背景

连山关镇和连山关村位于辽中腹地，地处辽阳、丹东、本溪三市交界处，铁路、高速公路、国道、省道和细河均从此经过，交通纵横，去往周边各大城市均较为便利（图10-1~图10-3）。

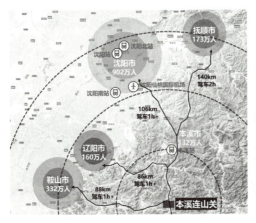

图 10-1　本溪连山关区位交通图

图 10-2　连山关镇中心镇域鸟瞰图

图 10-3　细　河

自西汉起，这里便设立驿站，成为辽中平原通往朝鲜半岛的必经之路和历代兵家必争之地，现存唐代驿道和辽东长城遗址。近代以来，随着安奉铁路的修筑并在此设站，连山关记载了近代工矿业发展、东北抗联武装斗争和抗美援朝支援前线的诸多故事，现有54处保存较为良好的近代历史建筑和多处工程遗迹，于2023年被列入第六批中国传统村落名录（图10-4）。

图 10-4　连山关近现代建筑

图 10-5　连山关优越的生态环境

同时，连山关所处的本溪市位于长白山余脉，拥有得天独厚的自然生态资源，市域绿化比例位居全国第一，连山关镇林地面积 16 575.59hm^2，占全域国土面积的 81.52%（图 10-5）。

然而长期以来，连山关"养在深闺人未识"，这里空有优越的环境文化底蕴、良好的交通区位条件，却缺乏知名度、关注度，以致发展动力欠缺、人居生态环境较为凋敝，同时面临着人口外流、就业岗位缺乏、产业偏弱、环境特征缺乏等一系列问题（图 10-6）。

当前，连山关正处于新时代乡村振兴的重要阶段。本次工作营以"乡村人居生态环境的自然价值与文化延续"为主题，开展了一次多专业"智慧众筹"，集中探讨如何

图 10-6　连山关镇街道与建筑风貌

深入地认知、激活连山关魅力国土上的乡村人居生态环境自然价值和文化特色，并由此探讨生态文明背景下乡村全面振兴的可行发展路径。

本次工作营旨在了解当地位置信息、历史文化的基础上，借助乡村人居环境的理论，推动乡村转型，让更多人看到乡村发展的潜力，从而助力乡村振兴。专业教师和青年大学生的到来，为古老的连山关注入了新鲜血液，带来专业知识、创新思维和多方关注，进而引领乡镇发展的新格局。通过科学规划，连山关有机会培育本土发展的持续动力，实现以"智"破局（图10-7）。

图 10-7　工作营破局机制框架

10.1.1.1　实践教学目标

①**知识目标**　使学生掌握实地开展乡村人居生态环境资源调查、绿色文旅策划、空间规划设计与公共空间绿色营造的基本理论与方法。

②**技能目标**　通过实践操作，提升学生在乡村实地开展工作的调查分析能力、团队协作能力、动手操作能力、汇报展示能力。

③**课程思政目标**　增强学生对乡村振兴战略的认识与责任感，培养其服务乡村、助力乡村振兴的情怀，并通过在地展览、面向民众汇报成果等形式，增强学生的成就感与自信心。

10.1.1.2　实践安排

（1）第一步：解题与调研

对项目背景、目标、日程等进行介绍，分组对连山关镇及村庄进行国土景观资源调查，包括自然环境、历史文化遗产及交通区位。

（2）第二步：规划与设计

基于前期调查结果，在宏观层面提出连山关乡村人居生态环境发展的整体目标，绘制规划草图；各组选择不同乡村空间类型，并在当地选取关键空间节点作为试点，设计"零废循环"空间更新方案，充分考虑乡村易得、可回收材料的利用，融入连山关特色。

（3）第三步：实施与营造

采集当地乡土材料对选定的空间节点进行更新，其中注重村民的参与设计与参与建造，根据实际建造情况对设计方案进行调整。

（4）第四步：展示与推广

将设计规划成果在连山关镇政府大厅进行展示布置，邀请政府领导、专家学者与当地村民进行参观，进行成果汇报与交流，收集反馈意见。

（5）第五步：总结与反思

综合考虑各方意见，对规划设计成果进行修改完善，提升成果质量。

10.1.2 实践教学成果

10.1.2.1 人居生态环境更新规划

基于深挖连山关的商贸文化、铁路文化、红色文化、生态文化，针对当前缺乏产业投资、统筹布局、知名度和影响力的发展困局，连山关乡村人居生态环境更新规划中制定了"两轴双翼三节点"的空间整体形象，以文化活力为主轴、镇村联动发展为次轴，辅以浅山康体运动、滨水休闲游憩两翼，围绕镇政府广场、火车站广场、文化广场3个节点组成规划骨架，并详细布局16个点位，其中包含12个特色节点与4个公共服务设施，并给出了近、中、远三期的实施建设建议。

为了完善文旅产业发展基础，团队设计三条主题游览路线，铁路文化游线、建筑遗产游线、生态休闲游线以适应各种类型的受众人群，并对配套的公共服务设施与导览标识系统进行规划设计，形成"三路十二景"的特色文旅发展格局（图10-8）。

10.1.2.2 公共空间绿色营建

为探索绿色灵活的空间营造方法，经过初步踏勘与调研，选择连山关火车站站前

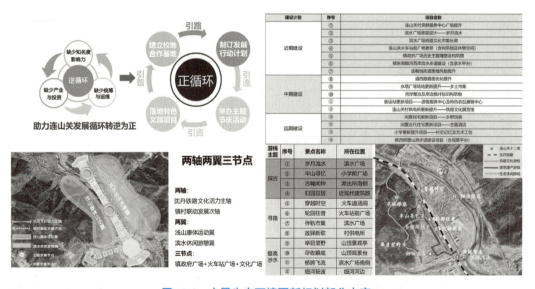

图10-8 人居生态环境更新规划部分内容

广场作为搭建场地。连山关站是全镇对外沟通的重要窗口，火车站房也是重要的近代建筑遗存，但目前站前广场较为简陋，流线混乱，迫切需要对场地空间更新。

设计方面，以构筑材料"零废循环"与构筑空间有效利用为原则，利用具有乡村特色的可回收菜筐为主要材料（图10-9）；空间排布中重新梳理场地流线，划分接站区、休憩区、候车区等多个功能分区，将不同行为类型的人群分流；造型上选取连山关特色元素"枫叶"与"青山"，为旅客留下连山关的第一印象，增加当地特色标识（图10-10）。

图 10-9　绿色营建项目效果图

图 10-10　学生搭建过程

实地建造阶段，首先进行了场地处理，确保搭建环境安全。学生团队依次完成构筑定位、组装单元、搭建、加固节点等工作，搭建过程中与当地村民沟通合作，调整方案以更适合当地村民的生活习惯与生活需求，完成"参与式"搭建过程（图10-11）。

本次营建的生命力在于，该构筑不仅作为临时性的展出空间，更可以将构筑材料拆解后分发给当地村民作为绿色种植或其他空间营造材料，实现构筑材料的二次利用。同时该项目也向当地村民作出艺术性改造的示范，"手把手"教会村民实现艺术赋能乡村。

图 10-11　搭建完成

图 10-12　"手绘文创地图墙"和"闪亮绿色铺地"

在连山关村委会，学生团队依据人居生态环境规划的主要内容为连山关制作了第一幅"手绘文创地图墙"和"闪亮绿色铺地"（图10-12）。从连山关站前广场到村委会，多点联动，期望成为连山关打造"网红打卡"的建造范例。

10.1.2.3　乡镇特色视觉形象设计

根据连山关的红枫与铁路等特色地域文化，在保留传统文化精髓的基础上，结合现代设计理念和审美趋势，对连山关特有元素进行创意性转化，设计制作了"连山印象"艺术画报，将连山关独特的视觉形象运用到帆布包、钥匙扣、扇子等日常用品的设计中，对刺五加、蘑菇等当地特色农产品，也形成了一整套特色装帧，从日用品到农产品，一系列的完整设计形成充满活力的连山关特色品牌，扩大连山关知名度，全面助力连山关产业上新（图10-13）。

10.1.2.4 工作营成果在地展览

本次工作成果以"乡见连山关乡村振兴建设工作营成果展"的形式在连山关镇政府大厅面向公众展出（图10-14）。作为首次在地展览，本次成果展主要面向村镇干部与村民，让百姓"看得懂、想得通"。展览内容包含了对连山关人居生态环境更新规划、火车站前公共空间参与式设计和绿色营造等成果进行系统说明，并且将艺术设计赋能系列产品实物与展览空间模型展出，由任课教师带领学生对参观者进行详细解说本次展览理念（图10-15）。沈阳建筑大学、本溪团市委和本溪县领导均莅临现场，参观了本次展览，深入了解本次的工作成果，并给出了积极反馈（图10-16）。

图10-13　艺术赋能系列产品

图10-14　学生设计展板与产品展出

图 10-15　教师做规划方案汇报　　　　图 10-16　教师陪同领导参观

10.1.2.5　规划设计成果多元推广

基于本次工作营内容，已形成一部微电影《乡聚连山，关山叠翠》，多段主题短视频，包括连山关的历史记忆、艺术赋能系列农产品介绍、绿色营建实录等，在微信视频号、抖音、哔哩哔哩等多个平台发布，在充分展示实践教学探索成果的同时，实现了对本溪连山关乡村人居生态环境资源和美好愿景的宣讲。

同时，利用微信公众号传播范围较广、用户多的特点，学生制作7篇微信推文，展示了艺术赋能系列、绿色营建系列、成果展览系列等多专题的工作过程和成果，总阅读量达到1万以上。《辽沈晚报》、本溪市团委公众号和连山关镇政府公众号均对本次实践活动进行了跟踪报道，后续成果在北京国际设计周也进行了展出，让更多人看到规划设计赋能下连山关的魅力，对连山关充满向往，进而深入探讨了乡村人居生态环境建设的学术与实践新方向（图10-17）。

图 10-17　各媒体跟踪报道与微电影片段

10.1.3 探索乡村人居生态环境"校地共育"机制

本次工作营通过多方共同参与,系统化地评估了连山关国土景观的价值和潜力,并通过设计赋能的方式,完成了连山关的定位探讨、更新布局、品牌提升和营造探索,对连山关乡村振兴的工作提供了创新路径和接续活力。

这是一次乡村人居生态环境规划设计人才"校地共育"机制的探索。对于高校师生而言,工作营的经历,实现了对乡村振兴工作从"局外观察"到"身体力行"再到"引领传播"的深度参与;对乡镇居民而言,他们对这样的工作从"好奇看"到"一起做"再到"主动想"。两个进程的双向深化,真正实现了"从聚拢乡见热心人到培育乡建人才库"的设计赋能"共育"机制的不断强化。

(撰文:钱云、王秋实、王雨晨)

10.2 北京市黄山店乡村儿童公园的参与式案例教学实践

10.2.1 相关背景

黄山店村位于北京西南部浅山区,距北京市区50km,地处房山区中部周口店镇。村落地处低山丘陵地区,燕山山脉深处,北邻长流水,南邻孤山口,西邻霞云岭,东邻拴马桩,新村临近北京周口店猿人遗址(图10-18)。

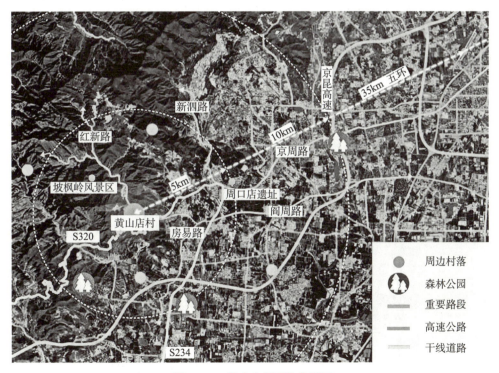

图 10-18 黄山店村区位分析图

黄山店村地处华北平原与太行山交界地带，为温带半湿润季风大陆性气候，四季气候较为分明，雨热同期。背靠幽岚山，紧挨挟括河，形成了极具特色的背山面水格局。村域靠近坡枫岭景区，又有红螺三险、大乱石等景区，自然景观优美（图10-19）。

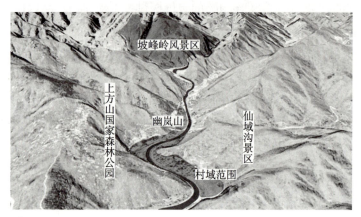

图10-19　黄山店村地理条件

黄山店村的社会发展可以粗略地分为3个阶段：①20世纪初，黄山店村开始利用周边丰富的石灰石资源，通过石灰石开采致富。但此种发展模式对于生态环境存在严重破坏。②2009年黄山店村出台政策逐步发展生态友好型产业。充分发挥区域内山岳景观资源优势，建成坡峰岭、怪石林等休闲旅游景区，由此走上生态绿色发展的道路。③2012年黄山店遭遇百年一遇的特大暴雨，老村落被毁。后黄山店村化危为机，进行避险搬迁工程，同时改造旧院落为精品民宿，现已成为黄山店村旅游业重要组成部分。

现黄山店村全村地域面积20.2km²，辖黄山店、太和兴、恒顺场3个自然村，有565户，1600人。现状用地主要由耕地、园地、林地、居民点、独立工矿、水域用地、其他农用地、交通用地以及未利用土地构成（图10-20）。

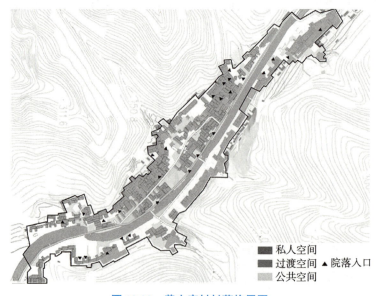

图10-20　黄山店村村落格局图

在北京快速城市化发展的背景下，黄山店村流失了大量的青壮年，导致乡村留守儿童的数量激增。同时村内自然资源的过度开发造成了环境污染，对乡村儿童的活动成长带来了隐患。志愿服务活动重点关注农村留守儿童这一特殊的社会弱势群体的生活、健康、教育福利，通过修复破损的生态环境，打造帮助乡村留守儿童的花园，设置自然教育课程建设科教平台，弥补留守儿童的性格等方面的缺失，落实儿童生存权、发展权、被保护权等权力保障，实现儿童的健康全面发展，也为面临同样问题的其他乡村提供参考借鉴的改造经验，促进社会公平公正，让更多的乡村留守儿童健康发展。

团队采用风景园林一流学科技术科学分析本底资源，以乡村留守儿童的需求出发，充分利用乡村废旧采石场资源与特色，通过采石场生态系统修复与重构、多样动植物生境营造、儿童关怀花园打造，在实现对采石场废弃地的生态修复的同时，也为乡村留守儿童创造一个绿色盎然、安全健康、寓教于乐、多彩趣味的家园。同时团队针对留守儿童的教育问题设计了自然科普教育方案和生态科普宣教展示系统，为乡村留守儿童提供多元化、人性化的自然教育课程，鼓励儿童与自然进行更多的精神交流与互动，培养留守儿童健康的体魄和性格，弥补家庭教育缺失，促进乡村留守儿童的健康成长。

10.2.1.1 实践教学目标

（1）知识目标
①掌握乡村规划与设计的基本理论与方法。
②学习乡村环境资源调查、分析及报告撰写技巧。
③理解乡村振兴及生态可持续发展的相关政策与理念。

（2）技能目标
①提高学生的实地调研、数据收集与处理能力。
②增强学生的规划设计实践操作与模型制作技能。
③锻炼学生的团队合作、沟通表达及项目汇报能力。

（3）课程思政目标
①培养学生对乡村发展的责任感和使命感。
②增进学生对乡村文化的认同感和归属感。
③激发学生的创新意识和社会服务精神。

10.2.1.2 实践安排

（1）第一步：前期准备与了解
了解黄山店村的社会发展历程、自然资源条件、村落格局和留守儿童基本情况。准备调研工具和资料，包括调查问卷、访谈提纲、测量设备等。

(2)第二步：实地调研与测绘

分组进行实地踏勘，收集黄山店村的地形地貌、生态环境、村落布局、公共空间使用情况等数据。一组成员对留守儿童进行问卷调查和访谈，了解留守儿童的生活需求和心理状态；二组成员对村民进行访谈，了解使用者对村落发展的期望和对公共空间的看法。

(3)第三步：场地分析与设计

对收集的数据进行整理分析，识别存在的问题和潜在的需求。开展设计工作，包括乡村儿童公园景观设计、自然教育科普体系和标识系统设计。利用眼动仪进行景观偏好分析，为公共空间设计提供科学依据。

(4)第四步：方案制订与汇报

完成设计方案，包括图纸、模型和说明书的制作。准备汇报材料，进行项目汇报，向教师和受邀专家展示设计方案，征求反馈意见。

(5)第五步：实践总结与反思

根据反馈进行方案的调整和优化，并对整个实践教学过程进行总结，梳理经验教训。撰写实践报告，反思项目的成效和不足。

10.2.2 实践教学成果

(1)送给乡村留守儿童的乡村儿童公园景观设计

本项目采用风景园林一流学科技术科学分析本底资源，以确定采石场生态修复范围。自乡村留守儿童的需求出发，充分利用乡村废旧采石场资源与特色，通过采石场生态系统修复与重构、多样动植物生境营造、儿童关怀花园打造，实现对采石场废弃地的生态修复与重利用。为乡村留守儿童创造一个绿色盎然、安全健康、寓教于乐、多彩趣味的家园（图10-21、图10-22）。

图10-21 乡村留守儿童的秘密花园平面图

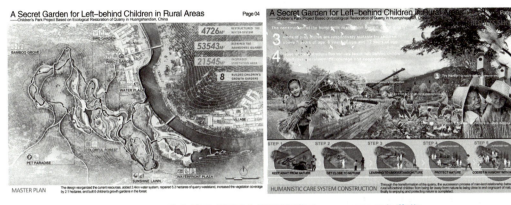

图 10-22　学生基于项目参与国际竞赛（IFLA APPME）获奖

（2）乡村儿童公园自然教育科普体系和标识系统设计

在现有黄山店村生态服务功能基础上，完成了包含植物、昆虫、鸟类、岩石等自然主体的乡村留守儿童自然科普教育方案和生态科普宣教展示系统设计（图10-23）。唤醒乡村新生代保护自然、爱护家园的意识。

（3）开展眼动仪试验，分析乡村居民景观偏好

此外，依托国家自然科学基金项目支持，针对当前新型农村生活环境的改变和新建社区公共空间地方性丧失、过度城市化等现问题。以北京市黄山店为研究地点进行研究。研究以景观偏好为切入点，借助"环境—感知—心理"多学科基础理论，采用场所依恋感知量表、眼动追踪系统等方法，居民在新型农村公共空间中的依恋感知进行主客观测量；定量分析场所依恋与其空间要素的关联性；在与原居住场地对比后，解析黄山店村居民公共空间特征的偏好（图10-24）。

（4）基于眼动结果，开展公共空间增量提质

基于眼动试验结果和对居民的访谈，并综合分析黄山店村的历史文化和发展情况。团队提出了打造"大黄山店景区"，实现全域景区化的设计目标，通过精细化设计策略，打造精品游览路径，塑造黄山店新名片，激发红新路新活力的设计策略，对黄山店5处破败的公共空间进行景观提升，并开展两处绿地更新（图10-25）。

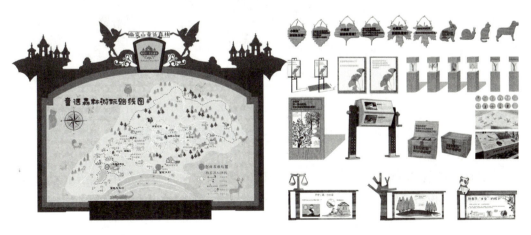

图 10-23　乡村儿童公园自然教育科普体系和标识系统设计

乡村人居生态环境

图 10-24　基于眼动追踪实验的居民游客景观偏好分析

图 10-25　黄山店旅游干线景观节点提升设计

10.2.3　总结与讨论：探索乡村公共空间活化机制

项目通过绿色乐园构建，解决留守儿童情感孤独和户外教育资源匮乏问题，以此项目为示范样板搭建安全健康的自然成长环境，更多地关注儿童的心理和生理健康，为儿童提供多元变化的、人性化的绿色环境设计。鼓励儿童与自然进行更多的精神交流与五感互动，保护乡村留守儿童健康安全、情感认知、艺术审美的全面发展，推动社会公平、城乡一体化发展。

团队通过风景园林学、城乡规划学、环境心理学等多学科交叉的研究理论与方法，以北京市黄山店村为研究对象，从景观感知切入，运用眼动追踪等前沿技术，对新型农村的公共空间展开研究。通过揭示新居民与公共空间特征的内在的人地互动关系，进而依托专业知识，提出公共空间设计策略和优化模式，并在黄山店村政府的支持下，对黄山店的乡村公共空间进行增量提质的工程实践，为当前新型农村公共空间营造回归"人的需求"提供理论依据和实践指导。

（撰文：张云路、徐荣芳、王欣言）

10.3 苏州吴中区临湖乡村振兴规划实践

10.3.1 相关背景

临湖镇地处江苏省苏州市吴中区，位于长三角经济圈中心，毗邻东西太湖，是太湖沿岸众区县中湖面最广、湖岸最长、湖岛和山峰最多、古镇古村最密集的区域。地理区位条件优越，具有得天独厚的自然资源和旅游资源。同时，临湖镇与太湖构成半包围关系，太湖周围河港纵横，河口众多，有主要进出河流50余条，是典型的江南水乡（图10-26）。临湖镇优越的自然环境孕育了极具规模的田园景观和丰富的产业资源，并处于产业深度转型的关键时期。2021年，苏州太湖现代农业示范园区以传统种植业、特种养殖业和高效园艺业"三大主导产业"为基础，入围第二批国家新农村产业融合发展示范园创建名单。

然而长期以来，临湖镇面对优越的环境文化底蕴（图10-27）、良好的交通区位条件，却缺乏系统性规划，边界缺乏辨识度，核心景源不鲜明，城乡空间分割，用地分散，不利于统一管理。乡村空间亟待保护，核心产业和产品集群需进一步优化（图10-28）。

图10-26 临湖镇航拍图（引自：苏州吴中发布，https://weibo.com/3092911884，秦建民 摄）

苏州园博园　　　　　　　　黄墅特色田园乡村　　　　　　　森林的秘密

图 10-27　临湖镇景观

图 10-28　现状照片

当前，临湖镇正处于新时代乡村振兴的重要阶段。本次工作营以"乡村农文旅融合与产业发展"为主题，实现"乡村振兴"与"产学研合作"的双向奔赴，集中探讨如何利用生态优势、产业支撑，将临湖打造为农文旅融合、人居生态，产业集聚的特色村镇。并由此探讨生态文明背景下乡村全面振兴的可行发展路径，为临湖镇带来新机遇（图10-29）。通过产学研合作、产教融合为临湖镇注入新流量，以科技创新拉动乡村产业振兴的"新引擎"，以人才培养培育乡村人才振兴的"新动力"，以智力支持领航乡村文化振兴的"新赛道"，以技术支撑赋能乡村生态振兴的"新动能"，以合作共建激发乡村组织振兴的"新活力"，积极担当作为，以"五新"赋能，在推进乡村全面振兴中作出高校的重要贡献。

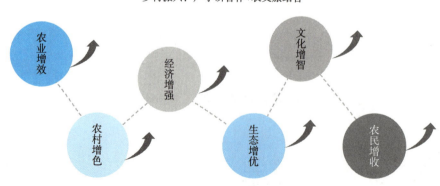

图 10-29　乡村振兴目标

10.3.1.1 实践目标

①**知识目标**　打破传统学科界限，促进学生各知识体系的互通与整合。掌握农业环境资源保护、土地资源优化、人居环境改善、特色产业规划等基本理论与方法，面向乡村振兴战略，通过农文旅融合发展规划，推动乡村进一步高质量发展（图10-30）。

②**技能目标**　通过实践操作，提升学生在乡村实地开展工作的调查分析能力、创新思考能力、团队协作能力、实践深化能力。

③**课程思政目标**　把思政课搬到田间地头，广泛宣传乡村振兴的伟大意义，通过生动案例和实践活动，增强学生投身乡村振兴的思想自觉和行动自觉，培养出一批既有深厚理论功底，又具备丰富实践经验的乡村振兴生力军。

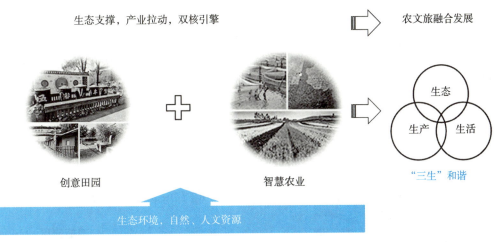

图 10-30　临湖镇乡村振兴工作营目标

10.3.1.2 实践安排

首先，基于前期网上资料调查，现场分组进行临湖镇国土景观资源调查，包括自然环境、历史人文、产业布局和人口经济等。以问题为导向，广泛征求意见建议。其次，各小组分享调研成果和初步想法，共同分析临湖镇人居生态环境建设的优劣势及未来潜力。再次，基于调研结果，提出临湖镇乡村人居生态环境发展的整体目标，规划空间布局。并选取一个农文旅规划项目节点作为试点，设计特色空间体验与产业发展方案，充分考虑产业各空间的异质性与吸引力，充分挖掘区域环境条件优势，构思产业转型发展的更多可能性。在条件许可的情况下，亲自动手参与营建活动，如村民庭院改造、大地艺术景观雕塑设计建造、墙体彩绘等。最后，邀请政府领导、专家学者及当地居民参观展览，进行成果汇报与交流，收集反馈意见。综合考虑各方意见，对规划设计成果进行修改完善，提升成果质量。

10.3.1.3 实践成效考核与评价

①**过程评价**　根据学生在调研、设计、实施、展示等各环节的表现进行综合评价，占总分40%。

②**成果评价**　以项目策划书、规划设计作品等作为评价依据，占总分60%。注重评价成果的科学性、合理性、可落地性。

③**自我评价与同伴评价**　鼓励学生进行自我评价与同伴互评，促进相互学习与成长，教师根据具体情况适度进行总成绩增减，最多不超过5%。

10.3.2 实践教学成果

10.3.2.1 人居生态环境更新规划

基于对临湖镇自然资源条件的深度挖掘，从空间布局、区域特色、产业引领、全面促进农文旅融合发展出发，临湖镇乡村人居生态环境更新规划中制定了"一带三圈六片区"的空间布局，提出"一粒米、一只蟹、一朵花"的规划概念，打造智慧农业体验区、农业科普体验区、渔家乐体验区、水产养殖区、特色花卉展示区、菊花实验基地六大片区，包含18个特色景观节点，并根据产业实际条件提出可持续发展路径（图10-31、图10-32）。

图10-31　规划理念

为了强化景观流线，重点对于现状23km湖岸线进行梳理，打造集观光、体验、休闲及娱乐为一体的环湖生态旅游观光带。同时对现有水系进行重新规划，在不同河段进行旅游与产业的协调发展。针对河道进行整体景观提升改造，生态化设计，开辟游船路线，提供水上游憩活动需求。

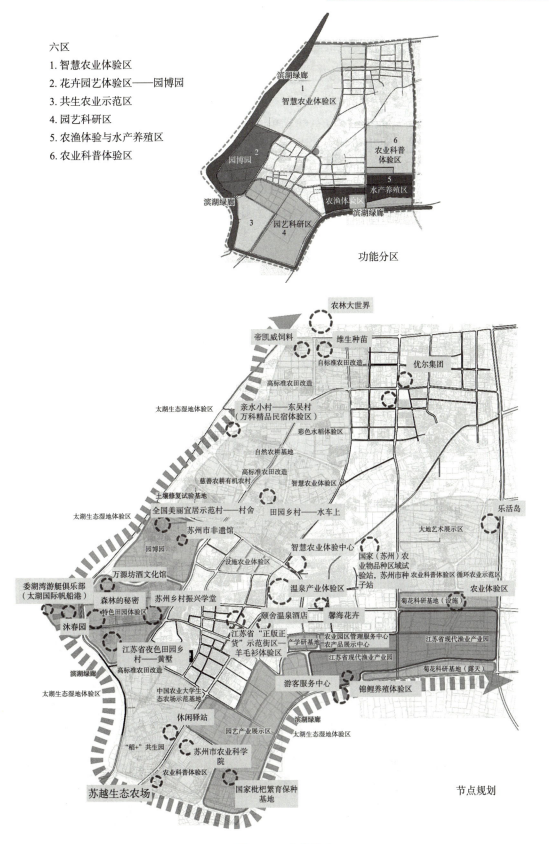

图 10-32 规划方案

10.3.2.2　乡村规划共创讲座

乡村振兴工作营团队开展了乡村振兴共创讲座，搭建起村民、村干部与设计人员交流互动的平台。设计人员与大家一起深入讨论设计思路和具体细节，分享专业知识和创新理念。通过展示乡村振兴改造的成功方法和精彩案例，为当地的乡村发展提供了宝贵的借鉴。同时，团队还对园艺康养进行了详细介绍，让村民们了解到园艺活动对于身心健康的积极影响（图10-33）。

在交流过程中，团队深度了解当地村民的需求，以及对发展特色产业、增加收入的期盼。通过这次共创讲座，团队不仅增进了与村民和村干部的沟通与合作，也为乡村振兴工作的顺利推进奠定了坚实的基础。

10.3.2.3　乡村墙绘改造

为了更好助推"和美城乡"四大行动，科学规划乡村庭院，助力美丽乡村建设，团队师生积极行动，深入临湖镇展开全面而细致的实地考察，穿梭于临湖镇的各个角落，用心感受这片土地的独特魅力与深厚底蕴。

在考察过程中，团队师生充分结合临湖镇浓郁的水乡文化特色，深入挖掘其中的美学元素与人文价值。以生活场景为主题，精心构思、巧妙设计，用手中的画笔为临

图10-33　工作营团队与村民交流共建

图 10-34　创意景观方案讨论与实践

湖镇增添了两处墙体彩绘。展现了水乡居民的日常生活和水乡的美丽自然风光，如碧波荡漾的河流、错落有致的房屋。

一方面，它们为临湖镇注入了新的活力与艺术气息，提升了乡村的整体美感和文化气息。原本单调的墙面变成了一幅幅美丽的画卷，成了乡村一道亮丽的风景线，吸引众多游客前来观赏，为乡村旅游业发展增添了新的亮点。另一方面，墙绘也起到了宣传和弘扬水乡文化的作用。通过生动的画面，让更多的人了解临湖镇的水乡文化特色，增强了当地居民对本土文化的认同感和自豪感，有助于传承和保护水乡文化。同时，这一行动也激发了当地居民参与美丽乡村建设的热情和积极性，助推临湖镇的乡村振兴发展（图10-34）。

10.3.2.4　规划设计成果多元推广

规划引领，产教、科教融合。南京农业大学规划团队提出了一系列切实可行的方案，在基础设施规划上，改善了临湖镇的交通、水利、电力等基础设施条件，为乡村产业的发展和居民生活的便利提供了坚实保障。在乡村景观规划方面，注重生态保护与景观营造的有机结合。打造了一系列美丽的田园景观和乡村公园，既提升了乡村的生态环境质量，又为居民和游客提供了休闲娱乐的好去处。临湖镇的乡村风貌焕然一新，吸引了众多游客前来观光旅游，带动了乡村旅游业的蓬勃发展。

同时，学校在与吴中区建立乡村振兴示范基地，实现融合发展，推动技术创新和成果转化。依托该校万建民院士团队为引领的南京农业大学苏州种子研究中心，推动获得"2022年度江苏省科普教育基地"的荣誉称号。南京农业大学太湖农业园的规划通过专家组论证，符合临湖特色、突出产业特色，有利于打响"太湖农业体验小镇"的品牌。而随之成立的南农乡村振兴示范基地，也将为当地农业转型升级再添新示范（图10-35）。

图 10-35　建设成效与媒体宣传报道

10.3.3　总结

从"象牙塔"到"泥土地"，越来越多的高校师生，在乡村振兴的广袤沃土里深深扎根，让"强农兴农"从梦想照进现实。在一周左右的时间里，从实地调研与工作计划的制定、乡村规划蓝图的绘制，再到示范性节点以及核心产业的挖掘打造，在多方协同努力下，通过规划赋能、科技赋能、人才赋能，为乡村发展赋予新能量。

团队把高校的科技优势同当地村镇的实际需求、资源禀赋相结合，以科技支撑激发产业兴旺"新动能"，以人才培训打造产业振兴"蓄水池"，以模式创新拉动产业致富"新引擎"，共同推动当地传统产业提档升级、特色产业提质增效、新兴产业蓬勃发展，形成了极具高校特色的强农兴农之路。

（撰文：张清海等）

10.4 浙江湖州荻港村乡村振兴工作营

10.4.1 相关背景

荻港村位于浙江省湖州市南浔区和孚镇南部,临杭湖锡航道与申嘉湖高速等,水陆交通条件便利。作为运河重要沿运村落,是太湖流域自然水系与运河航道河网联通的重要节点,古运河支流东苕溪穿村而过,东侧为江南运河西线(双林塘),西部为老龙溪,水域总面积245.3hm^2,约占全村总面积的38.9%,是研究江南水乡人居与水网流域环境耦合协调发展的典型案例地。同时在人文历史层面,荻港村拥有千年历史,是江南历史文化名村,因"荻花飞舞,河港纵横"得名,自古有"苕溪渔隐"之称(图10-36、图10-37)。

图 10-36 湖州市和孚镇空间本底　　　　　图 10-37 荻港村区位

全村区域面积为6.3km^2,中心村区域面积为1.3km^2,常住人口约3600人。

荻港村曾被评为浙江省"全面建设小康示范村""非物质文化遗产旅游景区""美丽宜居村庄示范村"。享有中国传统村落、中国历史文化名村、国家4A级旅游景区与国家级美丽宜居示范村等荣誉(图10-38)。

荻港村自北宋年间形成村落形态,明清年间规模不断扩大,逐步形成了集古宅、古巷、古桥、古树、古寺、古风、古韵于一体的历史文化村落(图10-39)。进入现代以来,结合《和孚镇历史文化镇村专项规划》《荻港历史文化名村保护规划》等,划定历史古村保护区、桑基鱼塘保护区及现代建设发展分区,并与周边南浔、双林、菱湖等古镇村形成联动一体、新老结合的江南历史文化乡镇群。

荻港村在保有江南水乡典型理想人居环境传统风貌特色的同时,形成独特的"桑基鱼塘"农业文化景观与"耕读文化"传统文化象征地,其悠久历史文脉资源、生态人居营建智慧与人文底蕴资源的可挖掘潜力丰厚(表10-1、图10-40)。

然而荻港村现有保护和发展水平存在新老片区规划管理分置、地域文脉与景观自然文化资源挖掘不足,与周边江南古村镇旅游资源同质等问题。具体表现在:

①如何协调荻港古村历史遗产保护与新质旅游资源发展,使得荻港历史文脉与景

图 10-38　荻港村村域范围

图 10-39　荻港村全景航拍

表 10-1 荻港村建村历程

时间	说明
东晋十六国时期	北方战乱，荻港出现一些达官贵人相继来此隐居
唐代	荻港初具规模，属乌程县（今湖州市）
宋元时期	属归安县（今湖州市）
明清时期	荻港为镇，规模进一步扩大，辖东双村、寺东村、李市村、梅家村、朱家村、高田村、三官村、钞钿村、史家村、北高村、积善村，烟户向约3000人数百户
近代民国	辛亥革命后荻港改名荻溪镇，属吴兴县
新中国	1949年10月成立荻港镇人民政府； 1958年，长超、荻港、常潞3个乡合并成立长超大公社，荻港设立鱼菱高级公社，属吴兴县（今湖州市）； 1984年，撤公社为荻港乡，辖塘东村、史家村、三官村、积善村、钞钿村、荻港居民会； 1990年，荻港乡并入和孚镇，荻港为5小村，属吴兴县郊区； 2001年8月，和孚、长超、重兆三镇合并为和孚镇，荻港乡也由5个小村合并为荻港村，属菱湖区和孚镇； 2003年，荻港划属南浔区，沿用至今

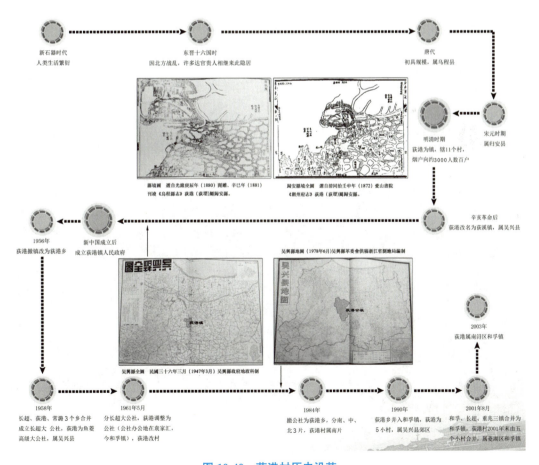

图 10-40 荻港村历史沿革

观生态文化资源得到充分利用；在区别于周边同质化古镇村的同时，提升荻港村对上海、苏州等的远距客源的吸引力。

②如何理解荻港村在苕溪水系与江南运河分支交汇区的复杂自然水系与人工水网环境的共同影响下，村落人居环境与运河水网体系的融合互动，及长期相互作用产生的地域生态智慧，如里向埭外向埭起到了衔接运河和村落的作用，桑基鱼塘农业文化景观中的农垦智慧等。

③如何实现荻港村水运文化对村落文化传承与产业生计发展的衔接带动作用，关注荻港村历史文化地标与景观关联环境，尤其重视水街商贸空间、祠堂信仰空间、公关活动空间等景观文化要素的布局特征、地域差异与演进流变，寻求水运文化符号的现代更新转译路径。

本次工作营旨在立足运河流域乡村景观典型空间，为乡村历史文化遗产保护与现代一体化振兴发展提供实践指导。在专业教师及规划设计工作者的带领下，青年学生深入到湖州荻港村的自然水系环境、传统聚落民居与农业耕植空间内部，深入调研江南运河自然文化资源孕育下，沿运乡村景观的生态宜居智慧、古韵文脉传承及规划发展前景（图10-41）。为村镇新老片区规划统筹、地域水工遗产活化利用、地方性人居智慧挖掘探析及水运特色符号文旅转化提供在地思考与崭新视野。并结合生态地理、景观规划、遗产文化等领域的专业知识、创新思维和实践经验，为以荻港村为代表的江南水乡传统村落提供在地域规划发展建议（图10-42～图10-44）。

图10-41　调研路线安排

图 10-42 荻港村沿运滨水空间及里外巷埭

图 10-43 荻港村桑基鱼塘及圩田农业空间

图 10-44 荻港村内部古建筑及文化信仰空间

10.4.1.1　实践教学目标

①知识目标　使学生掌握实地开展乡村人居环境资源调查、运河文化空间调研、流域宜居空间规划设计与地域文旅融合策划的基本理论与方法。

②技能目标　通过实践操作，提升学生在乡村实地开展工作的调查分析能力、团队协作能力、动手操作能力、汇报展示能力。

③课程思政目标　增强学生对运河文化遗产保护与乡村振兴战略的认识与责任感，培养其服务乡村、助力乡村振兴的情怀，并通过调研报告撰写、论文成果产出等形式，增强学生的科研兴趣与专业能力。

10.4.1.2　实践安排

（1）第一步：调研启动策划

调研前期准备：结合荻港村相关规划文件与现有研究基础，对乡村自然资源本底、历史文化沿革、空间规划布局与景观文旅价值等进行初步系统认识，了解本次运河流域乡村人居环境调研的重点问题抓手和调研方法路径。

活动安排布置：①荻港村乡村实践活动项目背景介绍、调研目标及日程安排布置；②实地调研摄像记录设备与数据采集工具准备，以及现场踏勘图纸与结构化访谈提纲制作。

（2）第二步：实地踏勘访谈

实地踏勘调研：将学生分为三组进行荻港村水系自然资源、运河文化资源、水利设施建设、农业生产资源调查。具体包括：

①荻港村乡村新老格局风貌与文旅融合发展状况调研　关注荻港村的地域景观独特性，研判乡村文旅融合发展潜力；关注新老片区的规划发展适宜性与协调程度，探究历史文化遗产保护与乡村振兴发展的韧性规划方法；提出面向乡村景观风貌治理与农文旅融合发展的地域性优化模式。

②荻港村运河水运文化遗产空间与景观文化节点调研　关注古河道驳岸、桥梁码头、闸坝堤堰等水利建设要素与水街商贸空间、祠堂信仰空间、公共活动空间等水运文化空间，以及外巷埭—河—廊—房，里巷埭—河—路—廊等水工营造空间与运河水网结构的韧性组合模式，结合地域堪舆理念，探究聚落布局选址规律与设施营建的传统地方性智慧。

③荻港村苕溪水系生境特征与桑基鱼塘农业景观调研　关注苕溪水系主导联系下的乡村人居环境营造模式，如与山水地貌格局结合的聚落街巷轴线布局，与村落外围河道结合的水街商贸环境串联及与流域水网体系适应的湖塘湿地—桑基鱼塘—塘浦圩田农业生产模式等。

结构化访谈：教师带领各小组学生与和孚镇荻港村老书记座谈，了解乡村建设现状、乡民发展诉求及地域文脉感知，分析荻港村水运人文景观传承与发展革新的现实问题与机遇挑战，包括荻港村传统桑基鱼塘农业生产困境与地域耕读文化传承需求等。

（3）第三步：科研报告撰写

调研报告撰写：要求各小组对荻港村的实地调研成果进行数据资料整理与研究报告撰写，具体包括现场拍摄照片、无人机摄影数据与问卷访谈结果整理等，并结合现场调研分组完成专题报告撰写。

科研论文撰写：结合乡村实地调研成果进行论文报告选题，要求具有科研独创视角，且贴合现场调研实际，关注运河流域乡村景观的地域文化特征、人居营造智慧及规划发展需求。研究生要求提交完整科研论文，本科生可按研究兴趣与调研感悟完成实践报告。

（4）第四步：汇报讨论交流

调研成果汇报展示：各实践调研小组就"荻港村文旅规划建议""水运遗产传承"和"农业景观营造"等专题进行汇报展示，并邀请同济大学建筑与城市规划学院教师及荻港村乡村规划工作者与学生就调研成果进行交流讨论。

（5）第五步：总结归纳反思

归纳总结：各小组及个人分别对本次调研活动的组织安排、实践收获与感悟反思进行归纳总结，分享收获与体验。

成果完善：学生依据讨论交流过程中收集到的相关反馈意见对调研报告及科研论文中的问题进行归纳总结和提升完善。

整理反思：总结本次荻港村乡村景观调研活动成果，整理汇总图片录像、访谈文本等过程数据形成研究数据集，做好课程成果收集整理，同时吸收反思实践活动亟待优化改进的部分，为之后的课程实践安排和成果产生奠定基础。

10.4.2　实践教学成果

（1）荻港村乡村新老格局风貌与文旅融合发展状况调研成果

本次调研活动鼓励学生深入荻港村古村落保护区内部及村域周边环境，对乡村新老格局的规划建设风貌形成完整空间印象，同时结合现有文旅资源开发现状、产业主体投资规划和原住民旅游开发意愿调研等，探讨荻港村文旅资源独特性挖掘、景观空间载体结构性优化与乡村游览线路整体性串联等方面的规划优化潜质。

小组成员由此提出基于遗产原真性保护的"活态博物馆"更新策略，强调遗产关联环境与乡民生活场景的在地性原生保护活化；提出串联村落外围东苕溪水系—和孚漾湿地的自然生境空间、里外巷埭水街商贸空间、小市河—月亮湾水乡游览空间以及太平桥—余庆桥等桥涵埠头水运设施节点的水路航线规划，突出古村水上游览特色；提出以"寻桥理板巷，水载青春游"为主题的文旅形象创建和旅游活动策划，进行荻港村特色形象打造、旅游业态激活与服务功能提升；并尝试从原住居民、外来游客以及规划管理者的不同视角，通过对荻港遗产地原生景观基因的转译重构与活化开发，激活当地社区参与，构建乡村文化生态的活力网络，实现乡村历史遗产旅游的有机持续发展（图10-45～图10-47）。

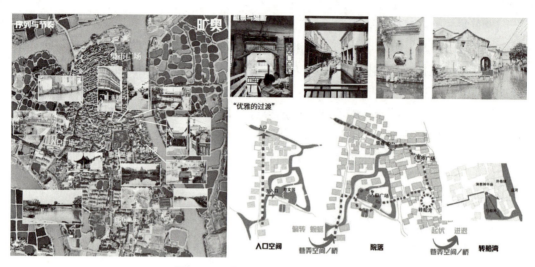

图 10-45　荻港村空间资源现状梳理

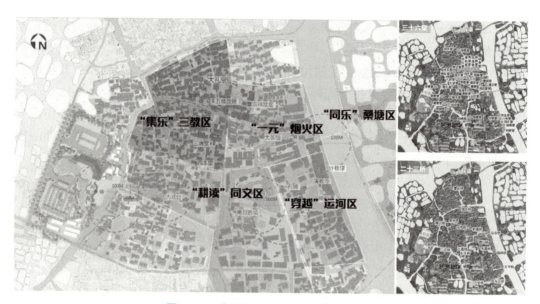

图 10-46　荻港村新老片区风貌发展规划

图 10-47　荻港村文旅主题游线规划

（2）荻港村运河水运文化遗产空间与景观文化节点调研成果

学生从遗产活化利用与地域文化传承等视角，基于荻港村耕读文化、桑蚕文化、鱼文化与宗族文化等文脉特色，整合乡村聚落内部物质与非物质自然文旅资源，包括传统古建、宗祠庙堂、文人园林等景观文化空间，以及商埠水街、桥梁码头、古巷茶馆等居民生活场所，并关注荻港船拳等水运非遗文化的传承现状。同时运用多模态数据进行运河沿岸乡村景观特征识取与类型归纳，综合考量荻港村水运文化遗产空间与地域文化景观节点的保护利用现状和优化转型方式。

关注荻港村作为依运河而生的江南流域典型水乡聚落，其自然水系基底、运道河网结构与乡村人居营造间存在的多元共生耦合联动关系。学生从荻港村乡村布局与周边老龙溪、和孚漾自然水系及杭湖锡航道人工河网的整体格局关联，村落发展轴线与山水景观视野相适应的空间模式，聚落内外巷埠水街的水运商贸功能，河道沿岸"水廊—桥梁—房屋"结合的建筑场景组合方式以及闸涵堰埠等水利工程设施对水乡聚落生态防洪、生产灌溉职能的调试作用等视角，探讨荻港村运河文化遗产空间自然文化价值转译，与遗产关联环境的原真完整性规划构建方法（图10-48、图10-49）。

名称	宽度（m）	位置
和孚漾	150~250	村域北侧
老龙溪	70~100	村聚落北侧
杭湖锡航道	60~140	村聚落东侧
小市河	5~20	村聚落北部东西向
吴家港	5~10	村聚落西部南北向

表1 荻港村主要水系表

街巷			
类型	运河型水街空间	商贸型水街空间	生活型水街空间
街巷宽（m）	3~4	3~5	2~3
建筑高度（m）	3~4	4~5	5~6
位置	村落东侧	村落中部东西向	村落中部及北部东西向

表2 荻港村水街空间分类表

图10-48 荻港村主要水系及水街空间布局

图10-49 荻港村水街空间及景观节点实景

（3）荻港村水系生境特征与桑基鱼塘农业景观调研成果

荻港村桑基鱼塘农业景观作为长三角地区农业文化遗产景观的重点保护基地，拥有历史悠久的生态农业系统，伴随传统农业生产方式逐渐向现代化、集约化农业转型，乡村经济结构和劳动力布局也随之优化升级，其生态农业循环系统的自然资源利用方式的发展存续及传统农耕种养模式的更新转型是本次实践调研的关注重点。学生在当代农业生产居民的带领下，深入学习体验了桑基鱼塘立体耕作模式的地域生态农垦智慧，同时总结探讨其地域水脉生态特征、村域产业发展转型、农业生产增收及农旅经营模式的现实发展路径。

之后提出了关注地域水系生境质量、农业生物多样性、地域知识技术体系、文化价值观和社会组织、独特景观特征价值的农业遗产活化策略，具体包括：通过水陆循环、光伏鱼塘等技术手段，恢复桑基鱼塘立体农业系统的生态生产功能，重塑乡村人地关系；借助农业遗产地品牌优势开发地域特色产业，加大政策扶持，提升农产品附加值，延长产业链促进农民增收，稳固提升农产效益；通过生态体验游、农耕文化体验、传统手工艺体验等促进遗产地农文旅融合发展，结合桑葚节、鱼文化节等农事节庆活动，扩大遗产地对外来游客的宣传吸引效力。从而持续发挥其自然生态系统及桑基鱼塘农业生产系统对当地乡民福祉的综合服务效益（图10-50、图10-51）。

图10-50 荻港村桑基鱼塘农业生产空间

图 10-50 荻港村桑基鱼塘农业生产空间（续）

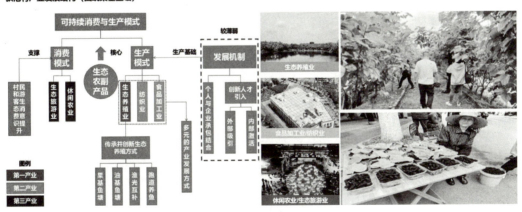

图 10-51 荻港村桑基鱼塘农业产业发展结构

10.4.3 总结

本次运河流域乡村人居生态环境调研实践活动以浙江省湖州市和孚镇荻港村为案例地，面向现代城乡一体化融合发展与运河文化遗产保护协调发展的时代需求，探讨其地方性韧性发展机制。

在乡村新老格局风貌整治及文旅融合规划层面，研判现有政策实施对乡村聚落自然原生环境、历史文化遗存和原住民社群组织的保护利用现状及更新重构效能，提出面向多元利益主体诉求的韧性规划模式与文旅发展策略。在水运文化遗产与地域文化景观保护活化层面，通过对荻港村现存的运河相关文化遗产和景观资源节点的归纳，形成运河流域乡村人居景观的遗产要素数据集，并进行运河—水系—人居环境的互动关系梳理，探寻运河流域乡村人水共生智慧在水网生态格局构建、水运生计维系和水脉文化传承等方面的现代转译路径。在村落生境优化治理与桑基鱼塘农业景观价值提升层面，通过对荻港村桑基鱼塘农业文化遗产地的现场实地观察与村民走访调研，深入了解当地农业种养方式及农民生计维系现状，面向生态—立体—高效的农业生产方式转型、提倡品牌效益的特色农产增收和农文旅融合创新的现代发展模式，提出有效促进荻港村农业文化遗产价值保护传承革新的在地性规划发展策略。

同时本次活动成功搭建了对接以荻港村为代表的乡村人居实践基地的"校地合作"平台，促进高校师生、规划管理部门、设计工作者、乡村居民及地方政府相关职能部门的交流互动，为紧跟新时代乡村赋能振兴、城乡融合发展、文化遗产保护需求的"产—学—研"一体化人才培养模式和地方性共创发展机制，探索创新路径，提供接续活力。

（撰文：张琳、左佑）

参考文献

阿摩斯·拉普卜特，2007. 宅形与文化[M]. 常青，译. 北京：中国建筑工业出版社.

白中科，周伟，王金满，等，2019. 试论国土空间整体保护、系统修复与综合治理[J]. 中国土地科学，33（2）：1-11.

包亚明，2003. 现代性与空间的生产[M]. 上海：上海教育出版社.

财政部，国土资源部，环境保护部，2016. 关于推进山水林田湖生态保护修复工作的通知[EB/OL]. [2016-09-30]. http://www.mof.gov.cn/gp/xxgkml/jjjss/201610/t20161008_2512223.htm.

蔡晴，2016. 基于地域的文化景观保护研究[M]. 南京：东南大学出版社.

曾祥章，1988. 乡村地理学的研究任务[J]. 中山大学学报（自然科学版）（3）：10-14.

常青，2019. 传统聚落古今观——纪念中国营造学社成立九十周年[J]. 建筑学报（12）：14-19.

陈铭，杨磊，2023. 多元治理主体视角下的乡村公共空间更新治理研究——以武汉市雄岭村为例[J]. 小城镇建设，41（12）：103-110.

陈思淇，张玉钧，2021. 乡村景观生物多样性研究进展[J]. 生物多样性，29（10）：1411-1424.

陈思思，2016. 基于地域文化的乡村植物景观营造研究[D]. 杭州：浙江农林大学.

陈天琦，王旭龙，2023. 以村民需求为导向的乡村公共空间研究——以安徽省万涧村为例[J]. 艺术教育，（3）：217-220.

陈婷，2022. 清远市乡村康养景观植物配置探讨[J]. 南方农业，16（15）：261-264.

陈义勇，俞孔坚，2013. 美国乡土景观研究理论与实践——《发现乡土景观》导读[J]. 人文地理，28（1）：155-160.

陈勇，2005. 国内外乡村聚落生态研究[J]. 农村生态环境（3）：58-61，66.

陈照方，王云才，2022. 乡村景观单元识别与认知的空间生态智慧——以南京市牌坊社区为例[J]. 风景园林，29（7）：30-36.

陈志华，李秋香，2008. 乡土建筑遗产保护[M]. 合肥：黄山书社.

陈紫兰，1997. 传统聚落形态研究[J]. 规划师（4）：37-41.

程艳红，2022. 南京江宁区旅游型乡村植物景观设计分析与实践[D]. 南京：南京林业大学.

代蕊莲，2022. 乡村人居环境系统韧性的演变规律及驱动机制研究[D]. 重庆：西南大学.

党雨田，2019. 乡村建设的建筑策划方法体系架构[D]. 北京：清华大学.

邓纯东，2023. 深入理解中国式现代化的科学内涵[J]. 宁夏党校学报，25（2）：5-16，2.

邓红蒂，赵雲泰，王晓莉，2016. 中国乡村空间规划的发展[J]. 中国土地（5）：19-22.

东京经济大学，1960. 东京经济大学创立六十周年纪念论文集[M]. 东京：东京经济大学.

董磊明，2010. 村庄公共空间的萎缩与拓展[J]. 江苏行政学院学报（5）：51-57.

段会利，2017. 结合日本经验论我国乡村观光旅游产业的发展策略[J]. 农业经济（9）：35-37.

段威，2015. 浙江萧山南沙地区当代乡土住宅的历史、形式和模式研究[D]. 北京：清华大学.

范彬，武洁玮，刘超，2009. 美国和日本乡村污水治理的组织管理与启示[J]. 中国给水排水（10）：6-10.

范少言，陈宗兴，1995. 试论乡村聚落空间结构的研究内容[J]. 经济地理（2）：44-47.

方精云，2022. 从生态学视角认识"山水林田湖草沙"生命共同体的科学内涵[J]. 北京大学校报（3）：16-19.

费孝通，2012. 乡土中国[M]. 北京：人民出版社.

冯红英，2016. 乡村人居环境建设的国际经验与国内实践[J]. 世界农业（1）：149-153.

冯健，赵楠，2016. 空心村背景下乡村公共空间发展特征与重构策略——以邓州市桑庄镇为例[J]. 人文地理，31（6）：19-28.

冯旭，王凯，毛其智，2023. 我国乡村规划的技术演进与理论思潮——基于"三农"政策及城乡关系视角[J]. 城市规划（9）：84-95.

冯致，姚志，孙全，等，2023. 生态旅游型乡村的乡土景观植物遗传多样性[J]. 中国生态农业学报（中英文），31（12）：1896-1908.

付战勇，马一丁，罗明，等，2019. 生态保护与修复理论和技术国外研究进展[J]. 生态学报，39（23）：9008-9021.

傅伯杰，2021. 国土空间生态修复亟待把握的几个要点[J]. 中国科学院院刊，36（1）：64-69.

高凯，符禾，2014. 生态智慧视野下的红河哈尼梯田文化景观世界遗产价值研究[J]. 风景园林（6）：64-68.

顾鸿雁，2020. 日本乡村振兴转型的新模式："地域循环共生圈"的实践与启示[J]. 现代日本经济，39（6）：48-59.

郭焕成，1988. 乡村地理学的性质与任务[J]. 经济地理（2）：125-129.

郭焕成，冯万德，1991. 我国乡村地理学研究的回顾与展望[J]. 人文地理（1）：44-50.

郭明，2023. 乡村公共空间的"无主体化"现象及其缓解[J]. 深圳社会科学（6）：106-114.

郭晓东，牛叔文，吴文恒，等，2010. 陇中黄土丘陵区乡村聚落空间分布特征及其影响因素分析[J]. 干旱区资源与环境，24（9）：27-32.

韩丽君，郝向春，武秀娟，等，2015. 德国乡村绿化景观特色及其启示[J]. 林业科技通讯（3）：56-58.

何红雨，1987. 徽州民居形态发展研究[J]. 民俗研究（4）：26-35.

何鹏，唐贤巩，张起，等，2014. 生产性景观中植物的应用与分析[J]. 绿色科技（11）：118-122.

何兴华，2011. 中国村镇规划：1979—1998[J]. 城市与区域规划研究（4）：44-64.

何志江，2014. 建构视野下中国建筑地域性研究——以徽州、江南、岭南地区为例[D]. 合肥：合肥工业大学.

贺丰，2010. 20世纪60年代美国历史保护运动研究[D]. 上海：华东师范大学.

赫曼·赫茨伯格，2003. 建筑学教程：设计原理[M]. 天津：天津大学出版社.

侯冰，白雪华，2021. 国土空间生态修复标准体系研究[J]. 中国国土资源经济，34（10）：12-18.

侯继尧，1982. 陕西窑洞民居[J]. 建筑学报（10）：71.

胡思思，2023. "三生"视角下杭州市青南村乡村植物景观设计营造策略[J]. 南方农业，17（5）：32-35.

怀康，2021. 乡村振兴视域下的乡村旅游与乡土文化传承研究[M]. 北京：中国原子能出版社.

郇庆治，苗旭琳，2024. "人与自然和谐共生的中国式现代化"阐释的三重维度[J]. 南京工业大学学报（社会科学版），23（1）：1-11.

黄承伟，2023. 加快形成城乡融合发展新格局[J/OL] 中国社会科学网，https://www.cssn.cn/skgz/bwyc/202312/t20231222_5720520.shtml，2023-12-22.

黄福江，高志刚，2016. 日本观光农业发展的特征及经验[J]. 世界农业（4）：139-143.

黄铮，2018. 乡村景观设计[M]. 北京：化学工业出版社.

贾晋，刘嘉琪，2022. 唤醒沉睡资源：乡村生态资源价值实现机制——基于川西林盘跨案例研究[J]. 农业经济问题（11）：131-144.

揭鸣浩，2007. 世界文化遗产宏村古村落空间解析[D]. 南京：东南大学.

金其铭，1982. 农村聚落地理研究——以江苏省为例[J]. 地理研究（3）：11-20.

金其铭，1988. 我国农村聚落地理研究历史及近今趋向[J]. 地理学报（4）：311-317.

金涛，张小林，金飚，2002. 中国传统农村聚落营造思想浅析[J]. 人文地理（5）：45-48.

孔祥智，张怡铭，2022. 三农蓝图 乡村振兴战略[M]. 重庆：重庆大学出版社.

郎杰斌，华小琴，吴蜀红，2018. 浙江耕读文化的特点与历史影响[J]. 浙江师范大学学报（社会科学版），43（3）：74-80.

李红举，宇振荣，梁军，等，2019. 统一山水林田湖草生态保护修复标准体系研究[J]. 生态学报，39（23）：8771-8779.

李俊生，2012. 陆地生态系统生物多样性评价技术研究[M]. 北京：中国环境科学出版社.

李梦豪，2022. 乡村公共空间中乡愁情境营造应用研究[D]. 青岛：青岛科技大学.

李启沅，吴静静，武庆超，等，2024. 生物多样性数据标准化发展和现状分析[J]. 中国标准化（12）：60-64.

李天宇，陆林，任以胜，等，2020. 浙江省传统村落空间格局演化及影响因素研究[J]. 资源开发与市场，36（6）：626-634.

李晓峰，2005. 乡土建筑：跨学科研究理论与方法[M]. 北京：中国建筑工业出版社.

李玉强，陈云，曹雯婕，等，2022. 全球变化对资源环境及生态系统影响的生态学理论基础[J]. 应用生态学报，33（3）：603-612.

李钰，2012. 陕甘宁生态脆弱地区乡土建筑研究：乡村人居环境营建规律与建设模式[M]. 上海：同济大学出版社.

梁俊峰，王波，2020. "三生"视角下的乡村景观规划设计方法[J]. 安徽农业科学，48（21）：223-226.

梁思成，2005. 中国建筑史[M]. 天津：百花文艺出版社.

梁思思，张维，2019. 基于"前策划—后评估"闭环的使用后评估研究进展综述[J]. 时代建筑（4）：52-55.

刘滨谊，王云才，2002. 论中国乡村景观评价的理论基础与指标体系[J]. 中国园林（5）：77-80.

刘滨谊，左佑，张琳，2023. 江南水网乡村地方性景观生态系统自然-文化服务耦合协调研究——以长三角生态绿色一体化发展示范区为例[J]. 中国城市林业，21（5）：9-18.

刘敦桢，1987. 刘敦桢文集（三）[M]. 北京：中国建筑工业出版社.

刘鸿儒，葛文佳，陈前，等，2019. 乡村振兴背景下田园综合体特色植物景观设计方法研究——以南京溪田田园综合体为例[J]. 大众文艺（2）：129-130.

刘加维，张凯莉，2018. 山地乡村植物景观调查及其运用——以贵州扁担山地区布依族聚落为例[J]. 中国园林，34（5）：33-37.

刘沛林，1998. 论中国古代的村落规划思想[J]. 自然科学史研究（1）：82-90.

刘小蓓，2016. 日本乡村景观保护公众参与的经验与启示[J]. 世界农业（4）：135-138，154.

刘晓光，2012. 景观美学[M]. 北京：中国林业出版社.

刘英杰，2004. 德国农业和农村发展政策特点及其启示[J]. 世界农业（2）：36-39.

刘瑛楠，王岩，2011. 中国乡土建筑研究历程回顾与展望[J]. 中国文物科学研究（4）：24-26.

卢渊，李颖，宋攀，2016. 乡土文化在"美丽乡村"建设中的保护与传承[J]. 西北农林科技大学学报（社会科学版），16（3）：69-74.

马波，2019. 基于美丽乡村建设的建筑改造优化途径探究[J]. 科技创新与应用（29）：135-136.

毛燕武，2023. 基于共同富裕的乡村新社区场景运营新思维新路径[J]. 山西农经（18）：157-159.

倪云，2013. 美丽乡村建设背景下杭州地区乡村庭院景观设计研究[D]. 杭州：浙江农林大学.

欧阳志云，王如松，赵家柱，1999. 生态系统服务功能及其生态经济价值[J]. 应用生态学报（5）：635-640.

彭毅，2014. 我国南亚热带气候区保障性住房被动式建筑设计策略研究[D]. 西安：西安建筑科技大学.

浦欣成，2013. 传统乡村聚落平面形态的量化方法研究[M]. 南京：东南大学出版社.

黔东南苗侗自治州地方志编纂委员会，2016. 黔东南苗侗自治州志（1985—2010）[M]. 北京：方志出版社.

任斌斌，李树华，殷丽峰，等，2010. 苏南乡村生态植物景观营造[J/OL]. 生态学杂志，29（8）：1655-1661.

单德启，2004. 从传统民居到地区建筑[M]. 北京：中国建材工业出版社.

单霁翔，2008. 乡土建筑遗产保护理念与方法研究（上）[J]. 城市规划（12）：33-39，52.

沈克宁，2010. 建筑类型学与城市形态学[M]. 北京：中国建筑工业出版社.

石亚灵，2023. 空心化乡村聚落居民社会关系网络演变特征及重构[C]//中国城市规划学会. 人民城市，规划赋能——2022中国城市规划年会论文集（16乡村规划）. 成都理工大学.

舒奕阳，2023. 日本"一村一品"的启示与应用——以浙江衢州破村为例[J]. 农场经济管理（6）：53-55.

孙静雯，方捷，王靖伟，等，2021. 无人智能技术在排污口识别中的应用[J]. 测绘通报（S1）：244-247.

孙漪南，赵芯，王宇泓，等，2016. 基于VR全景图技术的乡村景观视觉评价偏好研究[J]. 北京林业大学学报，38（12）：104-112.

汤德元，曾智勇，2020. 生物多样性及其保护生物学[M]. 贵阳：贵州大学出版社.

汤辉，关美燚，冯思懿，2021. 广东乡村庭院空间自发性建造特征及更新策略研究[J]. 建筑与文化（2）：109-112.

屠爽爽，周星颖，龙花楼，等，2019. 乡村聚落空间演变和优化研究进展与展望[J]. 经济地理，39（11）：142-149.

汪全莉，叶茂琳，2024. 乡村振兴背景下农村公共文化空间重构研究[J]. 图书馆理论与实践，2024，（1）：61-66，76.

汪双武，2005. 世界文化遗产——宏村·西递[M]. 杭州：中国美术学院出版社.

王东，王勇，李广斌，2013. 功能与形式视角下的乡村公共空间演变及其特征研究[J]. 国际城市规划，28（2）：57-63.

王芳，孙庆刚，白增博，2018. 以绿色发展引领乡村振兴——来自日本的经验借鉴[J]. 世界农业（12）：45-48，75.

王广华，2023. 坚定不移走好人与自然和谐共生的中国式现代化之路[J]. 求是（11）：11.

王夏晖，何军，饶胜，等，2018. 山水林田湖草生态保护修复思路与实践[J]. 环境保护，46（Z1）：17-20.

王新征，2019. 筑苑·田居市井——乡土聚落公共空间[M]. 北京：中国建材工业出版社.

王怡芳，刘卫国，秦位强，2018. 武陵山区"美丽乡村"生态植物景观营造研究——以张家界为例[J].

中国园艺文摘，34（3）：137-139，182.

王永帅，张中华，2023. 传统窑洞聚落景观地方性知识图谱构建——以陕北地区为例[J]. 风景园林，30（8）：103-110.

王育林，2005. 现代建筑运动的地域性拓展[D]. 天津：天津大学.

王云才，刘滨谊，2003. 论中国乡村景观及乡村景观规划[J]. 中国园林（1）：56-59.

魏文昌，高红杰，李丹，等，2021. 新阶段入河排污口排查现状及对策分析[J]. 环境保护，49（24）：12-15.

邬建国，2007. 景观生态学：格局、过程、尺度与等级[M]. 北京：高等教育出版社.

吴良镛，1999. 世纪之交的凝思：建筑学的未来[M]. 北京：清华大学出版社.

吴良镛，2006. 人居环境科学导论[M]. 北京：中国建筑工业出版社.

吴云超，王亚力，2018. 特色植物景观在乡村风景区中的构建策略[J]. 分子植物育种，16（24）：8248-8251.

武汉市江夏区人民政府，江夏区水务发展"十四五"规划（2021—2025年）[EB/OL]. [2023-06-30]. http://www.jiangxia.gov.cn/xxgk_22343/xxgkml_22349/ghjh_22433/sswgh/.

习近平，2017. 习近平生态文明思想学习纲要[M]. 北京：中央文献出版社.

相阳，2018. 德国乡村聚落景观发展经验及启示[J]. 世界农业（2）：42-46.

向羚丰，袁嘉，李祖慧，等，2023. 乡村生物多样性——变化、维持机制及保护策略[J]. 风景园林，30（4）：10-17.

谢花林，刘黎明，2003. 乡村景观评价研究进展及其指标体系初探[J]. 生态学杂志（6）：97-101.

谢哲城，高亦珂，2021. 小庭院设计零距离[M]. 北京：机械工业出版社.

辛儒鸿，曾坚，黄友慧，2019. 基于生态智慧的西南山地传统村落保护研究[J]. 中国园林，35（9）：95-99.

邢来顺，2018. 德国是如何搞新农村建设的[J]. 决策探索（9）：80-81.

严嘉伟，2015. 基于乡土记忆的乡村公共空间营建策略研究与实践[D]. 杭州：浙江大学.

杨芳霖，2024. 用户乡村居住环境改造的用户使用后评价框架[J/OL]. 中南民族大学学报（人文社会科学版）：1-9.

杨贵庆，2019. 乡村人居文化的空间解读及其振兴[J]. 西部人居环境学刊，34（6）：102-108.

杨红，张正峰，华逸龙，2013. 美国乡村"精明增长"对我国农村土地整治的启示[J]. 江西农业学报（12）：120-123.

叶青，2006. 传统聚落的人居环境空间解构方法研究[D]. 杭州：浙江大学.

易鑫，2010. 德国的乡村规划及其法规建设[J]. 国际城市规划（2）：11-16.

易行，白彩全，梁龙武，等，2020. 国土生态修复研究的演进脉络与前沿进展[J]. 自然资源学报，35（1）：37-52.

尹群智，李承伟，赵君达，2003. 浅议村屯绿化建设[J]. 防护林科技（2）：2.

袁泽平，潘兵，2019. 乡村振兴背景下浙江省网红村产业发展策略研究——以富阳文村、东梓关村、望仙村为例[J]. 建筑与文化（10）：108-111.

张诚，刘祖云，2019. 乡村公共空间的公共性困境及其重塑[J]. 华中农业大学学报（社会科学版）（2）：1-7，163.

张昊, 王其琛, 2022. 基于网红建筑营造的片区活化路径及策略研究[J]. 中外建筑（11）: 84-89.

张红旗, 许尔琪, 朱会义, 2015. 中国"三生用地"分类及其空间格局[J]. 资源科学, 37（7）: 1332-1338.

张惠远, 李圆圆, 冯丹阳, 等, 2019. 明确内容标准 强化实施监管——山水林田湖草生态保护修复的路径探索[J]. 中国生态文明（1）: 66-69.

张岚珂, 2019. 借鉴德国城乡空间整备经验的乡村规划研究——以成都市新都区乡村振兴规划为例[D]. 重庆: 重庆大学.

张利民, 刘希刚, 2024. 山水林田湖草沙一体化保护的系统性逻辑[J]. 南京工业大学学报（社会科学版）, 23（1）: 24-32.

张琳, 马椿栋, 2019. 基于人居环境三元理论的乡村景观游憩价值研究[J]. 中国园林, 35（9）: 25-29.

张强, 苏同向, 丁彦芬, 等, 2023. 南京地区美丽乡村植物景观的物种丰富度及其群落特征[J]. 中国野生植物资源, 42（7）: 97-102.

张万昆, 尹瑶瑶, 宋健, 2019. 乡村植物景观规划设计——以魏县杨甘固村为例[J]. 乡村科技（31）: 77-78.

张笑千, 王波, 王夏晖, 2018. 基于"山水林田湖草"系统治理理念的牧区生态保护与修复——以御道口牧场管理区为例[J]. 环境保护, 46（8）: 56-59.

张小林, 1998. 乡村概念辨析[J]. 地理学报（4）: 79-85.

张雪莲, 2014. 从美丽乡村建设看传统人居哲学的现实意义[C]// 中国城市规划学会. 城乡治理与规划改革——2014中国城市规划年会论文集（03城市规划历史与理论）. 北京: 中国建筑工业出版社: 269-279.

张媛媛, 王国恩, 黄经南, 等, 2021. 空间规划背景下我国乡村规划的融合与发展——基于历史和现实的视角[J]. 现代城市研究（5）: 64-70.

赵纪军, 2017. "农业学大寨"图像中的乡建理想与现实[J]. 新建筑（4）: 134-138.

赵士洞, 张永民, 2007. 千年生态系统评估报告集[M]. 北京: 环境科学出版社.

赵永琪, 2022. 西南地区传统村落的类型区划研究[D]. 广州: 华南理工大学.

浙江省自然资源厅, 2021. 关于发布《浙江省国土空间总体规划（2021—2035年）》[EB/OL]. [2021-04-29]. https://zrzyt. zj. gov. cn/art/2021/4/29/art_1289924_58938576.html.

浙江省自然资源厅, 2021. 浙江省第三次全国国土调查主要数据公报[EB/OL]. [2021-12-03]. http://zrzyt.zj. gov. cn/art/2021/12/3/art_1289955_58988399.html.

中华人民共和国国务院, 2015. GB/T 32000—2015美丽乡村建设指南[S]. 北京: 中国质量标准出版社.

中华人民共和国国务院, 2017. 建设工程勘察设计管理条例[S]. 北京: 中国建筑工业出版社.

中华人民共和国住房和城乡建设部, 2022. 关于《做好2022年传统村落集中连片保护利用示范工作》的通知[EB/OL]. [2022-04-29]. https://www. mohurd. gov. cn/xinwen/gzdt/202204/20220420_765784.html.

中华人民共和国住房与城乡规划建设部, 2009. GB/T 50504—2009民用建筑设计术语标准[S]. 北京: 中国计划出版社.

中华人民共和国住房与城乡规划建设部, 2016. 全国建筑设计周期定额[S]. 北京: 中国建筑工业出版社.

中华人民共和国住房与城乡规划建设部, 2018. 房屋建筑和市政基础设施工程施工图设计文件审查管理办法[S] . 北京：中国建材工业出版社.

中华人民共和国住房与城乡规划建设部，2019. GB 50352—2019民用建筑设计统一标准[S]. 北京：中国建筑工业出版社.

中华人民共和国住房与城乡规划建设部，2022. GB 55032—2022建筑与市政工程施工质量控制通用规范[S] . 北京：中国建筑工业出版社.

钟洛克，2006. 当代住宅的院落空间[J]. 重庆建筑（11）：38-41.

周道玮，盛连喜，吴正方，等，1999. 乡村生态学概论[J]. 应用生态学报（3）：114-117.

周启星，魏树和，张倩茹，2006. 生态修复[M]. 北京：中国环境科学出版社.

卓见，2018. "阻隔"与"遮蔽"岭南地区建筑气候适应性设计策略研究[D]. 广州：华南理工大学.

BUTTEL F H, 1980. Agricultural structure and rural ecology: toward a political economy of rural development[j]. sociologia Ruralist, 20（1/2）: 44-62.

CUMMINGS, ABBOTT LOWELL, 1979. The Framed Houses of Massachusetts Bay 1625—1725 [M]. Belknap Press of Harvard University Press.

GEORGE E B, MORREN Jr, 1980. The rural ecology of the British drought of 1975—1976[J]. Human Ecology, 8（1）: 33-63.

GROTH PAUL, 1997. Frameworks for culture landscape study[A]. In: Groth, Paul, Bressi, Todd. Understanding Ordinary Landscapes[C]. New Haven: Yale University Press, 1-24.

HUBER P B, 1979. Review of subsistence and survival: rural ecology in the pacific [J]. Geographical Review, 69（4）: 483-484.

ISHAM NORMAN, BROWN ALBERT F, 1986. Early Rhode Island Houses[A]. In: Upton, Dell & Vlach, John Michael, eds. Common Places: Readings in American Vernacular Architecture[C]. Athens: University of Georgia Press.

ISHAM, NORMAN A, BROWN ALBERT FREDERIC, 1895. Early Rhode Island Houses[M]. Preston & Rounds.

KNAPP R. G, 1994. Popular Rural Architecture[A]. In: Wu, D. & Murphy, P. D. eds. Handbook of Popular Chinese Culture[C]. Westport: Greenwood Press, 327-346.

MURPHEY RHOADS, 1971. Existence, Space and Architecture[M]. New York: Praeger.

NILSSON C, GRELSSON G, 1995. The fragility of ecosystems: a review[J]. Journal of Applied Ecology, 32（4）: 677-692.

NORBERG-SCHULZ CHRISTIAN, 1971. Existence, Space and Architecture[M]. New York: Praeger.

SCHLERETH THOMAS J, 1985. Material Culture: A Research Guide[M]. Lawrence: University of Kansas Press.

WATKIN DAVID, 1980. The Rise of Architectural History[M]. Chicago: University of Chicago Press.

WELLS CAMILLE, 1986. Old Claims and New Demands[A].In: Wells, Camille, ed.Perspectives in Vernacular Architecture, Ⅱ[C].Columbia: University of Missouri Press.

WELLS CAMILLE, 1986. Perspectives in Vernacular Architecture Ⅱ [M]. Columbia: University of Missouri Press.